Teubner Studienbücher

Mathematik

Clegg: **Variationsrechnung**
138 Seiten. DM 12,80

Collatz: **Differentialgleichungen**
Eine Einführung unter besonderer Berücksichtigung der Anwendungen. 5. Aufl. 226 Seiten. DM 18,80 (LAMM)

Collatz/Krabs: **Approximationstheorie**
Tschebyscheffsche Approximation mit Anwendungen. 208 Seiten. DM 26,80

Constantinescu: **Distributionen und ihre Anwendungen in der Physik**

Grigorieff: **Numerik gewöhnlicher Differentialgleichungen**
Band 1: Einschrittverfahren. 202 Seiten. DM 12,80
Band 2: Mehrschrittverfahren

Hainzl: **Mathematik für Naturwissenschaftler**
311 Seiten. DM 29,– (LAMM)

Hilbert: **Grundlagen der Geometrie**
11. Aufl. VII, 271 Seiten. DM 16,80

Jaeger/Wenke: **Lineare Wirtschaftsalgebra**
Eine Einführung
Band 1: XVI, 174 Seiten. DM 16,– (LAMM)
Band 2: IV, 160 Seiten. DM 16,– (LAMM)

Kochendörffer: **Determinanten und Matrizen**
IV, 148 Seiten. DM 12,80 (Vertrieb nur in der BRD und West-Berlin)

Stiefel: **Einführung in die numerische Mathematik**
Eine Darstellung unter Betonung des algorithmischen Standpunktes.
4. Aufl. 257 Seiten. DM 18,80 (LAMM)

Stummel/Hainer: **Praktische Mathematik**
299 Seiten. DM 26,80

Informatik

Hotz: **Informatik: Rechenanlagen**
Struktur und Entwurf, 136 Seiten. DM 12,80 (LAMM)

Kandzia/Langmaack: **Informatik: Programmierung**
234 Seiten. DM 18,80 (LAMM)

Wirth: **Systematisches Programmieren**
Eine Einführung. 160 Seiten. DM 14,80 (LAMM)

Approximationstheorie

Tschebyscheffsche Approximation
mit Anwendungen

Von Dr.phil. Dr.h.c. Dr.E.h. Lothar Collatz
o. Professor an der Universität Hamburg

und Dr.rer.nat. Werner Krabs
Professor an der Technischen Hochschule Darmstadt

1973. Mit 39 Abbildungen, 16 Aufgaben
mit Lösungen und zahlreichen Beispielen

 B. G. Teubner Stuttgart

Prof. Dr. phil. Lothar Collatz

Studium der Mathematik und Physik in Göttingen, München, Berlin. 1935 Promotion an der Universität Berlin. 1938 Dozent an der Technischen Hochschule Karlsruhe. 1943 o. Professor für Mathematik an der Technischen Hochschule Hannover und seit 1952 an der Universität Hamburg. 1956 Dr. h.c. Universität São Paulo, 1967 Dr.E.h. Wien.

Prof. Dr. rer. nat. Werner Krabs

Geboren 1934 in Hamburg-Altona. 1954 bis 1959 Studium an der Universität Hamburg, Abschluß als Diplom-Mathematiker. 1963 Promotion an der Universität Hamburg. 1967/68 Visiting Assistant Professor an der University of Washington in Seattle. 1968 Habilitation. Seit 1970 Wissenschaftlicher Rat und Professor an der Technischen Hochschule Aachen. 1971 Visiting Associate Professor an der Michigan State University in East Lansing. Seit 1972 Professor an der TH Darmstadt.

ISBN 978-3-519-02041-7   ISBN 978-3-322-94885-4 (eBook)
DOI 10.1007/978-3-322-94885-4

Satz: Schmitt u. Köhler, Würzburg

Umschlaggestaltung: W. Koch, Stuttgart

Vorwort

In neuerer Zeit sind so viele Lehrbücher über Approximationstheorie erschienen, daß man nach der Berechtigung eines weiteren Buches fragen mag. Die Motivierung ergab sich aus der Tatsache, daß sowohl in der Zeitschriftenliteratur über Approximationstheorie als auch in den meisten Lehrbüchern relativ wenig auf die Anwendungen eingegangen wird. Es scheint in der heutigen Zeit eine gewisse Diskrepanz zu bestehen zwischen manchen viel von Mathematikern bearbeiteten Gebieten und den Gebieten, deren mathematische Untersuchung von seiten der Anwendungen aus dringend erwünscht wäre. Die in physikalischen und technischen Fragestellungen auftretenden Approximationsprobleme sind, im Zug der fortschreitenden Entwicklung, so vielseitig und oft andersartig als in der bisher gewöhnlich betrachteten Theorie und dabei zugleich häufig mathematisch sehr interessant und tiefliegend, so daß sich hier ein außerordentlich reiches Betätigungsfeld für die mathematische Forschung ergibt. Sehr oft sind wir von Studenten, Diplomanden, Doktoranden nach Themen aus der Approximationstheorie gefragt worden, die zugleich praktische Bedeutung haben, und da hierüber vielfach nicht genügend bekannt zu sein scheint, versucht dieses Büchlein, die Lücke zwischen Theorie und Anwendungen ein wenig aufzufüllen. Da bei den Anwendungen von den verschiedenen Approximationsarten die Tschebyscheffsche Approximation, kurz T. A., die anderen Typen an Bedeutung weit zu übertreffen scheint, befaßt sich das Buch vorwiegend mit der T. A., und zwar sowohl mit der Theorie als auch mit den Anwendungen. Der Brücke zwischen beiden dienen auch verschiedene Übungsaufgaben am Schluß des Buches.

Das erste Kapitel bringt eine Auswahl von Anwendungsproblemen, die auf Approximationsaufgaben führen, und zwar häufig auf bisher weniger untersuchte Typen, wie z. B. Simultan-Approximation, einseitige Approximation, Kombi-Approximation u. a. In Kapitel II wird dann eine allgemeine Theorie der T. A. dargestellt, die sowohl die lineare als auch die nichtlineare T. A. umfaßt und in dieser Form wohl von vielen anderen Darstellungen abweicht. Kapitel III behandelt dann wieder ein den Anwendungen näher stehendes Gebiet, die „H-Mengen", während Kapitel IV bis VI erneut der Theorie dienen, aber stets im Hinblick auf für die Anwendungen wichtige Fragen. In Kapitel IV werden auch einige Vorschläge zur numerischen Lösung rationaler und linearer Approximationsprobleme gemacht. So mag der mehr an der Theorie interessierte Leser etwa die Kapitel II, IV, V, VI herausgreifen, während die Kapitel I, III, VII (mit Ausnahme der ersten beiden Abschnitte) mehr für den an den Anwendungen interessierten Leser geschrieben sind.

Wir danken den Herren Dr. Esser (Aachen), Dr. Krisch (Hamburg) und Dr. Lempio (Hamburg) herzlich für ihr außerordentlich sorgfältiges Lesen der Korrekturen und Herrn Follmann (Aachen) für seine gewissenhafte Durchsicht des Manuskriptes.

Dem Verlag Teubner danken wir für die sehr gute Ausstattung des Buches, für das verständnisvolle Entgegenkommen bei allen unseren Wünschen und für die Geduld bei Verzögerungen.

Sommer 1973   L. Collatz, W. Krabs

Inhalt

VII. Anhang

I. Auftreten von Approximationsaufgaben

Wird das Wort Approximation genügend weit gefaßt, so können große Teile der Numerischen Mathematik darunter subsumiert werden. In diesem Buch soll der Begriff Approximation jedoch viel enger gefaßt und nur ein spezieller Aufgabenkreis herausgegriffen werden. Es wird sich meist darum handeln, Funktionen von einer oder mehreren unabhängigen Veränderlichen durch andere Funktionen anzunähern. Bevor diese Aufgabe genauer präzisiert wird, seien einige wichtige Probleme der numerischen Analysis genannt, welche auf Approximationsaufgaben der hier betrachteten Art führen.

1. Eingabe von Funktionen auf Rechenanlagen

Da die Eingabe genauerer Zahlentabellen in Computern (Rechenanlagen) zu viel Speicherplatz beanspruchen würde, berechnet der Computer benötigte Tafelwerte, selbst bei einfachen Funktionen wie $\sin x$, e^x, ..., stets selbst.

Man kann z. B. die Funktion

$$f(x) = e^x \tag{1.1}$$

im Intervall $[0,1]$ durch ein Polynom p-ten Grades

$$w(x) = \sum_{j=0}^{p} a_j x^j \tag{1.2}$$

so anzunähern versuchen, daß der Fehler

$$\varepsilon(x) = w(x) - f(x) \tag{1.3}$$

im betrachteten Intervall eine vorgeschriebene Genauigkeitsschranke nicht überschreitet, z. B.

$$|\varepsilon(x)| \leq \frac{1}{2} \cdot 10^{-8} \tag{1.4}$$

Gelingt es, die Konstanten $a_0, \ldots, a_p$ so zu bestimmen, daß die Forderung (1.4) erfüllt ist, so kann man im Computer diese Koeffizienten speichern und unter Benutzung des Polynoms (1.2) den Wert von e^x für jedes $x \in [0,1]$ mit achtstelliger Genauigkeit berechnen, Abb. I.1.1.

Es zeigt sich nun, daß man in vielen Fällen, so auch im vorliegenden, durch Verwendung von rationalen Funktionen

$$w(x) = \frac{\displaystyle\sum_{j=0}^{p} a_j x^j}{\displaystyle\sum_{j=0}^{q} b_j x^j} \tag{1.5}$$

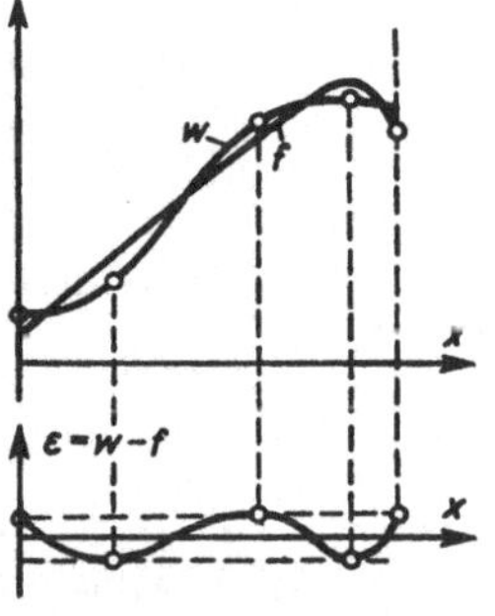

Abb. I.1.1
Polynom-Approximation $w(x)$ für eine Funktion $f(x)$ (hier $w(x)$ als Polynom 3. Grades)

anstelle von Polynomen der Form (1.2) bei gleicher Anzahl von Parametern im allgemeinen eine bessere Genauigkeit erreichen, d.h. den maximalen Fehlerbetrag herabdrücken kann. Weil der Computer auch Ausdrücke der Form (1.5) sehr leicht berechnen kann, wird man in diesem Falle der rationalen Approximation den Vorzug vor der Polynom-Approximation geben.

Möchte man die Funktion

$$f(x) = e^{-x} \tag{1.6}$$

im Intervall $I = [0,\infty)$ in der gleichen Art approximieren, so liegt es nahe, im Intervall $[0,a]$ Polynom-Approximation etwa mit einem Polynom vom Grad $p > 0$ und im Intervall $[a,\infty)$ rationale Approximation (z. B. mittels des Reziproken eines Polynoms vom Grad $q > 0$) zu verwenden, wobei man die Zwischenabszisse a und die Koeffizienten der Polynome passend zu wählen hat, Abb. I.1.2.

Entsprechende Aufgaben treten bei Funktionen mehrerer unabhängiger Veränderlicher auf.

So kann man z. B. das elliptische Integral

$$E(k,\varphi) = \int_0^\varphi \sqrt{1 - k^2 \sin^2 \eta}\; d\eta \tag{1.7}$$

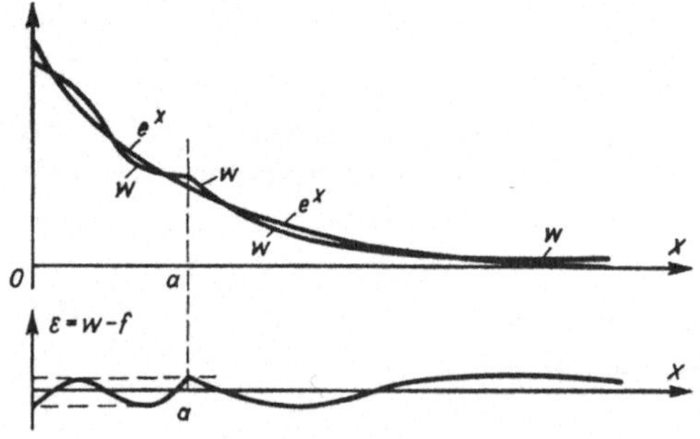

Abb. I.1.2 Segment-Approximation bei der Exponentialfunktion (grundsätzliche Skizze, nicht maßstäblich)

(Legendresches Normalintegral 2. Gattung) im Bereich $0 \leq k \leq 1$, $0 \leq \varphi \leq \pi/2$ durch einen in k,φ rationalen Ausdruck annähern, der vom Computer bequem berechnet werden kann.

In allen in diesem Abschnitt genannten Fällen handelt es sich um eine Tschebyscheff-Approximation[1]), bei welcher das Maximum des Fehlerbetrages durch passende Wahl der verfügbaren Parameter möglichst klein gemacht werden soll.

2. Diskrete Approximation und Ausgleichsrechnung

Oft wird man Aufgaben von der im vorigen Abschnitt beschriebenen Form in der Weise zu lösen versuchen, daß man nicht alle x-Werte aus dem gegebenen Intervall betrachtet, sondern nur eine endliche Menge von x-Werten $x_1, x_2, \ldots, x_N$;

---

[1]) Tschebyscheff (eigentlich Tschebyschow), Pafnutij Lwowitsch, geb. 1. 5. 1821, aus adeliger Familie in Okawowo (südwestlich von Moskau), promoviert 1849, 1850 Professor in St. Petersburg (Leningrad), wo er Vorlesungen über Algebra und Zahlentheorie hielt. Wirkte in St. Petersburg und Moskau, ging 1882 in Ruhestand, arbeitete aber wissenschaftlich weiter; starb am 26. 11. 1894 an einer Herzlähmung. Grundlegende Arbeiten über Interpolation, Approximationstheorie, konstruktive Funktionentheorie, Wahrscheinlichkeitsrechnung, Zahlentheorie, Mechanik und Ballistik.

man „diskretisiert" die Aufgabe. Man rechnet dann auch nur mit den zugehörigen Funktionswerten

$$f_j = f(x_j) \qquad j = 1, \ldots, N \tag{2.1}$$

und den Fehlerwerten ε_j

$$\varepsilon_j = w_j - f_j = w(x_j) - f(x_j) \tag{2.2}$$

Sucht man nun die Größe

$$\|\varepsilon\| = \max_j |\varepsilon_j| \tag{2.3}$$

möglichst klein zu machen, so liegt ein Problem der „diskreten Tschebyscheff-Approximation" vor.

Diese Aufgabe ist eng verwandt mit dem Problem der „Ausgleichsrechnung", bei welcher man durch gegebene Meßpunkte (x_j, f_j) eine Ausgleichskurve mit einem einfachen analytischen Ausdruck $w(x)$ mit möglichst kleinem „Gesamt-fehler" legen möchte. Dabei wird man als $w(x)$ einen Ausdruck wählen, der dem erwarteten Verhalten der entsprechenden physikalischen Aufgabe angepaßt ist, z.B. ein Polynom wie in (1.2), eine rationale Funktion wie in (1.5), bei Abkling-vorgängen einen exponentiellen Ausdruck

$$w(x) = \sum_{j=1}^{p} a_j \, e^{-b_j x} \tag{2.4}$$

oder bei periodischen Vorgängen einen Ausdruck der Form

$$w(x) = \sum_{j=1}^{p} a_j \sin (b_j x - c_j) \tag{2.5}$$

usw. Entsprechend kompliziertere Aufgaben treten bei mehreren unabhängigen Veränderlichen auf. Als Gesamtfehler wird anstelle des Ausdruckes (2.3) nach Gauß[1]) oft der Wert

$$\|\varepsilon\|^2 = \sum_{j=1}^{N} (\varepsilon_j)^2 \tag{2.6}$$

verwendet (Methode des kleinsten mittleren Fehlerquadrates).

3. Einteilung der Approximationsaufgaben nach der verwendeten Funktionen-mannigfaltigkeit

Die bisher aufgetretenen Approximationsaufgaben sollen nun in einen etwas all-gemeineren Rahmen gestellt werden, auf den wir in II.1 noch einmal zurück-kommen. Dazu wird die Aufgabe so formuliert:

---

1) Gauß, Carl Friedrich, wohl bedeutendster Mathematiker der Neuzeit, "Princeps mathematicorum", geb. 30. 4. 1777, 1799 erster vollständiger Beweis des „Fundamental-satzes der Algebra", 1807 Professor für Astronomie in Göttingen, wo er bis zu seinem Tode am 23. 2. 1855 wirkte. Beziehungen zur Approximationstheorie über die „Gauß-sche Fehlerquadratmethode".

B sei ein Bereich des n-dimensionalen Raumes $\mathbb{R}^n$ der Vektoren $x = (x_1, \ldots, x_n)$. Es sei $C(B)$ der Raum der in B stetigen Funktionen $g(x)$ und $W = \{w(x, a)\}$ eine Teilmenge aus $C(B)$, die von einem Parametervektor $a = (a_1, \ldots, a_q)$ abhängt. Manchmal kann auch $q = \infty$ zugelassen werden. Der Parametervektor a variiert in einem gegebenen Bereich A des q-dimensionalen Vektorraumes $\mathbb{R}^q$; häufig ist A der ganze Raum $\mathbb{R}^q$.

Für je zwei Funktionen $g(x)$ und $h(x)$ aus $C(B)$ sei ein „Abstand" (Metrik) $\varrho(g,h)$ erklärt, was auf verschiedene Weise möglich ist (vgl. I.9 und VII.1). Es wird etwa mit Hilfe einer in B positiven stetigen Gewichtsfunktion $p(x)$ die Norm

$$\|g\| = \sup_{x \in B} p(x)\,|g(x)| \quad \text{und der Abstand} \quad \varrho(g,h) = \|g - h\| \qquad (3.1)$$

eingeführt. Oft wird $p(x) \equiv 1$ gewählt.

Nun sei f ein festes Element aus $C(B)$, welches nicht zur Klasse W gehört.

Definition.

Es heißt $\varrho_0 = \inf\limits_{w \in W} \varrho(f, w)$ der Minimalabstand von f bezüglich W,

und ein Element $\hat{w} \in W$ mit $\varrho(f, \hat{w}) = \varrho_0$ heißt Minimallösung. $\qquad (3.2)$

Mit dem genannten Abstand ist die „Tschebyscheff-Approximation", kurz T.A., beschrieben.

Man kann eine Einteilung von Approximationsaufgaben danach vornehmen, wie die Funktionenmannigfaltigkeit $W(a,x)$ zunächst von den Parametern a_k und wie sie von den Variablen x_l abhängt.

Definition. *Die Approximationsaufgabe heißt linear, wenn W in den Parametern a_ν linear ist, also etwa der lineare Teilraum ist, der von Funktionen $w_\nu(x)$, $\nu = 1, \ldots, q$, aufgespannt wird, andernfalls nichtlinear.*

Wie erwähnt, kann q auch ∞ sein (z.B. Approximation durch eine harmonische Funktion, durch eine Potenzreihe und dgl.). Die $w_\nu(x)$ werden im linearen Fall als fest gegebene Funktionen aus $C(B)$ aufgefaßt, und W besteht dann aus der Menge

$$W = \left\{ w(x) = \sum_{\nu=1}^{q} a_\nu w_\nu(x),\ a \in A \right\} \qquad (3.3)$$

Bei der linearen Approximation sind verschiedene Spezialfälle bekannt, von denen einige kurz genannt seien:

Spezialfälle. 1a) Polynomapproximation mit Polynomen in einer oder mehreren unabhängigen Veränderlichen. Bei zwei unabhängigen Veränderlichen x, y z.B. kann W aus der Menge der Funktionen

$$w = \sum_{\mu, \nu=0}^{s} a_{\mu\nu}\, x^\mu y^\nu \qquad (3.4)$$

bestehen.

1b) Exponential-Approximation. Hier besteht W aus den Funktionen

$$w = \sum_{v=1}^{q} \sum_{\mu=1}^{n} a_{\mu v} \exp (b_{\mu v} x_{\mu}). \tag{3.5}$$

Dabei sind die $b_{\mu v}$ fest vorgegebene Konstanten; die $a_{\mu v}$ sind entweder zu bestimmende Konstanten oder zu bestimmende Polynome in den x_{μ} von vorgegebenem Grade, $a_{\mu v} = P_{\mu v} (x_1, \ldots, x_n)$, wobei für den Grad $\partial P_{\mu v}$ des Polynoms $P_{\mu v}$ eine feste Schranke $p_{\mu v}$ vorgegeben ist: $\partial P_{\mu v} \leq p_{\mu v}$.

1c) Trigonometrische Approximation. Hier werden die Funktionen

$$w = \sum_{v=1}^{q} \sum_{\mu=1}^{n} a_{\mu v} (\cos b_{\mu v} (x_{\mu} - c_{\mu v})). \tag{3.6}$$

verwendet, wobei die $b_{\mu v}$, $c_{\mu v}$ fest gewählte Konstanten sind. Im einfachsten Falle wählt man mit festen β_{μ}

$$b_{\mu v} = (v - 1) \beta_{\mu}, \quad v = 1, \ldots, q, \quad \mu = 1, \ldots, n.$$

Nun seien einige Fälle nichtlinearer Approximation genannt:

2a) Nichtlineare rationale Approximation. Dabei werden die Funktionen

$$\frac{\displaystyle\sum_{v=1}^{k} a_v u_v(x)}{\displaystyle\sum_{v=1}^{m} b_v v_v(x)} \tag{3.7}$$

betrachtet, wobei die a_v, b_v in leichter Abänderung des früheren die freien Parameter und u_v und v_v fest gewählte Funktionen aus $C(B)$ sind.

2b) Nichtlineare Exponential-Approximation mit linearen Exponenten. Die hier verwendeten Funktionen sind jetzt genau dieselben wie bei der linearen Exponential-Approximation (3.5), aber die $b_{\mu v}$ sind in diesem Falle nicht fest gewählte Konstanten, sondern ebenfalls frei verfügbare Parameter. Wieder kann man die $a_{\mu v}$ als freie Parameter oder als Polynome $a_{\mu v} = P_{\mu v}(x)$ mit vorgeschriebener Schranke $p_{\mu v}$ für den Grad wie bei (3.5) ansehen.

2c) Nichtlineare Exponential-Approximation mit quadratischem Exponenten. In dem Ansatz

$$w = \sum_{\mu, v, \varrho} a_{\mu v \varrho} \exp [b_{\mu v \varrho} x_{\mu} x_v + c_{\mu \varrho} x_{\mu}] \tag{3.8}$$

sind die Parameter $a_{\mu v \varrho}$, $b_{\mu v \varrho}$ und $c_{\mu \varrho}$ frei wählbar, jedoch werden bei den Anwendungen oft speziellere Ansätze verwendet, bei welchen zwischen den $b_{\mu v \varrho}$ Bindungen bestehen oder einzelne von ihnen gleich 0 gesetzt werden.

2d) Nichtlineare trigonometrische Approximationen. Bei dem Ansatz (3.6) sind jetzt alle Parameter $a_{\mu v}$, $b_{\mu v}$, $c_{\mu v}$ frei verfügbar; hierin ist der sehr wichtige Fall der Periodogrammanalyse („Aufsuchen versteckter Perioden") mit enthalten.

2e) Trigonometrische Exponential-Approximation. Setzt man in (3.5)

$$b_{\mu\nu} = c_{\mu\nu} + id_{\mu\nu}$$

und nimmt bei reellen $c_{\mu\nu}$ und $d_{\mu\nu}$ nur den Realteil der so entstehenden Funktion w und betrachtet wieder alle Funktionen nur im Reellen, so kommt man zu der in den Anwendungen häufiger auftretenden „gemischt trigonometrisch-exponentiellen Approximation".

Anmerkung: Es kommen auch noch andere, viel kompliziertere Funktionenklassen vor, die hier natürlich nicht im einzelnen aufgezählt werden können.

4. Approximationsaufgaben bei Differentialgleichungen

Es wird zunächst als spezielle Differentialgleichung die Wärmeleitungsgleichung

$$u_{xx} = k u_t \qquad \text{für eine Funktion } u(x,t) \tag{4.1}$$

herausgegriffen, weil man an ihr bereits verschiedene Typen von Approximationsaufgaben studieren kann.

Im folgenden bedeuten tiefgestellte Buchstaben $x, t, \ldots$ partielle Ableitungen, z.B. $u_{xx} = \partial^2 u / \partial x^2$, $h(x), f(x,y)$ gegebene, etwa stetige Funktionen und k eine gegebene Konstante.

Die Differentialgleichung (4.1) (mit k als Konstante) besitzt u.a. die Lösungen

$$\begin{Bmatrix} \cos \nu x \\ \sin \nu x \end{Bmatrix} \exp\left[-\frac{\nu^2}{k}(t - t_0) \right]$$

$$\text{und} \qquad (t - t_0)^{-1/2} \exp\left(-\frac{k}{4}\frac{(x - x_0)^2}{t - t_0} \right). \tag{4.2}$$

Je nach den vorliegenden Randbedingungen wird man mit diesen verschiedenen speziellen Lösungen arbeiten.

a) Es sei die Anfangsrandwertaufgabe vorgelegt (vgl. Abb. I.4.1 a),

$$u(0,t) = u(\pi,t) = 0 \qquad \text{für} \qquad t \geq 0,$$

$$u(x,0) = h(x) \qquad\qquad \text{für} \qquad 0 \leq x \leq \pi \quad \text{mit} \quad h(0) = h(\pi) = 0. \tag{4.3}$$

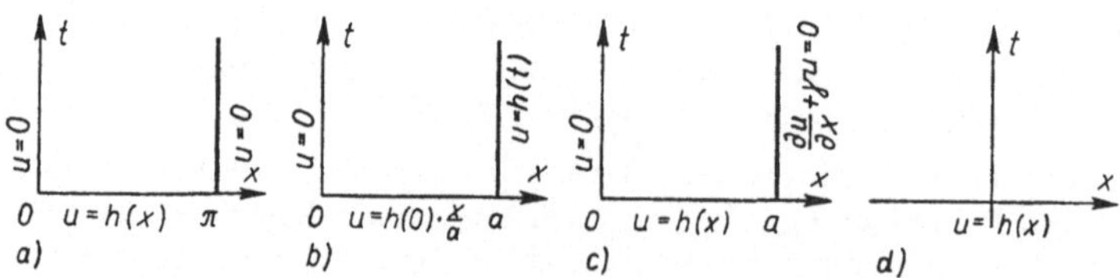

Abb. I.4.1 Anfangsrandwertaufgaben bei der Wärmeleitungsgleichung

Die beiden erstgenannten Randbedingungen werden von den Lösungen

$$\sin (v x) \exp \left[-\frac{v^2}{k} t \right] \quad \text{für} \quad v = 1, 2, \ldots$$

erfüllt. Man hat also diese Funktionen noch so zu überlagern, daß auch die Anfangsbedingung möglichst gut befriedigt wird.

So hat man in

$$w(x) = \sum_{v=1}^{q} a_v \sin(v x) \approx h(x) \quad \text{für} \quad 0 \leq x \leq \pi \tag{4.4}$$

die klassische lineare trigonometrische Approximation. Hier ist die Tschebyscheff-Approximation vernünftig, weil man bei ihr sofort eine Fehlerabschätzung für die Näherungslösung

$$v(x,t) = \sum_{v=1}^{q} a_v \sin(v x) \exp \left[-\frac{v^2}{k} t \right]$$

erhält. Für jede Lösung $u(x,t)$ der Wärmeleitungsgleichung (4.1) gilt nämlich für jedes Gebiet B: $\alpha_0 < x < \alpha_1$, $0 < t < T$, daß sowohl das Supremum von u als auch das Supremum von $|u|$ (Supremum bezüglich B) auf dem Randteil Γ (bestehend aus den drei Geraden-Stücken: $t = 0$, $\alpha_0 \leq x \leq \alpha_1$ und $0 < t \leq T$, $x = \alpha_0$ und $x = \alpha_1$) angenommen werden (sogenannter „Randmaximumsatz"). Genügt eine Näherung v für u auch der homogenen Gleichung (4.1), so genügt auch der Fehler $v - u$ der Gleichung (4.1); ist u Lösung der Anfangs-Randwertaufgabe (4.1) (4.3), so folgt aus

$$|v(x,t) - u(x,t)| \leq \varepsilon \tag{4.5}$$

auf Γ, daß (4.5) auch in B gilt (hier $\alpha_0 = 0$, $\alpha_1 = \pi$).

b) Es sei gegeben (Abb. I.4.1 b)

$$u(0,t) = 0, u(a,t) = h(t) \quad \text{für} \quad t \geq 0,$$

$$u(x,0) = h(0) \cdot \frac{x}{a} \quad \text{für} \quad 0 \leq x \leq a. \tag{4.6}$$

Hier hat man mit

$$\sum_{v=1}^{q} a_v \sin (\lambda_v x) \approx h(0) \frac{x}{a} \quad \text{für} \quad 0 \leq x \leq a,$$

$$\sum_{v=1}^{q} a_v \sin (\lambda_v a) \exp \left(-\frac{\lambda_v^2}{k} t \right) \approx h(t) \quad \text{für} \quad t \geq 0 \tag{4.7}$$

eine „Kombi-Approximation" mit trigonometrischen und Exponentialfunktionen. Bei fest vorgegebenen λ_v ist die Approximation linear und bei variablen λ_v nichtlinear.

c) Sind längs des ganzen Randes nicht identisch verschwindende Funktionswerte für u vorgeschrieben, so kann man diese entweder durch Überlagerung auf die Fälle a) und b) zurückführen oder auch direkt als Kombi-Approximation behandeln.

d) Es sei gegeben (Abb. I.4.1c) $u(0,t) = 0$ für $t \geq 0$, $u_x + \gamma u = 0$ für $x = a$, $t > 0$, $u(x,0) = h(x)$ für $0 \leq x \leq a$. Dabei sei $\gamma \neq 0$ eine gegebene Konstante. Sind dann die λ_v der Größe nach geordnete positive Nullstellen der Gleichung

$$\gamma \cdot \tan(\lambda_v a) = \lambda_v, \tag{4.8}$$

so gilt $v_x + \gamma v = 0$ für $x = a$, wenn man den Ansatz

$$v(x,t) = \sum_{v=1}^{n} a_v \sin(\lambda_v x) \exp\left(-\frac{\lambda_v^2}{k} t\right)$$

wählt, und in

$$w(x) = \sum_{v=1}^{q} a_v \sin(\lambda_v x) \approx h(x) \tag{4.9}$$

hat man eine lineare trigonometrische Approximation, aber mit inkommensurablen Frequenzen λ_v.

Auch hier kann man, wenn man die Approximationsaufgabe näherungsweise gelöst hat, für die gesuchte Funktion $u(x,t)$ eine Fehlerabschätzung aufstellen unter Benutzung von Monotoniesätzen (vgl. L. Collatz [64], S. 309–311, hier auch I.5).

e) Es sei als reine Anfangswertaufgabe gegeben (Abb. I.4.1 d)

$$u(x,0) = h(x) \quad \text{für} \quad -\infty < x < \infty \quad \text{mit} \quad \lim_{x \to \pm \infty} h(x) = 0$$

Dann kann man den Ansatz verwenden

$$v(x,t) = \sum_{v=1}^{q} a_v (t + t_v)^{-1/2} \exp\left(-\frac{k}{4} \frac{(x - x_v)^2}{t + t_v}\right), \tag{4.10}$$

und mit

$$\sum_{v=1}^{q} b_v \exp\left(-c_v (x - x_v)^2\right) \approx h(x) \quad \text{für} \quad -\infty < x < \infty \tag{4.11}$$

liegt eine nichtlineare Approximationsaufgabe für Exponentialfunktionen mit quadratischen Exponenten vor. Hat man hieraus b_v, c_v, x_v ermittelt, so berechnen sich die a_v, t_v aus

$$t_v = \frac{k}{4 c_v} \quad \text{und} \quad a_v = b_v \, t_v^{1/2}.$$

f) Bei der Wärmeleitungsgleichung mit 2 Raumkoordinaten x, y, für die von drei Variablen abhängende Funktion $u(x,y,t)$

$$\Delta u = \frac{\partial^2 u}{\partial x^2} + \frac{\partial^2 u}{\partial y^2} = k \frac{\partial u}{\partial t} \quad \text{für} \quad -\infty < x, y < +\infty, \quad t > 0 \tag{4.12}$$

sei für $t = 0$ die Anfangsbedingung

$$u(x,y,0) = f(x,y) \quad \text{für} \quad -\infty < x, y < +\infty \tag{4.13}$$

vorgelegt, z. B.

$$f(x, y) = \frac{1}{2 + x^2 + y^2 + x^2 y^2} \cdot$$

Eine exakte Lösung von (4.12), welche für jedes $t > 0$ im Unendlichen verschwindet (und nur für solche Funktionen wollen wir uns hier interessieren), ist (für $t_0 > 0$)

$$v(x,y,t) = (t+t_0)^{-1} \exp\left[-\frac{k}{4(t+t_0)}\{(x+x_0)^2 + (y+y_0)^2\}\right] \tag{4.14}$$

Unter Ausnutzung der Symmetrien (d. h. $x_0 = y_0 = 0$) hat man in erster Annäherung die vorgegebenen Anfangswerte f mit a, b als freien Parametern zu approximieren durch

$$f(x,y) \approx w = a\,e^{-b(x^2+y^2)} \tag{4.15}$$

Wählt man z. B. $a = 0.46$ und $b = 0.22$, so wird $|w - f| \leq \varepsilon = 0.07$ in der Anfangsebene $t = 0$, und dieselbe Schranke gilt für die zugehörige Funktion $v(x,y,t)$ in (4.14):

$$|v(x,y,t) - u(x,y,t)| \leq 0.07 \quad \text{für} \quad t > 0.$$

5. Einseitige Tschebyscheff-Approximation bei Randwertaufgaben

Während in I.4 zur Fehlerabschätzung das Randmaximumprinzip benutzt wurde, soll jetzt das Monotonieprinzip besprochen werden, welches gewöhnlich auf die „einseitige Tschebyscheff-Approximation" (kurz E.T.A., vgl. Abb. I.5.1) führt und vielfach bessere Fehlerschranken liefert.

Es werde zunächst eine allgemeine Formulierung zugrunde gelegt:

Für eine Funktion $u(x) = u(x_1,\ldots, x_n)$ in einem Gebiet B des n-dimensionalen Punktraumes $\mathbb{R}^n$ mit dem Rand Γ seien die Differentialgleichung

$$Mu = 0 \text{ in } B \tag{5.1}$$

und die Randbedingungen

$$Su = 0 \text{ auf } \Gamma \tag{5.2}$$

vorgegeben. (Su kann dabei ein Vektor mit mehreren (endlich vielen) Komponenten sein.) Die Gleichungen (5.1) und 5.2) werden zusammengefaßt zu

$$Tu = \{Mu, Su\} = 0.$$

Weiterhin werde vorausgesetzt, daß das Problem für „Vergleichs-Funktionen" $v, \bar{v}$ (d. h. für Funktionen, die hinreichend oft partiell differenzierbar sind) die Monotonieeigenschaft besitzt, d. h. „von monotoner Art" ist:

$$Tv \leq T\bar{v} \quad \text{hat zur Folge} \quad v \leq \bar{v} \tag{5.3}$$

In (5.3) bedeutet das Ungleichheitszeichen punktweise Gültigkeit in B bzw. Γ i
Sinne der natürlichen Ordnung reeller Zahlen oder Vektoren und dann kompo-
nentenweise für M und S. Bei weitreichenden Klassen linearer und nichtlinearer
Randwertaufgaben bei gewöhnlichen Differentialgleichungen und auch bei par-
tiellen Differentialgleichungen, insbesondere bei elliptischen und parabolischen
Differentialgleichungen, besteht diese Monotonieaussage (vgl. Collatz [52], [64],
Redheffer [62] u.a.), vgl. hier auch III.8.

Wenn das Problem (5.1), (5.2) eine Lösung u besitzt und man sich Näherungslösungen w, $\bar{w}$ mit nichtpositivem bzw. nichtnegativem „Defekt" (d.h. $Tw \leq 0$
bzw. $T\bar{w} \geq 0$) verschaffen kann, so erhält man nach (5.3) die Fehlerabschätzung:

$$w \leq u \leq \bar{w}. \tag{5.4}$$

Nun wählen wir zwei Scharen von Vergleichsfunktionen

$$W = \{w\,(x, a_1,\ldots, a_p)\} \quad \text{und} \quad \bar{W} = \{\bar{w}\,(x, \bar{a}_1,\ldots, \bar{a}_q)\}. \tag{5.5}$$

Hierbei kann der Vektor $a = (a_1,\ldots, a_p)$ einen gewissen Bereich A des Raumes
$\mathbb{R}^p$ und analog der Vektor $\bar{a} = (\bar{a}_1,\ldots, \bar{a}_q)$ den Bereich $\bar{A} \subset \mathbb{R}^q$ durchlaufen.
Man hat nun für die Konstanten $a_1,\ldots, a_p$, $\bar{a}_1,\ldots, \bar{a}_q$ die nichtlineare Optimierungsaufgabe

$$\text{(A)} \qquad 0 \leq \bar{w}\,(x,\bar{a}) - w\,(x,a) \leq \delta \quad \text{für} \quad x \in B + \Gamma, \quad \delta \overset{!}{=} \text{Min.} \tag{5.6}$$

mit den (unendlich vielen) Nebenbedingungen

$$Tw\,(x,a) \leq 0 \leq T\bar{w}\,(x,\bar{a}) \quad \text{für} \quad x \in B + \Gamma. \tag{5.7}$$

Im linearen Fall mit

$$Mu = \hat{M}u - \mu(x), \qquad Su = \hat{S}u - \sigma(x)$$

mit linearen Operatoren $\hat{M}$, $\hat{S}$ und gegebenen Funktionen $\mu(x)$, $\sigma(x)$ und mit

$$Tu = \hat{T}u - r = \{\hat{M}u - \mu, \hat{S}u - \sigma\} \tag{5.8}$$

kann man in (5.5) lineare Ausdrücke verwenden:

$$w(x) = \sum_{\nu=1}^{p} a_\nu w_\nu(x), \qquad \bar{w}(x) = \sum_{\nu=1}^{q} \bar{a}_\nu \bar{w}_\nu(x). \tag{5.9}$$

Man erhält dann eine einseitige Approximationsaufgabe mit Nebenbedingungen,
die sich übersichtlich als lineares Optimierungsproblem mit einem Kontinuum
von Nebenbedingungen

$$0 \leq \sum_{\nu=1}^{q} \bar{a}_\nu \bar{w}_\nu(x) - \sum_{\nu=1}^{p} a_\nu w_\nu(x) \leq \delta, \quad x \in B + \Gamma, \quad \delta \overset{!}{=} \text{Min,}$$

$$\text{(AL)} \tag{5.10}$$

$$\sum_{\nu=1}^{p} a_\nu \hat{T}w_\nu(x) \leq r(x) \leq \sum_{\nu=1}^{q} \bar{a}_\nu \hat{T}\bar{w}_\nu(x) \quad \text{für alle} \quad x \in B + \Gamma$$

schreiben läßt.

Anstelle des Problems (A) benutzt man für die Rechnung oft das einfachere Problem der einseitigen Approximation mit weniger Nebenbedingungen

$$\text{(B)} \qquad -\delta_1 \le Tw(x,a) \le 0, \qquad \delta_1 \stackrel{!}{=} \text{Min.} \qquad\qquad (5.11)$$

$$\text{und} \qquad 0 \le T\bar{w}(x,\bar{a}) \le \delta_2, \qquad \delta_2 \stackrel{!}{=} \text{Min.} \qquad\qquad (5.12)$$

Beide Probleme sind „einseitige Tschebyscheff-Approximationen". Im Fall (B) hat man die Schranken

$$w(x,a) \le u(x) \le \bar{w}(x,\bar{a}), \qquad\qquad (5.13)$$

welche man leichter aufstellen kann als bei (5.6) bzw. (5.7); sie sind aber im allgemeinen nicht so gut wie beim Problem (A).

Ist hierbei T linear wie in (5.8), so kann man die linearen Ausdrücke (5.9) benutzen, und falls sowohl eines der Tw_ν als auch eines der $T\bar{w}_\nu$ konstant und ungleich Null ist, ist die durch Problem (B) beschriebene einseitige T.A. ohne Nebenbedingungen äquivalent zu der gewöhnlichen T.A. Man erhält dann nämlich aus einer zum Minimalabstand ϱ_0 gehörenden Minimallösung u bei der gewöhnlichen T.A. durch Addition von ϱ_0 eine beste einseitige T.A. von oben und durch Subtraktion von ϱ_0 eine beste einseitige T.A. von unten (Abb. I.5.1), und man kann dann auch umgekehrt aus einer besten einseitigen T.A. wieder zu einer besten gewöhnlichen T.A. gelangen.

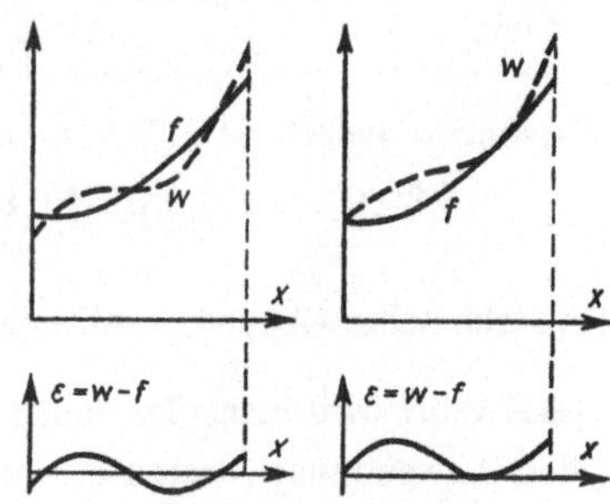

Abb. I.5.1 Zweiseitige und einseitige Tschebyscheff-Approximation

Anstelle des Problems (B) kann man das noch mehr vereinfachte Problem (C) betrachten.

$$\text{(C)} \qquad |Tw/x,a)| \le \delta_3, \qquad \delta_3 \stackrel{!}{=} \text{Min.} \qquad\qquad (5.14)$$

Dies ist im allgemeinen eine „Tschebyscheff-Kombi-Approximation" (vgl. I.6.D, Collatz [69] und auch Bredendiek [69]), aber in diesem Falle erhält man bei nichtlinearen Aufgaben keine Fehlerschranken.

Beispiel. Für eine Funktion $u(x, y, z)$ sei die Differentialgleichung

$$Mu = -\Delta u + u^2 = 0 \quad \text{in} \quad B = \{(x,y,z): x^2 + y^2 + z^2 = r^2 < 1\}$$

und die Randbedingung

$$Su = u - 1 = 0 \quad \text{auf} \quad \Gamma = \{(x,y,z): x^2 + y^2 + z^2 = r^2 = 1\}$$

gegeben. Diese Aufgabe ist von monotoner Art (vgl. z.B. Collatz [64]). u soll durch eine Funktion w aus der Klasse $W = \{w = 1 + (1 - r^2)(a_1 + a_2 r^2)\}$ approximiert werden. Für beliebige a_1, a_2 ist die Randbedingung $Sw = 0$ erfüllt; es soll nun

$$Mw = w^2 - 6(a_2 - a_1) + 20a_2 r^2$$

im Intervall $0 \leq r \leq 1$ die Funktion Null approximieren. Die Rechnung (für deren Durchführung wir den Herren Budde und Zimmermann danken), ergab die Werte:

	gewöhnliche T-Approximation $\|Mw\| \overset{!}{=} \text{Min}$ (nach Problem (C))	einseitige T-Approximation (nach Problem (B))	
		von unten $-\delta \leq Mw \leq 0$ $\delta \overset{!}{=} \text{Min}$	von oben $0 \leq Mw \leq \delta$ $\delta \overset{!}{=} \text{Min}$
a_1	$-0,13618$	$-0,13691$	$-0,13545$
a_2	$-0,01269$	$-0,01275$	$-0,01263$
Fehlerabschätzung	keine Aussage	$w \leq u$	$u \leq w$

Insbesondere liefert die E.T.A. an der Stelle $r = 0$ die Einschließung der Lösung:

$$0,86309 \leq u(0,0,0) \leq 0,86455$$

6. Kombinations-Approximationen (kurz Kombi-Approximationen)

(Dieses Wort wird hier allgemeiner benutzt als oben und auch in I.6.D.)

In den Anwendungen treten oft kompliziertere Arten von Approximationen und Kombinationen auf; es seien einige Arten genannt.

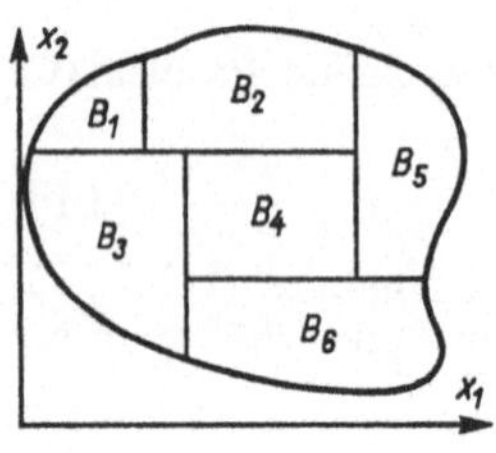

Abb. I.6.1
Ebene Segment-Approximation

A. Segment-Approximation (vgl. Abb. I. 6.1). Hier wird für den Grundbereich B eine Klasse K von Aufteilungen in Teilbereiche B_σ ($\sigma = 1,\ldots, s$) gewählt, wobei die Zahl s für alle Einteilungen der Klasse K fest ist. So kann z. B. bei zwei unabhängigen Veränderlichen x_1, x_2 eine Klasse K folgendermaßen festgelegt werden: der Bereich B wird von s achsenparallelen Rechtecken überdeckt, wobei keine zwei Rechtecke einen inneren Punkt gemeinsam haben. Jedes Rechteck soll mit B einen inneren Punkt gemeinsam haben, die Rechtecke brauchen aber nicht ganz in B zu liegen (vgl. Abb. I.6.1); z.B. ist eine Funktion $f(x)$ vorgegeben, welche in den einzelnen Bereichen B_σ durch eine Funktion aus einer Funktionsklasse

$$W_\sigma = \{w_\sigma (x, a_{1(\sigma)}, a_{2(\sigma)}, \ldots, a_{p(\sigma)})\} \tag{6.1}$$

zu approximieren ist; in den Anwendungen werden oft für alle w_σ dieselben Funktionen genommen; als Beispiel für verschiedene w_σ sei die bereits in (1.6) erwähnte Aufgabe genannt, die Funktion $f(x) = e^{-x}$ im Intervall $J = [0, +\infty)$ zu approximieren, und zwar im Intervall $[0, a]$ durch ein Polynom und im Intervall $[a, +\infty)$ durch eine rationale Funktion.

Beispiel. Der Gedanke der Segment-Approximation wurde bei den nichtlinearen Schwingungen schon seit langem angewendet. Freie ungedämpfte Schwingungen eines Systems mit einem Freiheitsgrad (Koordinate $q = q(t)$, Zeit t) mit einer nichtlinearen Rückstellkraft, die proportional zu $f(q)$ sei, genügen der Differentialgleichung (K. Klotter [51] S. 153–162)

$$\frac{\mathrm{d}^2 q}{\mathrm{d}t^2} + f(q) = 0. \tag{6.2}$$

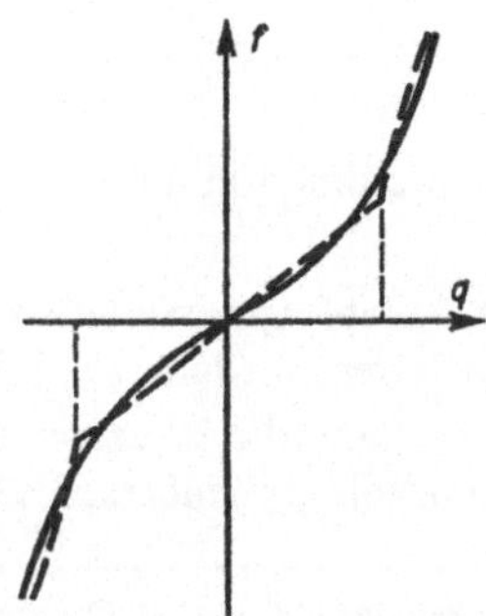

Dabei ist $f(q)$ eine gegebene Funktion und ergibt bei graphischer Darstellung die „Kennlinie", Abb. I.6.2. Es wird dann die Kennlinie in einem endlichen q-Intervall durch einige wenige Geradenstücke segmentweise approximiert, Abb. I.6.2; die Differentialgleichung ist dann in jedem dieser q-Intervalle elementar geschlossen lösbar, und man hat die Lösungen „aneinander-zustückeln"; nimmt man die Segment-Approximation einseitig vor, so kennt man auch das Vorzeichen des Fehlers der Näherung für $q(t)$.

Abb. I.6.2 Federkennlinie

Dieselbe Approximationsaufgabe tritt auf, wenn auch noch ein lineares Dämpfungsglied mit konstantem K hinzugenommen wird:

$$\frac{\mathrm{d}^2 q}{\mathrm{d}t^2} + K \frac{\mathrm{d}q}{\mathrm{d}t} + f(q) = 0. \tag{6.3}$$

B. Syn-Approximation. Es soll nicht nur die Funktion f durch ein Element w einer Klasse $W(a, x)$, sondern auch Tf durch Tw approximiert werden. Dabei ist T ein gegebener linearer oder nichtlinearer Operator, z.B. ein Differentiations- oder Integrations-Operator, und man kann natürlich auch leicht nichtlineare Beispiele nennen. Allgemeiner können mehrere Operatoren T_σ ($\sigma = 1, \ldots, s$) vorgegeben sein. Man versucht dann, den Abstand (unter Verwendung passender Abstände $\varrho_1, \varrho_2, \ldots, \varrho_s$)

$$\mathrm{Max}\left(\varrho_1\left(T_1 f, T_1 w\right), \ldots, \varrho_s\left(T_s f, T_s w\right)\right) \tag{6.4}$$

möglichst klein zu machen (z.B. Moursund [68]).

C. Simultan-Approximation. Bei dieser kann sich die Approximation für f und Tf (und möglicherweise für mehrere Operatoren T_σ auf verschiedene Bereiche B_σ beziehen, Bredendiek [69]).

Beispiel: Randwertaufgabe für eine Funktion $u(x_1, x_2)$:

$$Lu = \sum_{j=1}^{2} \frac{\partial}{\partial x_j}\left(p\left(x_1, x_2\right) \frac{\partial u}{\partial x_j}\right) = 1 \quad \text{in } D\colon x_1^2 + x_2^2 < 1$$

$$u - \frac{\partial u}{\partial v} = 0 \quad \text{auf } \Gamma\colon x_1^2 + x_2^2 = 1 \quad (v = \text{innere Normale})$$

Funktionenklasse $W(x, a) = \left\{ w = \sum_{\mu + \sigma \leq q} a_{\mu\nu}\, x_1^\mu x_2^\sigma \right\}$.

Hierbei ist $p(x_1, x_2)$ eine gegebene Ortsfunktion und q eine gewählte natürliche Zahl.

Approximation im Inneren: $\qquad B_1 = D, \quad T_1 f = \Delta f, \quad \varrho_1 = \underset{D}{\mathrm{Sup}}\, |Lw - 1|$

Approximation auf dem Rand: $\quad B_2 = \Gamma, \quad T_2 f = f - \dfrac{\partial f}{\partial \nu}, \quad \varrho_2 = \underset{\Gamma}{\mathrm{Sup}}\, \left| w - \dfrac{\partial w}{\partial \nu} \right|$

D. Kombi-Approximation (schlechthin). Hier können in den einzelnen Bereichen B_σ noch verschiedene Funktionenklassen W_σ zugrunde gelegt werden.

Man kann die 3 letztgenannten Arten in folgender Tabelle der klassischen Approximation gegenüberstellen:

Bezeichnung	Operator	Gebiet	Funktionenklasse
klassische Approx.	$T_1 = \text{Identität}$	B	W
Syn-Approx.	$T_\sigma (\sigma = 1, \ldots, s), s > 1$	B	W
Simultan-Approx.	$T_\tau (\tau = 1, \ldots, t), t \leq s$	$B_\sigma (\sigma = 1, \ldots, s), s > 1$	W
Kombi-Approx.	$T_\tau (\tau = 1, \ldots, t), t \leq s$	$B_\tau (\tau = 1, \ldots, t), t \leq s$	$W_\sigma (\sigma = 1, \ldots, s), s > 1$

E. Bedingte Approximation. Hier werden zusätzliche Einschränkungen, etwa in Form von Nebenbedingungen, zugelassen. Die bekannteste Art ist vielleicht die Inter-Approximation, bei welcher die Werte von f an bestimmten Punkten P_μ durch die zu approximierende Funktion exakt angenommen werden sollen:

$$w(P_\mu) = f(P_\mu), \qquad \mu = 1, 2, \ldots, s$$

(Kombination von Interpolation und Approximation, Taylor [69], Schumaker/ Taylor [69] u.a.).

Es gibt mannigfache andere Einschränkungen, z.B. Integralbedingungen:

$$\int_B \Phi\,(x, w(x))\, \mathrm{d}x = \int_B \Phi\,(x, f(x))\, \mathrm{d}x \tag{6.6}$$

mit gegebener Funktion Φ.

Schließlich kann man auch die einseitige Tschebyscheff-Approximation unter diesen Fall E subsumieren. Für verschiedene hier genannte Arten von Approximationen mögen wieder einige Beispiele genannt werden.

7. Weitere Beispiele von Randwertaufgaben

Es seien noch einige Differentialgleichungsaufgaben angeführt:

A. Telegraphengleichung

$$u_{tt} = u_{xx} + ku. \tag{7.1}$$

Hier hat man spezielle Lösungen der Form

$$e^{-(\nu x + \mu t)} \quad \text{mit} \quad \mu^2 = \nu^2 + k, \quad \begin{Bmatrix} \cos \varrho x \\ \sin \varrho x \end{Bmatrix} e^{-\mu t} \quad \text{mit} \quad \varrho^2 + \mu^2 = k,$$

$$e^{-\nu x} \begin{Bmatrix} \cosh \varrho t \\ \sinh \varrho t \end{Bmatrix} \quad \text{mit} \quad \varrho^2 = \nu^2 + k.$$

Es sei etwa gegeben:

$$u(x,0) = p(x), \quad \frac{\partial u}{\partial t}(x,0) = s(x) \quad \text{für} \quad x \geq 0$$

und $u(0,t) = h(t)$ für $t \geq 0$

$$\text{mit} \quad \lim_{x \to \infty} p(x) = \lim_{x \to \infty} s(x) = \lim_{t \to \infty} h(t) = 0 \quad \text{und} \quad p(0) = h(0).$$

Der Ansatz

$$v(x,t) = \sum_{\nu=1}^{q} a_\nu \exp\left[-(\varrho_\nu x + \sigma_\nu t)\right]$$

führt dann auf die Kombi-Approximation:

$$p(x) \approx \sum_{\nu=1}^{q} a_\nu e^{-\varrho_\nu x}, \quad s(x) \approx -\sum_{\nu=1}^{q} a_\nu \sigma_\nu e^{-\varrho_\nu x}, \quad h(t) \approx \sum_{\nu=1}^{q} a_\nu e^{-\sigma_\nu t}$$

mit $\sigma_\nu^2 = \varrho_\nu^2 + k$; man hat bei festgewählten ϱ_ν, σ_ν eine lineare und bei variablen ϱ_ν, σ_ν eine nichtlineare Approximation.

B. Weitere einfache Beispiele. 1. Temperaturverteilung im Querschnitt eines Schornsteins: D sei der zweifach zusammenhängende Bereich in der x-y-Ebene: $x^2 + y^2 > 1$, $|x| < 2$, $|y| < 2$ (Abb. I.7.1); in D genüge $u(x,y)$ der Potentialgleichung $\Delta u = 0$, auf dem inneren Rand Γ_1 sei $u = 1$, und auf dem äußeren Rand Γ_2 sei $u = 0$. Mit $z = x + iy$, $r = |z|$ genügen für beliebige Werte der a_ν die Funktionen

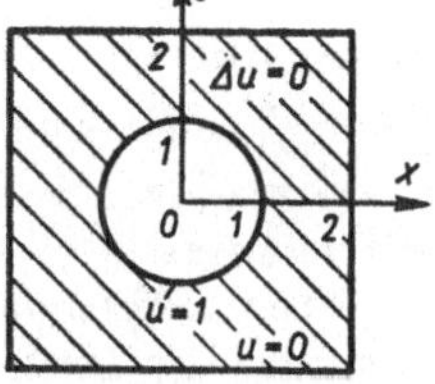

$$w = a_0 \ln r + \sum_{\nu=0}^{p} a_\nu \operatorname{Re}(z^{2\nu}),$$

Abb. I.7.1
Temperaturverteilung in einem Schornstein

der Differentialgleichung, und die Anpassung der Randwerte von w an gegebene Randwerte von u nach dem Randmaximum-Prinzip (vgl. z.B. Collatz [64], S. 303) bedeutet eine Kombi-Approximation.

2. Ausgehend von genau demselben Problem und demselben Ausdruck für w wie im Beispiel 1, wird die Beschränkung $|x| < 2$ fallengelassen. Man hat dann die Abb. I.7.2 und kann die Aufgabe deuten als Bestimmung des Potentials im elektrostatischen Felde eines Plattenkondensators. Auch hier gilt das Randmaximum-Prinzip bei Beschränkung auf Funktionen, die im Unendlichen verschwinden.

3. Bei derselben Aufgabenstellung wie in Beispiel 2 befinde sich aber nun eine Kugel im Felde des Plattenkondensators, so daß man eine räumliche Aufgabe hat, Abb. I.7.3.

Der Bereich D ist jetzt in einem x-y-z-Achsensystem gegeben durch $x^2 + y^2 + z^2 > 1$, $|y| < 2$, und wieder sei $\Delta u = 0$ in D, $u = 1$ auf dem inneren und $u = 0$ auf dem äußeren Rand.

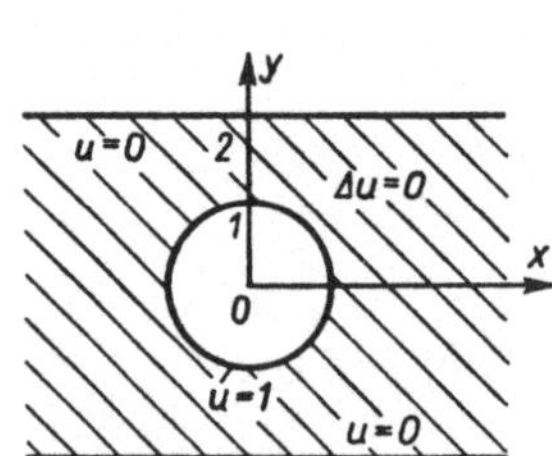

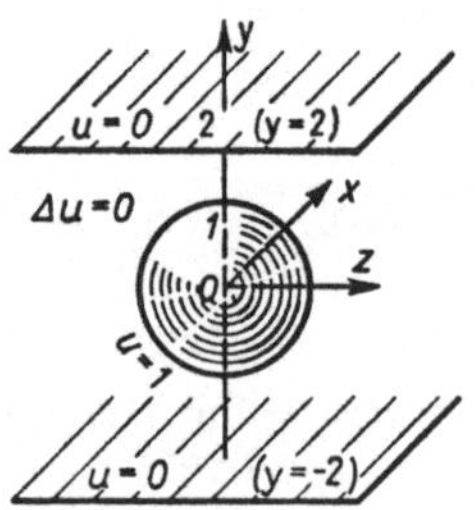

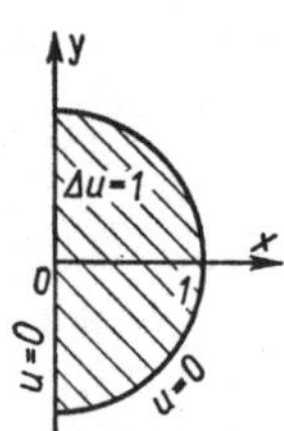

Abb. I.7.2
Elektrostatisches Feld eines
Plattenkondensators

Abb. I.7.3
Kugel im Feld eines
Plattenkondensators

Abb. I.7.4
Torsionsproblem
für einen Halbkreis

4. **Torsionsproblem für den Halbkreis.** D sei der Bereich $x \geq 0$, $x^2 + y^2 \leq 1$ in einer x-y-Ebene, Abb. I.7.4; auf dem Rand sei $u = 0$, und im Innern von D sei $\Delta u = 1$; man kann u annähern z. B. durch Polynome

$$w = \frac{1}{2} y^2 + \sum_{\nu=1}^{p} a_\nu w_\nu(x,y),$$

wobei die w_ν der Potentialgleichung genügen, z. B. $w_1 = 1$, $w_2 = x$, $w_3 = x^2 - y^2,\ldots$, und hat dann Randwerte zu approximieren.

5. **Approximation durch Elemente eines unendlich dimensionalen Teilraumes** $W(x,a)$: Ein solches Problem kommt bei linearen homogenen partiellen Differentialgleichungen $Lu = 0$ vor, wenn eine Funktion $f(x)$ durch Lösungen der Differentialgleichung etwa im Tschebyscheffschen Sinne approximiert werden soll; diese Lösungen bilden i. a. eine lineare Mannigfaltigkeit W unendlicher Dimension.

Beispiel. In einer x-y-Ebene soll die Funktion $f(x, y) = x^2 + y^2$ im Bereich D $(|x| \leq 1, |y| \leq 1)$ durch Potentialfunktionen v mit $\Delta v = 0$ approximiert werden. Nähert man z. B. f durch einen Ausdruck der Form $w = c_1 + c_2 (x^4 - 6x^2 y^2 + y^4)$ im Tschebyscheffschen Sinne möglichst gut an, so sind $c_1 = 0.6$ und $c_2 = -0.2$

die besten Konstanten, und es wird $|f - w| \leq 0.6$ in D. Deutet man f und v als Temperaturverteilungen, so ist gefragt, wie weit die Verteilung $f(x,y)$ von einer stationären Verteilung abweicht.

6. Plattengleichung. In dem Bereich D von Beispiel 4 (wie Abbildung I.7.4) sei $\Delta\Delta u = 1$ (gleichförmige Belastung); die Platte sei am Rand Γ von D eingespannt, also auf Γ gelte $u = \partial u/\partial v = 0$ mit v als Normalenrichtung. Man kann u annähern durch Polynome

$$w(x,y) = x^2 \left(\frac{y^2}{8} + \sum_{\mu=1}^{p} a_\mu \, P_\mu(x, y) \right) ,$$

wobei die Polynome $\varphi_\mu = x^2 \, P_\mu = \sum_{j,k} a_{jk}^{(\mu)} \, x^j \, y^k$ die homogene Differentialgleichung $\Delta\Delta\varphi = 0$ erfüllen sollen, z.B. $P_1 = 1$, $P_2 = x, \ldots$ Es ist dann

$$\left(\frac{\partial \varphi_\mu}{\partial v} \right)_{r=1} = \sum_{j,k} (j + k) \, a_{jk}^{(\mu)} \, x^j \, y^k.$$

Die Randbedingungen $u = \partial u/\partial v = 0$ auf dem Randteil $x^2 + y^2 = 1$ führen dann auf eine unmittelbar anschreibbare Kombi-Approximation.

Es sei hier noch ein Beispiel genannt, bei welchem man nicht exakte Lösungen der Differentialgleichung zur Verfügung hat:

$u(x,y)$ sei die gesuchte Durchbiegung einer kreisförmigen, ringsum eingespannten, ungleichförmig belasteten Platte:

$$\Delta\Delta u = f(x, y) = \frac{1}{2 + x} \quad \text{in } B = \{(x, y)\colon x^2 + y^2 = r^2 < 1\},$$

$$u = \frac{\partial u}{\partial r} = 0 \quad \text{auf } \Gamma = \{(x,y)\colon x^2 + y^2 = r^2 = 1).$$

Für eine Näherungslösung w werde der Ansatz gemacht:

$$w = (1 - x^2 - y^2)^2 \, [a_0 + a_1 x + a_2 y + a_3 x^2 + a_4 xy + a_5 y^2].$$

Nimmt man nur a_0, a_1 mit, so wird

$$\Delta\Delta w = 64 a_0 + 168 a_1 x = h.$$

Es ist also die gegebene Funktion f durch h zu approximieren. Hier gilt die Monotonie: $f \leq h$ in ganz B hat $u \leq w$ zur Folge; es empfiehlt sich also einseitige Approximation. Man erhält die Zahlenwerte:

	E.T.A. von unten	E.T.A. von oben
a_0	1/144	1/96
a_1	$-\,1/1512$	$-\,1/504$

also

$$(1 - r^2)^2 \left(\frac{1}{144} - \frac{x}{1512}\right) \leq u(x, y) \leq (1 - r^2)^2 \left(\frac{1}{96} - \frac{x}{504}\right),$$

speziell im Mittelpunkt: $1/144 \leq u(0,0) \leq 1/96$.

Dabei hängt die Wahl der besten Konstanten a_0, a_1 vom betrachteten Punkte ab; für den Punkt P $(x = 1/2, y = 0)$ ist die Wahl $a_0 = 1/128$, $a_1 = -1/504$ besser, man erhält dann $u(1/2,0) \geq 55/14336 \approx 0.00382$, während die in der Tabelle genannten Werte nur $u(1/2,0) \geq 5/1344 \approx 0.00372$ liefern.

C. Wellenfortpflanzung im Plasma. Natürlich kann man auch hier noch viel komplizitere Approximationsaufgaben nennen; als Beispiel sei die Klein-Gordonsche Gleichung für Wellenfortpflanzung im Plasma (z.B. bei Bleistein) genannt:

$$k^2 u_{tt} = u_{xx} - c_\sigma u, \tag{7.2}$$

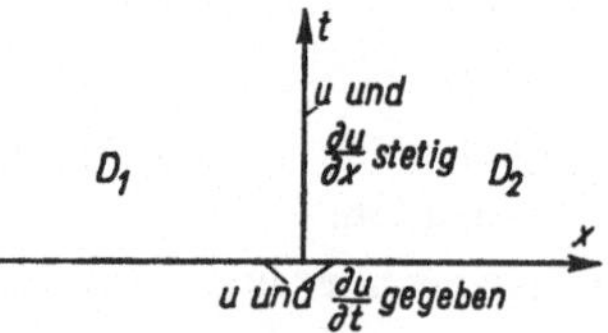

Abb. I.7.5 Wellenfortpflanzung im Plasma

wobei c_σ im Bereich D_σ (für $\sigma = 1,2$) gegebene Konstanten sind. Dabei sei D_1 der Bereich $x < 0, t > 0$ und D_2 der Bereich $x > 0, t > 0$, Abbildung I.7.5. Ferner sind die Werte von $u(x, 0)$ und $\partial u/\partial t (x, 0)$ für $-\infty < x < \infty$ vorgegeben, und es wird Stetigkeit von u und $\partial u/\partial x$ für $x = 0$ und alle $t > 0$ gefordert.

Man kann dann u annähern durch einen Ausdruck w der Form

$$w(x, t) = \sum_{\nu=1}^{p} a_\nu^{(\sigma)} \exp\left(- b_\nu^{(\sigma)} x - c_\nu^{(\sigma)} t\right), \tag{7.3}$$

wobei die Parameter $a_\nu^{(\sigma)}$, $b_\nu^{(\sigma)}$, $c_\nu^{(\sigma)}$ den Bedingungen unterliegen

$$[b_\nu^{(\sigma)}]^2 = k^2 [c_\nu^{(\sigma)}]^2 + c_\sigma, \quad b_\nu^{(1)} < 0, \quad b_\nu^{(2)} > 0 \quad \nu = 1,\ldots,p$$

Dann erfüllt w die Differentialgleichung in beiden Bereichen, und man hat an den Rändern der Bereiche eine Kombi-Approximation.

D. Simultan-Approximation tritt häufig auf, wenn es weder gelingt, eine Funktionenschar anzugeben, welche bei einer Randwertaufgabe die Differentialgleichung exakt erfüllt, noch eine Funktionenschar, welche die Randbedingungen exakt erfüllt. Man hat dann mit einer gewählten Funktionenschar $w(x, a)$ sowohl die Differentialgleichung

$$T_1 u = h(x_1,\ldots, x_n) \quad \text{in einem gegebenen Bereich } D \tag{7.4}$$

als auch die Randbedingungen

$$T_\sigma u = g_\sigma(x_1,\ldots, x_n) \quad \text{auf dem Rand } \Gamma \text{ oder auf Randteilen } \Gamma_\sigma$$

$$(\sigma = 2,\ldots, s) \tag{7.5}$$

zu approximieren.

Bei nichtlinearen Differentialgleichungen ergeben sich weitere oft ungewöhnliche Typen von Approximationsaufgaben, vgl. Collatz [69a], die noch sehr wenig betrachtet wurden.

Beispiel. Bei der nichtlinearen Randwertaufgabe $y''(x) = 1 + y^2$, $y(\pm 1) = 0$ führt der Näherungsansatz $y \approx w(x) = a_1 (1 - x^2) + a_2 (1 - x^4)$ auf die vom üblichen abweichende Polynom-Approximation:

$$- 1 \approx 2a_1 + 12a_2 x^2 + [a_1 (1 - x^2) + a_2 (1 - x^4)]^2 .$$

8. Andere Gebiete der Analysis

Es werden einige andere Anwendungsmöglichkeiten der Approximationstheorie genannt.

A. Integralgleichung. Vorgelegt sei für eine Funktion $y(t)$ in einem Bereich B des n-dimensionalen $t = (t_1,\ldots, t_n)$ -Raumes die lineare Integralgleichung mit gegebener Funktion $f(t)$ und gegebenem „Kern" $K(t,s) = K(t_1,\ldots, t_n, s_1,\ldots, s_n)$

$$y(t) = f(t) + \int_B K(t, s)\, y(s)\, \mathrm{d}s \tag{8.1}$$

Nun wird der Kern K approximiert durch einen „entarteten" Kern K^* der Form

$$K^*(t, s) = \sum_{\nu=1}^{q} b_\nu\, \varphi_\nu(t)\, \psi_\nu(s), \tag{8.2}$$

wobei $\varphi_\nu(t)$, $\psi_\nu(s)$ fest gewählte Funktionen (es seien etwa alle Funktionen stetig) und die b_ν zu bestimmende Konstanten sind. Ersetzt man in (8.1) K durch K^*, so kann die Lösung y^* der entsprechenden Integralgleichung unter Umständen in geschlossener Form angegeben werden

$$y(t) = f(t) + \sum_{\nu=1}^{q} c_\nu\, \varphi_\nu(t) . \tag{8.3}$$

Die c_ν berechnen sich dabei aus dem linearen Gleichungssystem:

$$c_\nu = k_\nu + \sum_{\mu=1}^{q} a_{\nu\mu}\, c_\mu \quad \text{mit} \quad \begin{cases} k_\nu = \int_B b_\nu\, \psi_\nu(s)\, f(s)\, \mathrm{d}s, \\[2mm] a_{\nu\mu} = \int_B b_\nu\, \psi_\nu(s)\, \varphi_\mu(s)\, \mathrm{d}s, \end{cases} \tag{8.4}$$

wenn die φ_ν linear unabhängig gewählt werden.

Wieder zeigt es sich, wie wichtig es ist, Approximationen von Funktionen mehrerer Veränderlicher zu studieren, denn man hat ja hier als entscheidendes Problem die Approximation von $K(s,t)$ durch $K^*(s,t)$ (Zusammenhang mit Fehlerabschätzung in I.9.C), und selbst bei einer Gleichung (8.1) für eine Funktion $y(t)$ von nur einer Veränderlichen t treten bei K zwei Variable s, t auf.

Zahlenbeispiel. Bei der Gleichung

$$y(t) = \exp(-t^2) + \int\limits_{-\infty}^{+\infty} \exp(-s^2 - t^2 - s^2 t^2)\, y(s)\, ds$$

wird der Kern $K = \exp[1 - (s^2 + 1)(t^2 + 1)]$ approximiert durch $K^* = \exp[-a_1 - a_2(s^2 + t^2)]$. Die numerische Rechnung, für die wir wieder den Herren Budde und Zimmermann danken, liefert

$$a_1 = -0{,}04866, \qquad a_2 = 1{,}19127$$

mit $\quad |\varepsilon| = |K^* - K| \leq 0{,}04986.$

Extremstellen von $|\varepsilon|$ befinden sich in den Punkten, Abb. I.8.1.

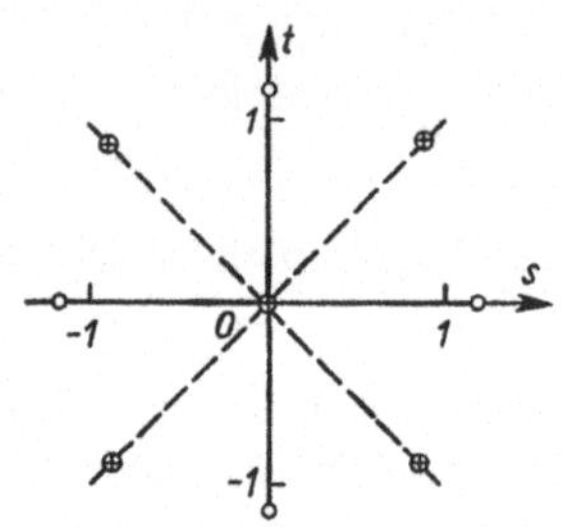

Abb. I.8.1
Extremalpunkte bei zweidimensionaler nichtlinearer Exponential-Approximation

s	t	ε
0	0	$+\,\|\varepsilon\|$
0	1,0814	$-\,\|\varepsilon\|$
0,9178	$t = s$	$+\,\|\varepsilon\|$

Die zugehörige Näherungslösung lautet

$$y^*(t) = -6{,}11545\, e^{-a_2 t^2} + e^{-t^2}.$$

Ein Zahlenbeispiel für eine Funktion y von 2 unabhängigen Veränderlichen, also eine Approximation eines von 4 reellen Variablen abhängenden Kerns ist bei Collatz [69a] durchgeführt.

B. Integro-Differentialgleichung mit Differenzkern. Für eine Funktion $y(x)$ sei eine Gleichung der Form

$$y'' + y + \int\limits_0^1 K(x - t)\, y(t)\, dt = 1 \tag{8.5}$$

mit den Bedingungen $y(0) = y'(0) = 0$ vorgelegt.

Dabei hängt der Kern K nur von der Differenz $x - t$ ab und sei etwa gegeben durch

$$K(x - t) = \frac{1}{2 - (x - t)}. \tag{8.6}$$

Approximiert man den Kern durch eine Exponentialsumme der Form

$$\sum_{v=1}^{n} c_v\, e^{\alpha_v(x - t)}, \tag{8.7}$$

so geht mit den Konstanten

$$A_v = \int\limits_0^1 e^{-\alpha_v t}\, y(t)\, dt \tag{8.8}$$

Gleichung (8.5) über in eine Gleichung

$$y'' + y + \sum_\nu c_\nu A_\nu \, e^{\alpha_\nu x} = 1, \tag{8.9}$$

deren Lösung man in geschlossener Form angeben kann:

$$y(x) = 1 - \cos x + \sum_\nu \frac{c_\nu A_\nu}{q_\nu} (\alpha_\nu \sin x + \cos x) - \sum_\nu \frac{c_\nu A_\nu}{q_\nu} e^{\alpha_\nu x}. \tag{8.10}$$

Dabei ist zur Abkürzung gesetzt

$$q_\nu = 1 + \alpha_\nu^2, \tag{8.11}$$

und die A_ν berechnen sich aus einem linearen Gleichungssystem. Man hat also die nichtlineare Exponentialapproximation

$$\frac{1}{2 - z} \approx \sum_{\nu=1}^{n} c_\nu \, e^{\alpha_\nu z} \quad \text{in } B = [-1, +1] \tag{8.12}$$

(Durchführung des Beispiels bei Collatz [69]).

C. Konforme Abbildung. In der komplexen Zahlenebene sei ein einfach zusammenhängender Bereich B mit dem Rand Γ gegeben, der den Nullpunkt $z = 0$ im Innern enthält. Gesucht ist eine holomorphe, durch $f(0) = 0, f'(0) > 0$ normierte Funktion $f(z)$, welche B in das Innere des Einheitskreises abbildet.
Am Rande soll gelten:

$$|f(z)| = 1 \quad \text{für} \quad z \in \Gamma. \tag{8.13}$$

Eine Näherung v für f wird in der Form angesetzt

$$v = \sum_{\nu=1}^{n} a_\nu z^\nu. \tag{8.14}$$

Nun soll am Rand $|v|$ oder auch $|v|^2$ möglichst gut die Funktion 1 approximieren. Man hat also die Forderung

$$\max_{z \in \Gamma} \left\| \left| \sum_{\nu=1}^{n} a_\nu z^\nu \right|^2 - 1 \right\| \overset{!}{=} \text{Min,} \tag{8.15}$$

wobei die a_ν frei variieren, mit der Maßgabe $a_1 > 0$. Wird nun der Rand Γ mit Hilfe eines Parameters t in der Form

$$z = x + \mathrm{i}y = x(t) + \mathrm{i}y(t) \quad \text{für} \quad 0 \leq t \leq T$$

beschrieben, so erhält man die nichtlineare Tschebyscheff-Approximation

$$\max_{0 \leq t \leq T} \left\| \left| \sum_{\nu=1}^{n} a_\nu \, [x(t) + \mathrm{i}y(t)]^\nu \right|^2 - 1 \right\| \overset{!}{=} \text{Min.} \tag{8.16}$$

Ist speziell der Bereich B symmetrisch zur x-Achse, so kann man die a_ν als reell annehmen.

Zahlenbeispiel. (Für die Durchführung der Rechnung auf einem Computer danken wir den Herren Budde und Zimmermann.)

B sei das Quadrat $|x| \leq 1$, $|y| \leq 1$.

a) der einfachste Ansatz $v = a_1 z$ ergibt unmittelbar mit dem Wert $a_1 = \sqrt{(2/3)}$ für den Fehler $\varepsilon = |v|^2 - 1$ die Minimalabweichung

$$\varrho_0 = \max_{\Gamma} |\varepsilon| = \frac{1}{3} \approx 0{,}333.$$

b) der zweiparametrige Ansatz $v = a_1 z + a_5 z^5$ liefert mit den Werten

$$a_1 = 0{,}929254 ,$$
$$a_3 = 0{,}0588899$$

eine fast zehnmal so kleine Minimalabweichung

$$\varrho_0 = \max_{\Gamma} |\varepsilon| \leq 0{,}038.$$

D. Differenzen-Differentialgleichung. Für eine Funktion $y(t)$ sei im Intervall $1 \leq t < \infty$ die Gleichung mit reellen konstanten Koeffizienten a_0, a_1 vorgelegt:

$$y'(t) + a_0\, y(t) = a_1\, y\,(t-1). \tag{8.17}$$

Ferner sind im Intervall $0 \leq t < 1$ die Anfangswerte für $y(t)$ vorgegeben: $y(t) = h(t)$ für $0 \leq t < 1$.

Spezielle Lösungen erhält man mit dem Ansatz $y = e^{zt}$, wobei die komplexe Zahl $z = u + iv$ eine Wurzel der transzendenten Gleichung

$$z + a_0 - a_1\, e^{-z} = 0 \tag{8.18}$$

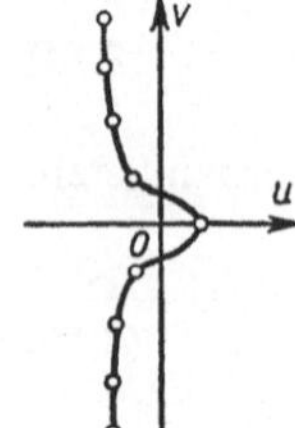

ist. Diese Gleichung hat im allgemeinen eine abzählbare Folge von Nullstellen (mit reellen u_r, v_r), Abb. I.8.2, $z_r = u_r + iv_r$. Man versucht dann, die Anfangswerte $h(t)$ in der Form

$$h(t) = \sum_{\nu=1}^{\infty} e^{u_r t}\, (c_r \cos(v_r t) + d_r \sin(v_r t)) \tag{8.19}$$

Abb. I.8.2 Abzählbar unendlich viele Nullstellen der transzendenten Gleichung

darzustellen. Bricht man hier die Reihe nach endlich vielen Gliedern ab, so hat man $h(t)$ durch eine endliche Summe mit c_ν, d_ν als freien Parametern ($\nu = 1, \ldots, p$) zu approximieren, vgl. W. Keller [69].

E. Numerische Integration

Beispiel. Es sei

$$J = \int_a^b e^{-\varphi(x)} f(x)\, dx$$

mit gegebenen etwa stetigen Funktionen $\varphi(x)$, $f(x)$ numerisch auszuwerten; überdies sei $\varphi(x)$ differenzierbar.

Eine mögliche Methode besteht darin, differenzierbare Funktionen $v_\nu(x)$ $(\nu=1,\ldots,p)$ zu wählen und die Funktionen $w_\nu(x) = -\varphi'(x)\,v_\nu(x) + v'_\nu(x)$ zu bilden. Dann sind die Integrale

$$J_\nu = \int_a^b e^{-\varphi(x)}\,w_\nu(x)\,\mathrm{d}x = [e^{-\varphi(x)}\,v_\nu(x)]_a^b$$

exakt auswertbar; man hat daher $f(x)$ durch die Funktionen $w_\nu(x)$ linear zu approximieren; verwendet man einseitige Approximation, etwa

$$f(x) - \sum_{\nu=1}^{p} a_\nu\,w_\nu(x) \geq 0 \quad \text{für} \quad a \leq x \leq b,$$

so erhält man in $\int_a^b e^{-\varphi(x)}\left[\sum_\nu a_\nu\,w_\nu(x)\right]\mathrm{d}x$ eine untere Schranke für J und analog eine obere Schranke für J.

Für das einseitig oder beidseitig unendliche Intervall und den Fall, daß $\varphi(x)$ ein Polynom ist, empfiehlt es sich, für $v_\nu(x)$ rationale Funktionen zu verwenden. Dann werden auch die $w_\nu(x)$ rational, und man hat eine rationale Approximation durchzuführen. Entsprechend kann man mehrdimensionale Integrale betrachten (z.B. $J = \int_B e^{-r^2} f(x,y)\,\mathrm{d}x\,\mathrm{d}y$ mit $r^2 = x^2 + y^2$) und kommt auf mehrdimensionale rationale Approximation. Man kann hier viele andere Beispiele anführen und auf sehr verschiedenartige Approximationsprobleme kommen.

Numerische Beispiele

1. $\qquad J = \int_0^\infty \sqrt{1+x^2}\; e^{-x^2}\,\mathrm{d}x;$

Wegen $\quad \int_0^\infty e^{-x^2}\,\mathrm{d}x = \alpha = \frac{1}{2}\sqrt{\pi}, \qquad \int_0^\infty (2x^2-1)\,e^{-x^2}\,\mathrm{d}x = [-x\,e^{-x^2}]_0^\infty = 0$

$$\int_0^\infty (3x^2 - 2x^4)\,e^{-x^2}\,\mathrm{d}x = [x^3\,e^{-x^2}]_0^\infty = 0$$

hat man die Funktion $f(x) = (1+x^2)^{1/2}$ zu approximieren durch $a_1 + a_2(2x^2-1) + a_3(3x^2 - 2x^4)$. Daher liefert die Abschätzung

$$1 + \frac{x^2}{2} - \frac{x^4}{8} = \frac{37}{32} + \frac{5}{32}(2x^2-1) + \frac{1}{16}(3x^2 - 2x^4) \leq f(x) \leq 1 + \frac{x^2}{2}$$

$$= \frac{5}{4} + \frac{1}{4}(2x^2-1)$$

unmittelbar die Schranken für das Integral

$$\frac{37}{32}\,\alpha \leq J \leq \frac{5}{4}\,\alpha = \frac{40}{32}\,\alpha.$$

2. Bei der Laplace-Transformation

$$L\,[f(t)] = \int_0^\infty f(t)\,e^{-pt}\,dt = g\,(p)$$

ist die Formel bekannt

$$L\,[t^\nu] = \frac{\nu!}{p^{\nu+1}}\,(\nu = 0,\,1,\,2,\,\ldots).$$

Um die Transformierte zu $f(t) = \sqrt{1 + t^2}$ zu berechnen, kann man einseitige Approximation von $f(t)$ durch Polynome vornehmen.

Aus $0,9 + 0,4\,t \leq f(t) \leq 1 + t^2/2$ folgt dann

$$\frac{0,9}{p} + \frac{0,4}{p^2} \leq g\,(p) \leq \frac{1}{p} + \frac{1}{p^3}\,, \quad \text{z.B.} \quad 0,25 \leq g(4) \leq 0,265625.$$

9. L_p-Approximation und weitere Approximationsaufgaben

A. L_p-Approximation. Neben der in I. 3 beschriebenen „Tschebyscheff-Approximation", mit der sich dieses Buch hauptsächlich beschäftigt, ist die „L_p-Approximation" die meist untersuchte. Bei ihr wird im Raum $C(B)$ der in B stetigen Funktionen $g(x)$ anstelle von (3.1) die Norm

$$\|g\|_p = \left[\int_B q(x)\,|g(x)|^p\,dx \right]^{1/p}, \quad 1 \leq p < \infty, \tag{9.1}$$

und der Abstand $\varrho(g, h) = \|g - h\|_p$ eingeführt. Man kann anstelle der stetigen Funktionen allgemeinere Klassen zulassen, z.B. die in p-ter Potenz integrablen Funktionen (vgl. Ljusternik/Sobolev [68], S. 15).

$q(x)$ ist eine in B fest gegebene stetige positive Gewichtsfunktion; oft wird $q(x) \equiv 1$ gewählt. Bei der L_p-Approximation einer Funktion $f(x)$ bezüglich einer Funktionenklasse W (wie in I.3) fragt man nach dem Minimalabstand ϱ_0, der durch dieselbe Formel (3.2) wie bei der T-Approximation definiert ist.

Der bekannteste Spezialfall ist die „L_2-Approximation" oder „Gaußsche Approximation" oder „Approximation im Sinne des kleinsten mittleren Fehlerquadrates". (Der diskrete Fall der L_2-Approximation trat bereits in (2.6) auf). Die T-Approximation erscheint als Grenzfall $p \to \infty$. Gelegentlich tritt in den Anwendungen auch die L_1-Approximation auf.

B. Einseitige L_1-Approximation. Es sei J die reelle beidseitig unendliche x-Achse und es seien Wahrscheinlichkeitsdichte-Verteilungen $f(x)$, $w_1(x), \ldots, w_p(x)$ gegeben durch

$$\int_{-\infty}^\infty f(x)\,dx = \int_{-\infty}^\infty w_\nu(x)\,dx = 1,$$

$$f(x) \geq 0, \quad w_\nu(x) \geq 0 \text{ in } J \quad (\nu = 1, \ldots, p). \tag{9.2}$$

Man wünscht (Marsaglia [70]) $f(x)$ zu approximieren durch eine Funktion (Abb. I.9.1)

$$w(x) = \sum_{\nu=1}^{p} a_\nu w_\nu(x) \quad \text{mit} \quad a_\nu \geq 0 \ (\nu = 1, \ldots, p) \tag{9.3}$$

derart, daß $w(x) \leq f(x)$ in J gilt und daß der Fehler $\varepsilon = f - w$ so klein wie möglich wird im Sinne $\tag{9.4}$

$$\int_{-\infty}^{\infty} |f - w| \, dx = \int_{-\infty}^{\infty} \varepsilon(x) \, dx \overset{!}{=} \text{Min.}$$

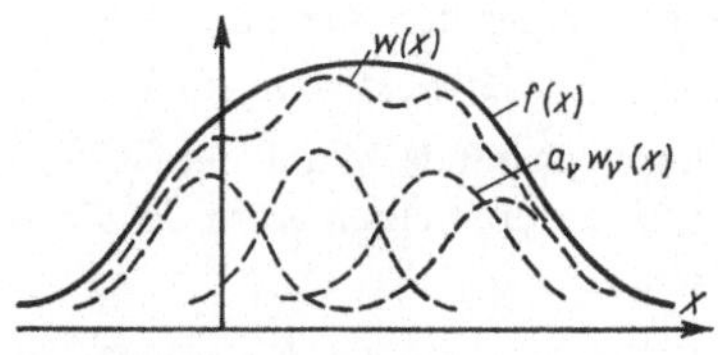

Abb. I.9.1 Verteilungsfunktion

(Anschaulich gesprochen wünscht man die zwischen der x-Achse und dem Graph der Funktion $f(x)$ liegende Fläche möglichst gut durch Wahrscheinlichkeitsverteilungen „auszuschöpfen".)

Wegen $\int_{-\infty}^{\infty} w(x) \, dx = \sum_{r=1}^{p} a_\nu$ ist die Aufgabe äquivalent zur Optimierungsaufgabe:

$$\sum_{\nu=1}^{p} a_\nu \overset{!}{=} \text{Max}, \quad \sum_{\nu=1}^{p} a_\nu w_\nu(x) \leq f(x), \quad a_\nu \geq 0, \quad \nu = 1, \ldots, p. \tag{9.5}$$

Bei Diskretisierung, d.h. Auswahl endlich vieler Abszissen $x_1, \ldots, x_s$ aus J, erhält man eine lineare Optimierungsaufgabe vom klassischen Typ.

C. Gemischte L_1-T-Approximation. Ersetzt man in der linearen Integralgleichung (8.1) den Kern K durch einen anderen K^* und die Funktion $f(t)$ durch f^* derart, daß man eine Lösung $y^*(t)$ der auf diese Weise abgeänderten Gleichung angeben kann, so haben Kantorowitsch/Krylow [56], S. 137, eine Fehlerabschätzung für den Fehler $\varepsilon(t) = y^*(t) - y(t)$ aufgestellt. Es sei

$$\int_B |K^*(t, s) - K(t, s)| \, ds \leq d,$$

$$|f(t)| \leq N, \quad |f^*(t) - f(t)| \leq \eta \quad \text{für alle } t \in B. \tag{9.6}$$

Dann gilt

$$|\varepsilon(t)| \leq \frac{N d \beta^2}{1 - d\beta} + \eta \beta, \tag{9.7}$$

wobei β von der Resolvente der Integralgleichung mit K^* als Kern abhängt. Man sucht daher zur Erzielung einer günstigen Fehlerschranke, den Kern K so durch einen Kern K^* zu approximieren, daß die Größe d in (9.6) möglichst klein ausfällt; das bedeutet L_1-Approximation bezüglich s und T-Approximation bezüglich t.

D. Approximation durch unendlichdimensionale Teilräume. Nimmt man im vorigen Beispiel für K^* einen entarteten Kern in Summenform

$$K^*(t, s) = u(t) + v(s), \tag{9.8}$$

so kann man, vgl. I.8.A, die abgeänderte Gleichung in geschlossener Form lösen. Es erhebt sich hier die Frage, wie gut man eine Funktion $K(t,s)$ von zwei unabhängigen Veränderlichen t, s durch eine Summe von Funktionen von je nur einer unabhängigen Veränderlichen nach (9.8) approximieren kann. Diese Frage ist viel untersucht worden. Aber die Frage, wie gut man einen Kern $K(t,s)$ durch einen entarteten Kern der Form

$$K^*(t,s) = a_1(t)\,b_1(s) + a_2(t)\,b_2(s) \tag{9.9}$$

durch passende Wahl der 4 Funktionen a_j, b_j approximieren kann oder allgemeiner durch einen Kern der Form (8.2), scheint noch kaum behandelt worden zu sein.

E. Unsymmetrische T-Approximation. Die gewöhnliche T-Approximation von I.3 und die einseitige T-Approximation von I.5 lassen sich als Spezialfälle der allgemeinen unsymmetrischen T-Approximation auffassen. Mit den Bezeichnungen von I.3 sei eine Funktion $f(x) \in C(B)$ in einem Bereich B zu approximieren durch Funktionen w einer Klasse $W = \{w(x,a)\}$. Dieser Aufgabe kann man die nichtlineare Optimierungsaufgabe mit den Variablen $a_1,\ldots,a_p$, δ_1, δ_2, mit der Zielfunktion

$$Q = \delta_1 + \delta_2 \overset{!}{=} \mathrm{Min} \tag{9.10}$$

und den unendlich vielen Restriktionen

$$-\delta_1 \leq w(x,a) - f(x) \leq \delta_2 \quad \text{für alle} \quad x \in B, \quad \delta_1 \geq 0, \delta_2 \geq 0 \tag{9.11}$$

zuordnen. Für $\delta_1 = \delta_2$ hat man die gewöhnliche T-Approximation, für $\delta_1 = 0$ die einseitige T-Approximation und im Falle keiner Festlegung von δ_1 oder δ_2 die allgemeine unsymmetrische T-Approximation.

Zahlenbeispiel. Im Intervall $J = [0,1]$ soll die Funktion $f(x) = x^4$ durch Funktionen der Form $w(x,a) = (a_1 + a_2 x)^2$ im Sinne von (9.10), (9.11) am besten approximiert werden, vgl. Abb. I.9.2; man erhält als angenäherte Optimalwerte $\delta_1 \approx 0{,}01$, $\delta_2 \approx 0{,}15$, $\delta_1 + \delta_2 \approx 0{,}16$ und die Fehlerkurve für $\varepsilon = w - f$ nach Abb. I.9.2; wegen $\delta_1 \neq \delta_2$ liegt unsymmetrische T-Approximation vor.

Die unsymmetrische T-Approximation kann umgekehrt auch als Spezialfall der gewöhnlichen T-Approximation angesehen werden, wenn für jedes $w \in W$ ein $x \in B$ mit $w(x) - f(x) = 0$ existiert. Definiert man für alle $w \in W$

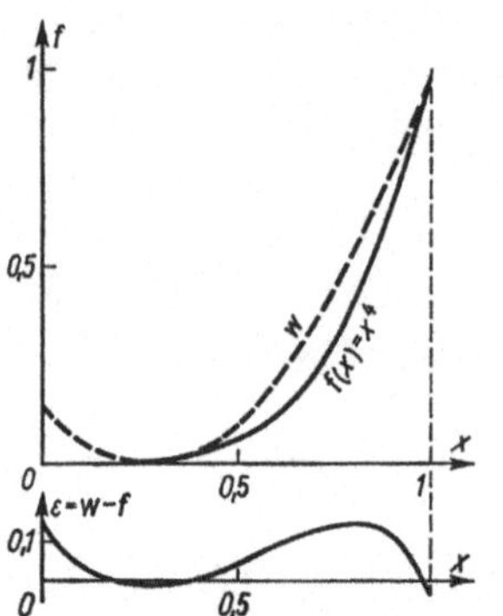

Abb. I.9.2 Unsymmetrische Tschebyscheff-Approximation

$$\varphi(w) = \delta_2(w) + \delta_1(w) = \max_{x \in B} \{w(x) - f(x)\} + \max_{x \in B} \{f(x) - w(x)\},$$

so ist das Problem (9.10), (9.11) offenbar gleichbedeutend mit der Suche nach einer Funktion $\hat{w} \in W$ mit

$$\varphi(\hat{w}) \leq \varphi(w) \quad \text{für alle} \quad w \in W.$$

Nun sei W^* die Menge aller Funktionen $w+\alpha$ mit $w \in W$ und $\alpha \in \mathbb{R}$. Wegen $\varphi(w+\alpha) = \varphi(w)$ für alle $w \in W$ und $\alpha \in \mathbb{R}$ ist zunächst einmal

$$\inf_{w \in W} \varphi(w) = \inf_{w \in W^*} \varphi(w).$$

Weiterhin folgt aus $\varphi(w)/2 \leq \|w - f\|$ für alle $w \in W^*$

$$\frac{1}{2} \inf_{w \in W^*} \varphi(w) \leq \varrho(f, W^*) = \inf_{w \in W^*} \|w - f\|.$$

Behauptung. Es ist

$$\frac{1}{2} \inf_{w \in W^*} \varphi(w) = \varrho(f, W^*).$$

Beweis. Wir nehmen an, es sei

$$\frac{1}{2} \inf_{w \in W^*} \varphi(w) < \varrho(f, W^*).$$

Dann gibt es ein $\hat{w} \in W^*$ mit $\varphi(\hat{w})/2 < \varrho(f, W^*)$.
Definiert man $\hat{w}^* = \hat{w} - [\delta_2(\hat{w}) - \delta_1(\hat{w})]/2$, so folgt

$$\delta_2(\hat{w}^*) = \delta_2(\hat{w}) - \frac{1}{2}[\delta_2(\hat{w}) - \delta_1(\hat{w})] = \frac{1}{2}[\delta_2(\hat{w}) + \delta_1(\hat{w})] \geq 0$$

und
$$\delta_1(\hat{w}^*) = \delta_1(\hat{w}) + \frac{1}{2}[\delta_2(\hat{w}) - \delta_1(\hat{w})] = \frac{1}{2}[\delta_2(\hat{w}) + \delta_1(\hat{w})] = \delta_2(\hat{w}^*),$$

mithin
$$\|\hat{w}^* - f\| = \delta_2(\hat{w}^*) = \frac{1}{2}(\delta_2(\hat{w}^*) + \delta_1(\hat{w}^*)) = \frac{1}{2}\varphi(\hat{w}^*)$$
$$= \frac{1}{2}\varphi(\hat{w}) < \varrho(f, W^*),$$

ein Widerspruch. ∎

Um das unsymmetrische T-Problem in bezug auf W zu lösen, kann man also zunächst das gewöhnliche T-Problem in bezug auf W^* lösen. Ist dann $\hat{w}^* = \hat{w} + \hat{\alpha}$ mit $\hat{w} \in W$, $\hat{\alpha} \in \mathbb{R}$ eine Minimallösung in bezug auf W^*, so ist $\hat{w}$ eine Lösung des unsymmetrischen T-Problems. Wegen $\varrho(f, W^*) \leq \varrho(f, W)$ ergibt sich weiterhin

$$\frac{1}{2} \inf_{w \in W} \varphi(w) \leq \varrho(f, W),$$

und im allgemeinen gilt auch strikte Ungleichheit, wie das folgende einfache Beispiel zeigt:

$$W = \{ax \mid a \in \mathbb{R}, x \in [0,1]\}, \quad W^* = \{ax + b \mid a, b \in \mathbb{R}, x \in [0,1]\}, f(x) = x^2.$$

Mit Hilfe von II Satz 2.4 und 7.2 kann man sich klarmachen, daß

$$\varrho(f, W^*) = \frac{1}{8} < \varrho(f, W) = 3 - 2\sqrt{2} \approx 0{,}17$$

ist.

F. Feldapproximation. Verschiedene der genannten Typen von Approximationsaufgaben lassen sich in die „Feldapproximation" einordnen, die gleich als Optimierungsaufgabe formuliert wird: Mit den Bezeichnungen von I.3 mit B als gegebenem Bereich des Punktraumes $\mathbb{R}^n$, $C(B)$ als linearem halbgeordneten Raum der auf B stetigen Funktionen $g(x)$, A als gegebenem Teilraum des q-dimensionalen Parameterraumes $\mathbb{R}^q$ seien $\varphi(x,a)$ und $G_j(x,a)$ für $j = 1,\dots, m$ gegebene auf $B \times A$ definierte Funktionen; es werden dann ein Parametervektor a und Zahlen δ_1, δ_2 gesucht, die unter den Restriktionen

$$\left\{ \begin{array}{l} - \delta_1 \leq \varphi(x,a) \leq \delta_2 \\ \quad\ 0 \leq G_j(x,a) \quad j = 1,\dots, m \end{array} \right\} \quad \text{für alle } x \in B \qquad (9.12)$$

die Zielfunktion minimieren

$$Q = \delta_1 + \delta_2 \overset{!}{=} \text{Min.} \qquad (9.13)$$

Ein Beispiel für eine Feldapproximation geben:

G. Monoton zerlegbare Operatoren. Sei R ein halbgeordneter Banachraum; die Ordnungsbeziehung werde durch $<$ bzw. $>$ bezeichnet; ein auf einer Teilmenge D von R definierter Operator T, der D in R abbildet, heißt „synton" (bzw. „antiton"), wenn aus

$$v < w \quad \text{folgt} \quad Tv < Tw \quad (\text{bzw. } Tv > Tw) \quad \text{für alle } v, w \in D. \quad (9.14)$$

Ein Operator T heißt ein monoton zerlegbarer Operator, kurz ein MZO, wenn T sich in der Gestalt schreiben läßt $T = T_1 + T_2$, wobei T_1 synton und T_2 antiton ist. Aus der Theorie der MZO werde hier nur der Hauptsatz genannt (ausführlichere Darstellung z.B. in Collatz [64]):

Satz (J. Schröder [56]). *In der in einem halbgeordneten Banachraum gegebenen Gleichung*

$$u = Tu = T_1 u + T_2 u \qquad (9.15)$$

seien T_1, T_2 vollstetige, auf einer konvexen Teilmenge D des Raumes R gegebene Operatoren; ferner sei T_1 synton, T_2 antiton. Bei der Iterationsvorschrift

$$\left\{ \begin{array}{l} v_{n+1} = T_1 v_n + T_2 w_n \\ w_{n+1} = T_1 w_n + T_2 v_n \end{array} \right\} \quad n = 0, 1, 2,\dots \qquad (9.16)$$

mögen die Startelemente v_0, $w_0 \in D$ und die aus ihnen berechneten v_1, w_1 die Anfangsbedingungen

$$v_0 < v_1 < w_1 < w_0 \qquad (9.17)$$

erfüllen. Dann besitzt die Gleichung (9.15) mindestens eine Lösung u mit $v_1 < u < w_1$. Es gilt dann auch $v_n < u < w_n$ für jedes $n = 0, 1, 2,\dots$; zur Erzielung einer guten Fehlerabschätzung wird man versuchen, die Differenz $w_1 - v_1$ möglichst klein zu erreichen; das bedeutet die Feldapproximation (für die Anwendung auf reelle Funktionen werde die gewöhnliche Ordnung $\leq$, punktweise für alle $x \in B$, verwendet):

$$\begin{cases} 0 \leq w_1 - v_1 \leq \delta, & \delta \stackrel{!}{=} \text{Min} \\ v_0 \leq v_1, & w_1 \leq w_0. \end{cases} \tag{9.18}$$

Beispiel. Als Beispiel für eine solche Feldapproximation werde die nichtlineare Integralgleichung vom Biargument-Typ

$$y(t) = 1 + \frac{1}{4} \int_0^1 \frac{t}{s+t} \, y(t) \, y(s) \, \mathrm{d}s \tag{9.19}$$

betrachtet. (Chandrasekhar-Gleichung für radiative transfer, vgl. z.B. Ortega/Rheinboldt [70], S. 18.)
Auf den vollstetigen Operator

$$Tu(t) = 1 + \frac{1}{4} \int_0^1 \frac{t}{s+t} \, u(t) \, u(s) \, \mathrm{d}s$$

ist die Theorie der MZO (es ist hier T synton, $T = T_1$ für Funktionen $u \geq 0$ in $[0,1]$) anwendbar, und man fragt nach Funktionen $v_0(t)$, $w_0(t)$ mit

$$v_1 = Tv_0, \ w_1 = Tw_0, \quad v_0(t) \leq v_1(t) \leq w_1(t) \leq w_0(t) \tag{9.20}$$

für alle $t \in [0,1]$.

Wählt man $v_0 = 0$, $w_0 = 2$, so erhält man $v_1 = 1$, $w_1 = 1 + t \cdot \ln(1 + (1/t))$: Es ist (9.17) erfüllt, und man weiß daher, daß im Streifen $v_1(t) \leq h(t) \leq w_1(t)$ mindestens eine Lösung $h(t)$ von $h = Th$ liegt. Wünscht man, ausgehend von Konstanten $v_0 = \gamma$, $w_0 = c$, die Schranken zu verbessern, so bedeutet (9.20) eine Feldapproximation; mit $v_1 = 1 + (\gamma^2/4) \, t \ln(1 + (1/t))$ erhält man die beste Approximation, die beim Start mit konstantem v_0, w_0 möglich ist, für die Werte $\gamma = \hat{\gamma}$, $c = 2$, wobei $\hat{\gamma} \approx 1{,}28$ eine Lösung der Gleichung

$$1 + \frac{1}{4} \hat{\gamma}^2 \cdot (\ln 2) = \hat{\gamma}$$

ist (vgl. Abb. I.9.3).

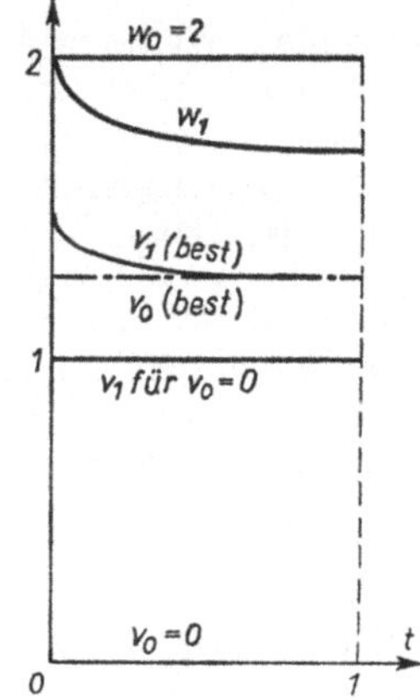

Abb. I.9.3 Zur Lösung der Chandrasekhar-Gleichung

II. Nichtlineare Tschebyscheff-Approximation: Allgemeine Theorie

1. Problemstellung

A. Allgemeine Formulierung des Problems. Sei B ein kompakter metrischer Raum (vgl. VII Definition 1.3 und die Erläuterung hinter (1.4)) und $C(B)$ der Vektorraum der auf B stetigen reell- oder komplexwertigen Funktionen. $C(B)$ sei versehen mit der Maximum-Norm

$$\|g\| = \max_{x \in B} |g(x)|, \quad g \in C(B). \tag{1.1}$$

Vorgegeben seien eine nichtleere Teilmenge W von $C(B)$ und eine feste Funktion $f \in C(B)$. Dann existiert die sog. Minimalabweichung

$$\varrho(f, W) = \inf_{w \in W} \|w - f\|, \tag{1.2}$$

und es gilt

$$\varrho(f, W) \geq 0.$$

Das Tschebyscheffsche Approximationsproblem, kurz: T-Problem, besteht nun darin, eine Funktion $\hat{w} \in W$ anzugeben, für die gilt

$$\|\hat{w} - f\| = \varrho(f, W). \tag{1.3}$$

Jedes $\hat{w} \in W$ mit (1.3) heißt Minimallösung in W bezüglich f.

Bemerkung: Ist $p \in C(B)$ eine fest vorgegebene reellwertige und auf B positive Gewichtsfunktion, so könnte man anstelle der Maximum-Norm (1.1) auch eine sog. gewichtete Maximum-Norm der Gestalt

$$\|g\| = \max_{x \in B} p(x) |g(x)|, \quad g \in C(B),$$

betrachten. Würde man dann aber W durch $p \cdot W = \{p \cdot w \mid w \in W\}$ und f durch $p \cdot f$ ersetzen, so ergäbe sich das oben formulierte T-Problem. Wir wollen daher auf eine Gewichtsfunktion verzichten, da hierdurch Schreibarbeit eingespart wird und sich alle Ergebnisse unmittelbar auf den Fall gewichteter Maximum-Normen umschreiben lassen.

B. Spezialfälle. In vielen Anwendungen ist W das Bild einer Parametermenge A, die eine nichtleere Teilmenge des reellen oder komplexen n-dimensionalen Vektorraumes $\mathbb{R}^n$ oder $\mathbb{C}^n$ ist, unter einer Abbildung $F: A \to C(B)$, die jedem $a \in A$ genau eine Funktion $F(a) \in C(B)$ zuordnet. In diesem Fall ist also

$$W = F(A) = \{F(a) \mid a \in A\}. \tag{1.4}$$

Der kompakte metrische Raum B ist meistens eine abgeschlossene und beschränkte Teilmenge eines $\mathbb{R}^s$ oder $\mathbb{C}^s$, z.B. ein endliches, abgeschlossenes, reelles Intervall $[\alpha, \beta]$ mit $\alpha < \beta$ oder eine endliche Punktmenge.

Ist B eine endliche Menge, so spricht man von **diskreter Approximation**.

a) **Lineare Approximation.** In diesem Fall ist $A = \mathbb{R}^n$ oder $\mathbb{C}^n$. Seien $w_1, \ldots, w_n \in C(B)$ fest vorgegebene linear unabhängige Funktionen. Dann definieren wir W nach (1.4), wobei

$$F(a, x) = \sum_{j=1}^{n} a_j w_j(x), \quad x \in B,$$

ist. Hierin enthalten ist die sog. Polynomapproximation, bei der $B = [\alpha, \beta]$ mit $\alpha < \beta$ und $w_j(x) = x^{j-1}$ ist für $j = 1, \ldots, n$.

b) **Allgemeine rationale Approximation im Reellen.** Seien $u_0, \ldots, u_r$, $v_0, \ldots, v_s \in C(B)$ vorgegeben, wobei $C(B)$ der Vektorraum der auf B stetigen reellwertigen Funktionen ist. Für $a \in \mathbb{R}^{r+1}$ bzw. $b \in \mathbb{R}^{s+1}$ definieren wir

$$u(a, x) = \sum_{j=0}^{r} a_j u_j(x) \quad \text{bzw.} \quad v(b, x) = \sum_{k=0}^{s} b_k v_k(x), \quad x \in B,$$

und nehmen an, die Menge

$$A = \{(a,b) \in \mathbb{R}^{r+s+2} \mid v(b,x) > 0 \quad \text{für alle} \quad x \in B\}$$

sei nichtleer. $F : A \to C(B)$ ist dann gegeben durch

$$F(a, b, x) = \frac{u(a, x)}{v(b, x)}, \quad (a,b) \in A, \quad x \in B.$$

Als Spezialfall ergibt sich die gewöhnliche rationale Approximation im Reellen, wenn man $u_j(x) = x^j, j = 0, \ldots, r, v_k(x) = x^k, k = 0, \ldots, s$, wählt und $B = [\alpha, \beta]$ mit $\alpha < \beta$ setzt. In diesem Fall ist A eine nichtleere Teilmenge des $\mathbb{R}^{r+s+2}$.

c) **Gewöhnliche rationale Approximation im Komplexen.** In diesem Fall ist B eine kompakte Teilmenge von $\mathbb{C}$ und $C(B)$ der Vektorraum der stetigen komplexwertigen Funktionen auf B.

$$A = \{(a, b) \in \mathbb{C}^{r+1} \times \mathbb{C}^{s+1} \mid v(b,x) = \sum_{k=0}^{s} b_k x^k \neq 0, \quad x \in B\}$$

ist nichtleer. $F : A \to C(B)$ ist gegeben durch

$$F(a, b, x) = \frac{u(a, x)}{v(b, x)} = \frac{\sum_{j=0}^{r} a_j x^j}{\sum_{k=0}^{s} b_k x^k}, \quad (a,b) \in A, \quad x \in B.$$

d) **Gewöhnliche nichtlineare Exponentialapproximation** (vgl. I.3). Hier ist $B = [\alpha, \beta]$ mit $\alpha < \beta$,

$$A = \{(a,b) \in \mathbb{R}^r \times \mathbb{R}^r \mid b_1 < b_2 < \ldots < b_r\}.$$

$F : A \to C(B)$ ist definiert durch

$$F(a,b,x) = \sum_{j=1}^{r} a_j e^{b_j x}, \qquad (a,b) \in A, \qquad x \in B.$$

Hält man die b_j fest und variiert nur die a_j, so ergibt sich ein Problem der linearen Approximation.

Wir werden in Kapitel IV und V auf die Spezialfälle a) bis d) noch näher eingehen.

Hier sollen sie zur allgemeinen Übersicht noch einmal in einer Tabelle zusammengestellt werden:

Name der Approximation und Art der zu approximierenden Funktion f	Approximationsfunktionen $F(a, b, x)$, wobei $(a, b) \in A, x \in B$	A und B
1. Allgemeine rationale Approximation im Reellen (f reellwertig, stetig)	$\dfrac{u(a, x)}{v(b, x)}$, wobei $u(a, x) = \sum_{j=0}^{r} a_j u_j(x),$ $v(b, x) = \sum_{k=0}^{s} b_k v_k(x),$ u_j, v_k reellwertig, stetig	$A = \{(a, b) \in \mathbb{R}^{r+s+2} \mid v(b, x) > 0\ \forall\ x \in B\},$ $B =$ kompakter metrischer Raum
2. Gewöhnliche rationale Approximation a) im Reellen (f wie in 1.) b) im Komplexen (f reell- oder komplexwertig, stetig)	$\dfrac{u(a, x)}{v(b, x)}$ wie in 1., wobei: $u_j(x) = x^j, j = 0, \ldots, r,$ $v_k(x) = x^k, k = 0, \ldots, s$	a) A wie in 1., $\quad B = [\alpha, \beta]$ b) $A = \{(a, b) \in \mathbb{C}^{r+s+2} \mid v(b, x) \neq 0\ \forall\ x \in B\},$ $B =$ kompakte Teilmenge von $\mathbb{C}$
3. Allgemeine lineare Approximation im Reellen oder Komplexen (f wie in 2b))	$u(a, x)$ wie in 1. mit $r = n - 1$ ($s = 0, v_0(x) \equiv 1$), u_j reell- oder komplexwertig, stetig	$A = \mathbb{R}^n$ oder $\mathbb{C}^n,$ B wie in 1.
4. Polynom-Approximation a) im Reellen (f wie in 1.) b) im Komplexen (f wie in 2b))	$u(a, x), r, s, v_0(x)$ wie in 3., u_j wie in 2.	a) $A = \mathbb{R}^n$, B wie in 2a) b) $A = \mathbb{C}^n$, B wie in 2b)
5. Gewöhnliche nichtlineare Exponentialapproximation (f wie in 1.)	$\sum_{j=0}^{r} a_j e^{b_j x}$	$A = \{(a, b) \in \mathbb{R}^{2r} \mid b_1 < b_2 < \ldots < b_r\},$ $B = [\alpha, \beta]$

C. Problemstellungen

1. Existenz von Minimallösungen. Die Frage nach der Existenz von Minimallösungen läßt sich nur unter einschneidenden Voraussetzungen positiv beantworten, auf die in II.3 eingegangen wird. In einigen der oben genannten Spezialfälle müssen die in II.3 angegebenen allgemeinen Aussagen noch durch Spezialbetrachtungen ergänzt werden.

Die Frage nach der Existenz von Minimallösungen ist nicht nur theoretisch, sondern aus folgenden Gründen auch für die numerische Praxis von Interesse:

a) Ist z.B. W durch (1.4) gegeben, so verhalten sich die Parameter $a \in A$, für die $\|F(a) - f\|$ nahe bei $\varrho(f, W)$ liegt, im Falle der Nicht-Existenz von Minimallösungen oft numerisch instabil.

b) Zahlreiche Verfahren zur Berechnung von Minimallösungen gehen von notwendigen und hinreichenden Bedingungen für diese aus und entbehren im Falle der Nicht-Existenz ihrer mathematischen Grundlage.

2. Eindeutigkeit von Minimallösungen. Die Eindeutigkeit ist auch nur unter einschneidenden Voraussetzungen gesichert, worauf in II.6 eingegangen wird. Auch sie ist für die numerische Berechnung von Minimallösungen von Wichtigkeit.

3. Charakterisierung von Minimallösungen. Eine auf Kolmogoroff zurückgehende hinreichende Bedingung für Minimallösungen gilt sehr allgemein (vgl. dazu II.2.C). Daneben lassen sich auch recht allgemein gültige notwendige Bedingungen für Minimallösungen angeben (vgl. dazu II.4).

Durch die Forderung nach der Charakterisierbarkeit von Minimallösungen durch die genannten hinreichenden oder notwendigen Bedingungen wird allerdings die Klasse der zugelassenen Funktionenfamilien W erheblich eingeschränkt, wie wir in II.5 sehen werden.

4. Berechnung oder Abschätzung der Minimalabweichung. Theoretisch ist es möglich, die Minimalabweichung $\varrho(f, W)$ bei vorgegebenem f und W beliebig genau von unten abzuschätzen, ja sogar zu berechnen. Das hierzu erforderliche Prinzip wird in II.2 entwickelt. Es ist in zahlreichen Fällen auch numerisch anwendbar (vgl. dazu II.2.B, IV.2 und III.1). Die Kenntnis unterer Schranken von $\varrho(f, W)$ ist hauptsächlich aus den folgenden beiden Gründen nützlich:

a) Sie erlaubt eine Aussage darüber, wie gut man f bestenfalls durch Funktionen aus W im Sinne der Maximum-Norm approximieren kann.

b) Sie führt zu einer Einschließung von $\varrho(f, W)$, da $\|w - f\|$ für jedes $w \in W$ eine obere Schranke darstellt, und gestattet eine Aussage über die „Güte" von $\|w - f\|$. Hierauf wird besonders in Kapitel III eingegangen.

2. Untere Schranken für die Minimalabweichung und eine hinreichende Bedingung für Minimallösungen

A. Ein allgemeines Prinzip zur Gewinnung unterer Schranken. Wir legen das in II. 1 formulierte T-Problem zugrunde und wollen die Minimalabweichung

$$\varrho(f, W) = \inf_{w \in W} \|w - f\|$$

nach unten abschätzen.

Dabei verwenden wir ein geometrisches Prinzip, das zunächst „anschaulich" erläutert werden soll. Ist $x \in B$ ein beliebiger Punkt, $\varepsilon(x)$ eine komplexe Zahl vom Betrage 1 und $\alpha(x)$ eine reelle Zahl, so definieren wir in $C(B)$ eine Menge $H(x)$ durch

$$H(x) = \{h \in C(B) \mid \mathrm{Re}\,[\varepsilon(x)\,h(x)] = \alpha(x)\}.$$

$H(x)$ ist eine reelle lineare Mannigfaltigkeit in $C(B)$, d.h. mit je zwei Funktionen h_1, $h_2 \in H(x)$ gehört auch die ganze „Gerade durch h_1 und h_2", bestehend aus allen Funktionen $\lambda h_1 + (1 - \lambda)\,h_2$, $\lambda \in \mathbb{R}$, zu $H(x)$. Mit Mitteln der Funktionalanalysis läßt sich weiterhin beweisen, daß $H(x)$ in $C(B)$ abgeschlossen ist (vgl. VII Definition 1.4) und als reelle lineare Teilmannigfaltigkeit von $C(B)$ maximal, d.h.: Ist $\hat{H}$ eine reelle lineare Mannigfaltigkeit in $C(B)$, die $H(x)$ als Teilmenge enthält, so ist notwendig $\hat{H} = C(B)$ oder $\hat{H} = H(x)$. Wir nennen daher $H(x)$ eine Hyperebene in $C(B)$.

Die $H(x)$ definierende Gleichung $\mathrm{Re}\,[\varepsilon(x)\,h(x)] = \alpha(x)$ ist eine Verallgemeinerung der Hesseschen Normalform für eine Hyperebene in einem gewöhnlichen endlichdimensionalen Raum. Ist nämlich $g \in C(B)$ eine beliebige Funktion, so ist die Minimalabweichung (oder auch kurz der Abstand) $\varrho(g, H(x))$ von g und $H(x)$ gegeben durch

$$\varrho(g, H(x)) = |\,\mathrm{Re}\,[\varepsilon(x)\,g(x)] - \alpha(x)\,|.$$

Der Beweis soll hier nicht geführt werden (vgl. Deutsch/Maserick [67]), da dieser ganze Sachverhalt nur der Erläuterung dienen soll. Jede Hyperebene $H(x)$ zerlegt $C(B)$ in zwei sog. Halbräume, von denen der eine gegeben ist durch

$$R^*(x) =$$
$$= \{g \in C(B) \mid \mathrm{Re}\,[\varepsilon(x)\,g(x)] \geq \alpha(x)\}.$$

Durchläuft nun x eine Teilmenge D von B derart, daß die Menge W ganz in der Vereinigung aller $R^*(x)$ mit $x \in D$ enthalten ist, f hingegen nicht (vgl. Abb. II. 2.1), so ist „anschaulich" klar, daß gilt:

$$\inf_{x \in D} \varrho(f, H(x)) \leq \varrho(f, W).$$

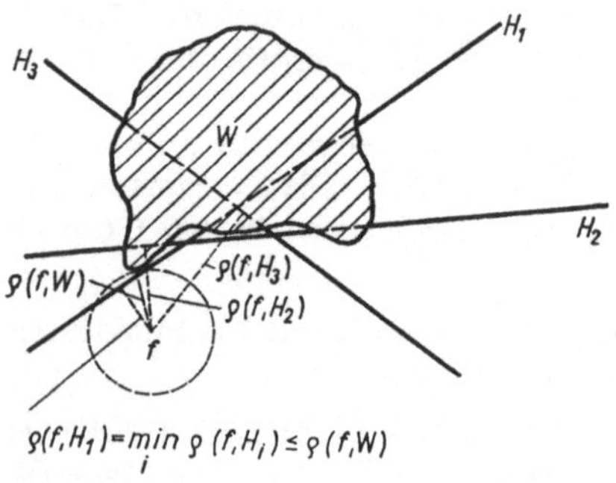

Abb. II.2.1
Anschauliche Erläuterung des allgemeinen Prinzips

Das ist der Inhalt von Satz 2.1, der sogleich bewiesen werden soll. Dabei ist die Annahme $W \subseteq \bigcup\limits_{x \in D} R^*(x)$ gleichbedeutend mit der Voraussetzung (2.1).

Es wird auch der Fall $f \in \bigcup\limits_{x \in D} R^*(x)$ zugelassen, für den die Behauptung (2.2) wegen $\tau \leq 0$ jedoch trivial wird.

Satz 2.1. *Sei D eine nichtleere Teilmenge von B derart, daß zu jedem $x \in D$ ein $\varepsilon(x) \in \mathbb{C}$ mit $|\varepsilon(x)| = 1$ und ein $\alpha(x) \in \mathbb{R}$ existieren mit der folgenden Eigenschaft: Zu jedem $w \in W$ gibt es ein $x \in D$ mit*

$$\mathrm{Re}\,[\varepsilon(x)\,w(x)] \geq \alpha(x). \tag{2.1}$$

Dann folgt:

$$\tau = \inf_{x \in D}\{\alpha(x) - \mathrm{Re}\,[\varepsilon(x)\,f(x)]\} \leq \varrho(f, W). \tag{2.2}$$

Beweis. Wir machen die Annahme, es sei $\tau > \varrho(f, W)$. Dann gibt es nach Definition von $\varrho(f, W)$ ein $\hat{w} \in W$ mit

$$\varrho(f, W) \leq \|\hat{w} - f\| < \tau.$$

Daraus aber folgt für alle $x \in D$

$$|\hat{w}(x) - f(x)| < \alpha(x) - \mathrm{Re}\,[\varepsilon(x)\,f(x)]$$

und weiter

$$\mathrm{Re}\,[\varepsilon(x)\,[\hat{w}(x) - f(x)]] < \alpha(x) - \mathrm{Re}\,[\varepsilon(x)\,f(x)],$$

was $\mathrm{Re}\,[\varepsilon(x)\,\hat{w}(x)] < \alpha(x)$

impliziert, ein Widerspruch gegen die Voraussetzung (2.1). Damit ist die Annahme falsch und $\tau \leq \varrho(f, W)$. ∎

Anmerkung: Die wesentliche und zunächst vielleicht etwas undurchsichtige Voraussetzung (2.1) kann durch die folgende gleichwertige ersetzt werden.

Es gibt kein $w \in W$ mit

$$\mathrm{Re}\,[\varepsilon(x)\,w(x)] < \alpha(x) \quad \text{für alle} \quad x \in D. \tag{2.1*}$$

Diese Fassung ist vielfach leichter überblickbar, z.B. in dem folgenden

Beispiel. Es sei B das reelle Intervall $[\beta_0, \beta_2]$, und W sei die Funktionenklasse der linearen Funktionen $w = a_1 + a_2 x$ mit reellen a_1, a_2. Die Menge D enthalte drei beliebige Punkte x_j $(j = 1, 2, 3)$ mit $x_1 < x_2 < x_3 \in B$. Nun haben wir die Werte $\varepsilon_j = \varepsilon(x_j)$ und $\alpha_j = \alpha(x_j)$ für $j = 1, 2, 3$ zu wählen. Es sei etwa $\varepsilon_1 = 1$, $\varepsilon_2 = -1$, $\varepsilon_3 = 1$, und $\alpha_1, -\alpha_2, \alpha_3$ seien die Werte einer beliebigen linearen Funktion $l(x)$ an den Stellen x_1, x_2, x_3, Abb. II.2.2a). Dann gibt es kein $w \in W$, also keine lineare Funktion, mit

$$w_1 < \alpha_1, \quad -w_2 < \alpha_2 \quad (\text{oder } w_2 > -\alpha_2), \quad w_3 < \alpha_3,$$

wobei $w_j = w(x_j)$ ist für $j = 1, 2, 3$.

Eine solche Funktion müßte nämlich bei x_1 und x_3 Werte unterhalb und bei x_2 einen Wert oberhalb von $l(x)$ annehmen (Abb. II.2.2a), was aber bei einer linearen Funktion nicht eintreten kann. Damit ist die Voraussetzung (2.1*) erfüllt.

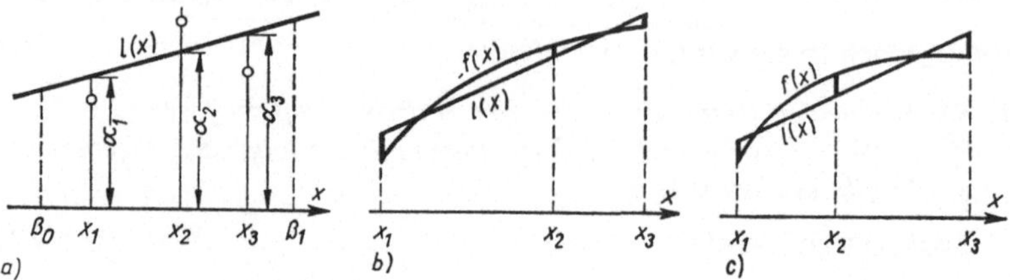

Abb. II.2.2 Erläuterung des Prinzips bei linearen Funktionen

Soll nun eine beliebige auf B definierte stetige Funktion $f(x)$ durch Funktionen $w \in W$ approximiert werden, so können wir beliebige drei Punkte x_1, x_2, $x_3 \in B$ und eine beliebige lineare Funktion, die dort die Werte α_1, $-\alpha_2$, α_3 annimmt, auswählen und erhalten nach (2.2) stets eine untere Schranke für die Minimalabweichung:

$$\tau = \text{Min} \left\{ \alpha_1 - f_1, f_2 - (-\alpha_2), \alpha_3 - f_3 \right\} \leq \varrho\,(f, W) = \varrho_0 .$$

Bei einer Funktion f wie in Abb. II.2.2b), kann man die lineare Funktion $l(x)$ noch frei wählen und erhält als τ das Minimum der drei in Abb. II.2.2b) dick gezeichneten Strecken. Gelingt es insbesondere, die Funktion $l(x)$ so zu wählen, daß diese drei Strecken gleich lang sind, Abb. II.2.2c), und daß nirgends in B eine größere Abweichung zwischen l und f als τ auftritt, also $|l-f| \leq \tau$ in B, so ist $l(x)$ Minimallösung. So ist in diesem Beispiel der Satz 2.1 zugleich als hinreichendes Kriterium für eine Minimallösung verwendbar (vgl. dazu auch II. Satz 2.4).

Es läßt sich zeigen, daß die Voraussetzungen von Satz 2.1 im Falle $\varrho(f, W) > 0$ theoretisch optimal realisierbar sind, d.h. daß sogar $\tau = \varrho(f, W)$ erreichbar ist. Die dabei verwendete Konstruktion einer optimalen Menge D ist aber für numerische Zwecke nicht brauchbar und soll daher unterdrückt werden (vgl. dazu K r a b s [69a]).

Statt dessen werden wir in IV.2 zeigen, daß im Falle der allgemeinen rationalen Approximation im Reellen (und damit auch im Falle der linearen Approximation) die Voraussetzungen von Satz 2.1 schon für endliche Teilmengen D von B optimal realisiert werden können.

B. Anwendungen

a) **Allgemeine rationale Approximation im Reellen.** Wir legen dieselbe Formulierung wie in II.1 zugrunde (vgl. II.1.B.b)). Sei D eine nichtleere endliche Teilmenge von B.

Wegen $\quad W = \left\{ \dfrac{u(a)}{v(b)} \,\middle|\, u(a) = \sum_{j=0}^{r} a_j u_j, \quad v(b) = \sum_{k=0}^{s} b_k v_k > 0 \quad \text{auf } B \right\}$

ist die Voraussetzung (2.1) von Satz 2.1 gleichbedeutend mit der folgenden Aussage:

Es gibt keinen Vektor $(a,b) \in \mathbb{R}^{r+1} \times \mathbb{R}^{s+1}$ mit

$$-\sum_{j=0}^{r} \varepsilon(x)\, u_j(x)\, a_j + \sum_{k=0}^{s} \alpha(x)\, v_k(x)\, b_k > 0 \qquad (2.3)$$

für alle $x \in D$ und

$$\sum_{k=0}^{s} v_k(x)\, b_k > 0 \qquad (2.4)$$

für alle $x \in B$.

Gäbe es nämlich einen Vektor $(a,b) \in \mathbb{R}^{r+1} \times \mathbb{R}^{s+1}$ mit (2.3) für alle $x \in D$ und (2.4) für alle $x \in B$, so wäre $w = (u(a)/v(b)) \in W$ für

$$u(a) = \sum_{j=0}^{r} a_j u_j \quad \text{sowie} \quad v(b) = \sum_{k=0}^{s} b_k v_k,$$

und es folgte

$$-\varepsilon(x)\, u(a,x) + \alpha(x)\, v(b,x) > 0 \;\Leftrightarrow\; \mathrm{Re}\,[\varepsilon(x)\, w(x)] = \varepsilon(x)\, w(x) < \alpha(x)$$

für alle $x \in D$, d.h. (2.1) wäre für $w = (u(a)/u(b))$ verletzt. Wäre das umgekehrt der Fall, so wäre (a, b) eine Lösung von (2.3) für alle $x \in D$ und (2.4) für alle $x \in B$.

Sei etwa $D = \{x_1, \dots, x_m\}$. Um die Voraussetzung (2.1) von Satz 2.1 zu erfüllen, hat man also reelle Zahlen $\varepsilon(x_i)$ mit $|\varepsilon(x_i)| = 1$ und $\alpha(x_i)$ für $i = 1, \dots, m$ derart zu finden, daß es keine Lösung von (2.3) für $x = x_i$, $i = 1, \dots, m$, und (2.4) für alle $x \in B$ gibt.

Der folgende Satz 2.2 gibt dafür hinreichende Bedingungen an. Er ist jedoch für numerische Zwecke nicht sehr gut geeignet. Daher wird in Satz 2.3 gezeigt, wie sich die Voraussetzungen (2.5) von Satz 2.2 für den Fall $m = r + s + 2$ numerisch durch Lösung eines linearen Gleichungssystems (vgl. (2.11)) realisieren lassen.

Satz 2.2. *Sei* $(c, p) \in \mathbb{R}^m \times \mathbb{R}^m$ *eine nicht-triviale Lösung des Systems*

$$\left.\begin{aligned} &p_i \geq 0, \quad i = 1, \dots, m, \\[4pt] &\sum_{i=1}^{m} u_j(x_i)\, c_i = 0, \quad j - 0, \dots, r, \\[4pt] &\sum_{i=1}^{m} v_k(x_i)\, f(x_i)\, c_i = \sum_{i=1}^{m} v_k(x_i)\, [\lambda_i |c_i| + p_i], \quad k = 0, \dots, s, \end{aligned}\right\} \qquad (2.5)$$

wobei die Zahlen $\lambda_1, \dots, \lambda_m \in \mathbb{R}$ *fest vorgegeben sind. Dann ist notwendig* $c \neq \Theta_m$ *(= Nullvektor des* $\mathbb{R}^m$*).*

Definiert man

$$\varepsilon(x_i) = \begin{cases} -\operatorname{sgn} c_i, & \textit{falls } c_i \neq 0 \textit{ ist,} \\ +1 \textit{ oder } -1 & \textit{sonst,} \end{cases} \qquad (2.6)$$

und $\qquad \alpha(x_i) = \lambda_i + \varepsilon(x_i) f(x_i), \qquad i = 1,\ldots,m,$ $\qquad\qquad$ (2.7)

so sind die Ungleichungssysteme (2.3) *und* (2.4) *unlösbar, und nach Satz* 2.1 *gilt*

$$\min_{i=1,\ldots,m} \lambda_i \leq \varrho(f,W). \qquad (2.8)$$

Beweis. Angenommen, es wäre $c = \Theta_m$. Dann wäre

$$\sum_{i=1}^{m} v_k(x_i)\, p_i = 0, \qquad k = 0,\ldots,s.$$

Nun sei für $b \in \mathbb{R}^{s+1}$

$$v(b,x) = \sum_{k=0}^{s} v_k(x)\, b_k > 0 \qquad \text{für alle} \quad x \in B$$

(auf Grund der Problemstellung in II.1.B.b)) gibt es ein solches $b \in \mathbb{R}^{s+1}$).
Dann folgt

$$\sum_{i=1}^{m} v(b,x_i)\, p_i = 0,$$

was $p = \Theta_m$ impliziert. $c = \Theta_m$ und $p = \Theta_m$ ist aber nach Voraussetzung nicht
möglich. Somit ist $c \neq \Theta_m$.
Wir nehmen an, (2.3), (2.4) habe eine Lösung $(a,b) \in \mathbb{R}^{r+1} \times \mathbb{R}^{s+1}$. Dann wäre
insbesondere

$$-\sum_{j=0}^{r} \varepsilon(x_i)\, u_j(x_i)\, a_j + \sum_{k=0}^{s} \alpha(x_i)\, v_k(x_i)\, b_k > 0, \qquad (2.9)$$

$$\sum_{k=0}^{s} v_k(x_i)\, b_k > 0 \qquad \text{für } i = 1,\ldots,m. \qquad (2.10)$$

Wir setzen

$$u(a,x) = \sum_{j=0}^{r} a_j\, u_j(x) \quad \text{und} \quad v(b,x) = \sum_{k=0}^{s} b_k v_k(x).$$

Multipliziert man die i-te Ungleichung von (2.9) mit $|c_i|$ und die i-te Ungleichung
von (2.10) mit p_i, so erhält man durch Addition und anschließende Summation
über i wegen (2.6) die Ungleichung

$$\sum_{i=1}^{m} c_i\, u(a,x_i) + \sum_{i=1}^{m} [\alpha(x_i)\, |c_i| + p_i]\, v(b,x_i) > 0.$$

Nach (2.5) ist

$$\sum_{i=1}^{m} c_i u(a, x_i) = 0,$$

und mit der Definition von $\alpha(x_i)$ und $\varepsilon(x_i)$ für $i = 1, \ldots, m$ ergibt sich hieraus

$$-\sum_{i=1}^{m} v(b, x_i) f(x_i) c_i + \sum_{i=1}^{m} [\lambda_i |c_i| + p_i] v(b, x_i) > 0.$$

Nach (2.5) müßte aber diese strikte Ungleichung eine Gleichung sein, ein Widerspruch.

Damit sind (2.9) und (2.10) und erst recht (2.3) und (2.4) unlösbar. ∎

Ein direkter Beweis der Implikation (2.5) ⇒ (2.8) findet sich bei Krabs [68].

Es erhebt sich jetzt die Frage nach der nicht-trivialen Lösbarkeit von (2.5). Eine Antwort hierauf gibt der

Satz 2.3. *Sei $m = r + s + 2$, d.h. $D \subseteq B$ bestehe aus $r + s + 2$ verschiedenen Punkten $x_i \in B$. Sei ferner die Matrix*

$$\begin{pmatrix} u_j(x_i) \\ v_k(x_i) f(x_i) \end{pmatrix}_{\substack{j=0,\ldots,r,\ k=0,\ldots,s \\ i=1,\ldots,\, r+s+2}}$$

nicht-singulär.

Wählt man Zahlen $z_i \geq 0$, $i = 1, \ldots, m = r+s+2$, die nicht alle verschwinden, so hat das System

$$\left.\begin{aligned} \sum_{i=1}^{m} u_j(x_i) c_i &= 0, \quad j = 0, \ldots, r, \\[2mm] \sum_{i=1}^{m} v_k(x_i) f(x_i) c_i &= \sum_{i=1}^{m} v_k(x_i) z_i, \quad k = 0, \ldots, s, \end{aligned}\right\} \qquad (2.11)$$

genau eine nicht-triviale Lösung $c = (c_1, \ldots, c_m)$.

Definiert man

$$\lambda_i = \begin{cases} \dfrac{z_i}{|c_i|}, & \text{falls} \quad c_i \neq 0 \quad \text{ist,} \\[3mm] \max_{c_i \neq 0} \dfrac{z_i}{|c_i|} & \text{sonst} \end{cases}$$

sowie $\quad p_i = \begin{cases} 0, & \text{falls} \quad c_i \neq 0 \quad \text{ist,} \\ z_i & \text{sonst,} \end{cases}$

so ist (c,p) eine nicht-triviale Lösung von (2.5), was (nach Satz 2.2)

$$\min_{|c_i| \neq 0} \frac{z_i}{|c_i|} \leq \varrho(f, W) \qquad (2.12)$$

impliziert.

Beweis. Daß das System (2.11) genau eine Lösung $c \in \mathbb{R}^m$ besitzt, ergibt sich aus der Nicht-Singularität seiner Matrix. Wäre $c = \Theta_m$ eine Lösung von (2.11), so wäre

$$\sum_{i=1}^{m} v(b, x_i)\, z_i = 0 \quad \text{für alle} \quad b \in \mathbb{R}^{s+1},$$

wobei $v(b,x) = \sum_{k=0}^{s} b_k\, v_k(x)$ ist. Wählt man b so, daß $v(b) > 0$ ist, so folgt jedoch $z = \Theta_m$, was ausgeschlossen worden war. Aus der Definition der λ_i und p_i ergibt sich unmittelbar

$$z_i = \lambda_i\, |c_i| + p_i, \quad i = 1,\ldots,m.$$

Einsetzen der z_i in (2.11) liefert sodann (2.5), was zu zeigen war. ∎

Durch den Satz 2.3 hat man somit eine sehr bequeme Möglichkeit, zu unteren Schranken für $\varrho(f, W)$ zu gelangen. Wählt man alle $z_i > 0$, so erhält man nach (2.12) auch eine positive untere Schranke für $\varrho(f, W)$.

Numerisches Beispiel zu Satz 2.3. Sei

$$B = \{(t_1, t_2) \mid 0 \le t_1 \le t_2 \le 1\}, \quad f(t_1, t_2) = e^{t_1 t_2}, \quad r = 0,$$

$$s = 1, \quad u_0(t_1, t_2) = 1, \quad v_0(t_1, t_2) = 1, \quad v_1(t_1, t_2) = t_1 + t_2.$$

Es ist

$$A = \{(a_0, b_0, b_1) \in \mathbb{R}^3 \mid b_0 + b_1\,(t_1 + t_2) > 0 \quad \text{für} \quad (t_1, t_2) \in B\}$$

nichtleer und

$$F(a_0, b_0, b_1) = \frac{a_0}{b_0 + b_1\,(t_1 + t_2)}.$$

Sei $D = \{(0,0), (0,1), (1,1)\}$ die Menge der Eckpunkte des Dreiecks B. Das System (2.11) lautet dann

$$c_1 + c_2 + c_3 = 0,$$
$$c_1 + c_2 + e\,c_3 = z_1 + z_2 + z_3,$$
$$c_2 + 2e\,c_3 = z_2 + 2z_3.$$

Wählt man $z_1 = z_2 = z_3 = 1$, so erhält man als Lösung

$$c_3 = \frac{3}{e - 1} \approx 1{,}74593, \quad c_2 = 3 - \frac{6e}{e - 1} \approx -6{,}49186,$$

$$c_1 = -c_2 - c_3 \approx 4{,}74593.$$

Nach Satz 2.3 ist somit

$$\tau = \min_{|c_i| \neq 0} \frac{z_i}{|c_i|} = \frac{1}{|c_2|} \approx 0{,}154039 \le \varrho(f, W).$$

Wir werden in IV.3 noch einmal auf dieses Beispiel zurückkommen und dort zeigen, daß

$$\varrho\,(f, W) \leq 0{,}206284$$

ist. Dort werden wir auch auf eine iterative Verbesserung der z_i zur Vergrößerung der unteren Schranke τ von $\varrho\,(f, W)$ eingehen.

Wir werden in IV.2 sehen, daß man im Prinzip $\varrho\,(f, W)$ nach Satz 2.2 beliebig genau von unten abschätzen, ja sogar berechnen kann. Allerdings ist die Frage nach der optimalen Wahl der zugehörigen Menge D noch offen. Auf eine möglichst gute Wahl des Vektors $z \in \mathbb{R}^m$ bei Vorgabe von D, durch die die untere Schranke von $\varrho\,(f, W)$ in (2.12) möglichst groß ausfällt, wird noch in IV.3 eingegangen.

Die Frage einer systematischen Verbesserung von D derart, daß die zugehörigen optimalen unteren Schranken von $\varrho\,(f, W)$ nach (2.12) sich dabei monoton wachsend verhalten, ist ebenfalls noch offen.

b) H-Mengen. Sei $C(B)$ der Vektorraum der stetigen reellwertigen Funktionen auf B. Nach Collatz [65] heißt eine Teilmenge D von B eine H-Menge, wenn D die Vereinigung zweier nichtleerer Mengen D_1 und D_2 ist derart, daß kein Paar $w, \hat{w} \in W$ existiert mit

$$w(x) - \hat{w}(x) \begin{cases} < 0 & \text{für alle} \quad x \in D_1, \\ > 0 & \text{für alle} \quad x \in D_2. \end{cases}$$

Definiert man

$$\varepsilon(x) = \begin{cases} +1 & \text{für} \quad x \in D_1, \\ -1 & \text{für} \quad x \in D_2 \end{cases}$$

und wählt $\hat{w} \in W$ fest, so gibt es zu jedem $w \in W$ ein $x \in D$ mit

$$\varepsilon(x)\, w(x) \geq \varepsilon(x)\, \hat{w}(x),$$

d.h. für $\alpha(x) = \varepsilon(x)\, \hat{w}(x)$, $x \in D$, ist die Voraussetzung (2.1) erfüllt, wenn D eine H-Menge ist.

Anwendung von Satz 2.1 liefert die Aussage

$$\inf_{x \in D} \varepsilon(x)\, [\hat{w}(x) - f(x)] \leq \varrho\,(f, W). \tag{2.13}$$

Damit diese Aussage nicht trivial wird, ist noch

$$\varepsilon(x)\, [\hat{w}(x) - f(x)] > 0 \quad \text{für alle} \quad x \in D$$

vorauszusetzen, was zu der Abschätzung

$$\inf_{x \in D} |\hat{w}(x) - f(x)| \leq \varrho\,(f, W) \tag{2.14}$$

führt.

Da auf H-Mengen in Kapitel III noch genauer eingegangen wird, wollen wir uns hier nur mit einem einfachen Spezialfall begnügen: Sei $B = [\alpha, \beta]$ mit $\alpha < \beta$.

$W \subseteq C(B)$ habe die folgende Eigenschaft: *Für jedes Paar w, $\hat{w} \in W$ habe die Differenz $w - \hat{w}$ auf B höchstens $r - 1$ Nullstellen oder verschwinde identisch.*

Dabei ist r eine fest vorgegebene natürliche Zahl ≥ 1.

Wir werden später sehen, daß diese Eigenschaft bei der Polynomapproximation, der gewöhnlichen rationalen Approximation und der gewöhnlichen nichtlinearen Exponentialapproximation vorliegt.

Nun sei $D = \{x_1, \ldots, x_{r+1}\}$ mit $\alpha \leq x_1 < x_2 < \ldots < x_{r+1} \leq \beta$.

Setzt man $D_1 = \{x_1, x_3, \ldots\}$ und $D_2 = \{x_2, x_4, \ldots\}$, so ist $D = D_1 \cup D_2$ eine H-Menge; denn gäbe es ein Paar w, $\hat{w} \in W$ mit

$$w(x_i) - \hat{w}(x_i) < 0 \quad \text{für} \quad i = 1, 3, \ldots,$$

$$w(x_i) - \hat{w}(x_i) > 0 \quad \text{für} \quad i = 2, 4, \ldots,$$

so hätte $w - \hat{w}$ auf $[\alpha, \beta]$ mindestens r Nullstellen, was nicht möglich ist wegen $w - \hat{w} \not\equiv 0$.

C. Eine hinreichende Bedingung für Minimallösungen. Sei wieder $C(B)$ der Vektorraum der stetigen reell- oder komplexwertigen Funktionen auf B und D eine nichtleere abgeschlossene Teilmenge von B. Dann ist D kompakt (vgl. VII Satz 1.1). Sei $\hat{w} \in W$ eine Funktion derart, daß gilt

$$\min_{x \in D} \operatorname{Re} \overline{[(\hat{w}(x) - f(x)]} \, [\hat{w}(x) - w(x)] \leq 0 \qquad (2.15)$$

für alle $w \in W$.

Behauptung. *Dann ist*

$$\min_{x \in D} |\hat{w}(x) - f(x)| \leq \varrho \, (f, W). \qquad (2.16)$$

Beweis. Gilt für ein $x \in D$

$$|\hat{w}(x) - f(x)| = 0,$$

so ist die Behauptung wahr. Sei daher

$$|\hat{w}(x) - f(x)| > 0 \quad \text{für alle} \quad x \in D.$$

Wir definieren

$$\varepsilon(x) = \frac{\overline{\hat{w}(x) - f(x)}}{|\hat{w}(x) - f(x)|}, \quad x \in D,$$

und $\alpha(x) = \operatorname{Re} [\varepsilon(x) \, \hat{w}(x)], \quad x \in D.$

Dann gibt es nach (2.15) zu jedem $w \in W$ ein $x \in D$ mit

$$\operatorname{Re} [\varepsilon(x) \, w(x)] \geq \alpha(x).$$

Wegen $\alpha(x) - \operatorname{Re} [\varepsilon(x) f(x)] = \operatorname{Re} [\varepsilon(x) \, (\hat{w}(x) - f(x))] = |\hat{w}(x) - f(x)|$

folgt mithin die Abschätzung (2.16) aus Satz 2.1. ∎

Nun sei

$$E_{\hat{w}} = \{x \in B \mid |\hat{w}(x) - f(x)| = \|\hat{w} - f\|\} \tag{2.17}$$

die Menge der Extremalpunkte von $\hat{w} - f$.

$E_{\hat{w}}$ ist dann als stetiges Urbild eines Punktes bei der Abbildung $x \to |\hat{w}(x) - f(x)|$ von B in $\mathbb{R}$ abgeschlossen und damit kompakt (vgl. VII Satz 1.3 und 1.1).

Eine unmittelbare Folge der Implikation (2.15) $\Rightarrow$ (2.16) ist sodann der

Satz 2.4. *Sei $\hat{w} \in W$ derart, daß*

$$\min_{x \in E_{\hat{w}}} \mathrm{Re}\, [\overline{(\hat{w}(x) - f(x))}]\, [\hat{w}(x) - w(x)] \leq 0 \tag{2.18}$$

ist für alle $w \in W$; dann ist $\hat{w}$ eine Minimallösung in W bezüglich f.

Beweis. Aus (2.16) folgt für $D = E_{\hat{w}}$

$$\|\hat{w} - f\| = \min_{x \in E_{\hat{w}}} |\hat{w}(x) - f(x)| \leq \varrho\,(f, W) = \|\hat{w} - f\|\,. \;\blacksquare$$

Die Hinlänglichkeit von (2.18) für Minimallösungen wurde zuerst von Meinardus/Schwedt [64] bewiesen.

Die Bedingung (2.18) geht zurück auf Kolmogoroff [48], der für den Fall der linearen Approximation gezeigt hat, daß (2.18) notwendig und hinreichend für Minimallösungen ist (vgl. dazu auch Satz 4.4).

Die Bedingung (2.18) ist im allgemeinen nicht notwendig für Minimallösungen, wie das folgende Gegenbeispiel von Meinardus und Schwedt [64] zeigt:

Sei $\qquad B = [-1, +1], \quad f \equiv 1,$

$$W = \{w(a,x) = a^2 + ax \mid a \in \mathbb{R}, \quad x \in B\}.$$

$\hat{w}(x) = w(0,x)$ ist eine Minimallösung in W bezüglich f, und es ist $E_{\hat{w}} = B$. Für jedes $a \in \mathbb{R}$ mit $|a| > 1$ gilt aber

$$\min_{x \in B} [w(0,x) - f(x)]\, [w(0,x) - w(a,x)] = \min_{x \in B} (a^2 + ax) > 0,$$

d.h. (2.18) ist verletzt.

3. Existenz von Minimallösungen

A. Allgemeine Aussagen. Wir betrachten zunächst das allgemeine T-Problem wie in II.1. Es sei also B ein kompakter metrischer Raum und $C\,(B)$ der Vektorraum der stetigen reell- oder komplexwertigen Funktionen auf B, versehen mit der Maximum-Norm (1.1). Sei ferner W eine nichtleere Teilmenge von $C\,(B)$. Zu vorgegebenem $f \in C\,(B)$ definieren wir die Minimalabweichung $\varrho\,(f, W)$ nach (1.2). Gesucht sind Minimallösungen $\hat{w} \in W$ bezüglich f in W mit

$$\|\hat{w} - f\| = \varrho\,(f, W). \tag{3.1}$$

Nach VII.1 ist $C(B)$ ein metrischer Raum, wenn man die Metrik durch $\varrho\,(g,h) =$ $\|g-h\|$, g, $h \in C(B)$, definiert. Ist W eine kompakte Teilmenge von $C(B)$, so folgt aus VII Satz 1.8 die Existenz einer Minimallösung $\hat{w} \in W$. Dieser Satz kann aber auch zum Nachweis der Existenz von Minimallösungen herangezogen werden, wenn W nicht kompakt ist. Man kann sich nämlich bei der Suche nach Minimallösungen von vornherein auf gewisse Teilmengen von W beschränken, wie die folgende Betrachtung zeigt: Sei $w^* \in W$ beliebig vorgegeben. Dann folgt

$$\varrho\,(f,W) = \inf_{w \in S_{w^*}} \|w-f\|,$$

wenn man

$$S_{w^*} = \{w \in W \mid \|w-f\| \leq \|w^*-f\|\}$$

definiert. Wegen $\|w\| - \|f\| \leq \|w-f\|$ gilt

$$S_{w^*} \subseteq K_{w^*} = \{w \in W \mid \|w\| \leq \|f\| + \|w^*-f\|\},$$

was $\qquad \varrho\,(f,W) = \inf_{w \in K_{w^*}} \|w-f\| \qquad\qquad\qquad\qquad\qquad (3.2)$

impliziert. Damit ergibt sich der

Satz 3.1. *Ist für jedes $\alpha \geq 0$ die Menge*

$$K_\alpha(W) = \{w \in W \mid \|w\| \leq \alpha\} \qquad\qquad\qquad\qquad\qquad (3.3)$$

kompakt, so gibt es zu jedem $f \in C(B)$ eine Minimallösung in W bezüglich f.
Eine notwendige Bedingung für die Existenz von Minimallösungen liefert der

Satz 3.2. *Gibt es zu jedem $f \in C(B)$ eine Minimallösung in W bezüglich f, so ist W abgeschlossen.*

Beweis. Sei $\{w_n\}$ eine Folge in W mit $w_n \to g$ für ein $g \in C(B)$, d.h. $\lim\limits_{n \to \infty} \|w_n - g\| = 0$
Annahme: $g \notin W$. Dann gibt es ein $\hat{w} \in W$ mit

$$\|w_n - g\| \geq \varrho(g,W) = \|\hat{w} - g\| > 0$$

für alle n, ein Widerspruch gegen $w_n \to g$. ∎

Nach VII Satz 1.11 ist jeder endlich-dimensionale lineare Teilraum W von $C(B)$ abgeschlossen. Darüberhinaus gilt der

Satz 3.3. *Ist W ein endlich-dimensionaler Teilraum von $C(B)$, so ist für jedes $\alpha \geq 0$ die Menge $K_\alpha(W)$ (vgl. (3.3)) kompakt, so daß zu jedem $f \in C(B)$ eine Minimallösung in W bezüglich f existiert.*

Der Beweis ergibt sich unmittelbar aus VII Satz 1.10 und der Tatsache, daß $K_\alpha(W)$ in W beschränkt und abgeschlossen ist. ∎

Bemerkung: Beim Beweis von Satz 3.3 wurde nur davon Gebrauch gemacht, daß $C(B)$ ein normierter Vektorraum ist. Die Aussage des Satzes gilt daher auch für das Approximationsproblem in einem beliebigen normierten Vektorraum (vgl. auch Achieser [53] und Meinardus [64]).

Bei nichtlinearen T-Problemen ist $K_\alpha(W)$ im allgemeinen nicht kompakt, wie schon einfache Gegenbeispiele zeigen.

Sei z.B. $B = [0,1]$ und

$$W = \left\{ w(x) = \frac{a}{b + cx} \ \middle|\ a, b, c \in \mathbb{R}, \quad b + cx > 0 \quad \text{für alle} \quad x \in [0,1] \right\}.$$

Definiert man $w_n(x) = \dfrac{1}{1 + nx}$, $n = 1, 2, \ldots$, so folgt

$$w_n \in W \text{ für alle } n \quad \text{und} \quad \|w_n\| \le 1, \quad \text{d.h.} \quad w_n \in K_1(W).$$

$\{w_n\}$ enthält aber keine Teilfolge, die gegen ein $w \in W$ konvergiert. Als Limes ergäbe sich nämlich die unstetige Funktion

$$g(x) = \begin{cases} 1 & \text{für} \quad x = 0 \\ 0 & \text{für} \quad x \ne 0. \end{cases}$$

Trotzdem werden wir sehen, daß es bei diesem Beispiel zu jedem $f \in C(B)$ eine Minimallösung bezüglich f in W gibt (vgl. IV.1).

Der einfache Kompaktheitsschluß nach Satz 3.1 reicht daher zum Nachweis der Existenz von Minimallösungen im allgemeinen nicht aus.

Wir betrachten jetzt den Spezialfall $W = F(A)$, wobei A eine vorgegebene nichtleere Teilmenge von $\mathbb{R}^n$ oder $\mathbb{C}^n$ ist und $F: A \to C(B)$ eine vorgegebene Abbildung (vgl. II.1.B). Wir denken uns $\mathbb{R}^n$ oder $\mathbb{C}^n$ mit der euklidischen Norm versehen, die wir mit $\|.\|_2$ bezeichnen. Nach VII Definition 1.6 ist die Abbildung $F: A \to C(B)$ stetig, wenn für jedes $a \in A$ die folgende Implikation gilt:

$$\lim_{n \to \infty} \|a_n - a\|_2 = 0, \quad a_n \in A \text{ für alle } n, \quad \Rightarrow \quad \lim_{n \to \infty} \|F(a_n) - F(a)\| = 0.$$

Auf Grund von VII Satz 1.4 und 1.9 sind die folgenden drei Bedingungen hinreichend für die Kompaktheit von $K_\alpha(W)$ (vgl. (3.3)) und damit für die Existenz von Minimallösungen:

1. *A ist abgeschlossen.*

2. *$F: A \to C(B)$ ist stetig.*

3. *Für jedes $\alpha \ge 0$ ist die Menge $A_\alpha = \{a \in A \mid \|F(a)\| \le \alpha\}$ beschränkt.*

Zum Beweis hat man sich nur zu überlegen, daß die Menge A_α für jedes $\alpha \ge 0$ abgeschlossen ist. Sei daher $\{a_n\}$ eine Folge in A_α und $a^* = \lim\limits_{n \to \infty} a_n$. Dann folgt $a^* \in A$ und wegen der Stetigkeit der Abbildung $a \to \|F(a)\|$, daß $\lim\limits_{n \to \infty} \|F(a_n)\| = \|F(a^*)\| \le \alpha$ ist.

B. Beispiele. a) Die Voraussetzungen 1, 2 und 3 sind z.B. erfüllt im Falle der linearen Approximation (in diesem Zusammenhang vgl. Beweis von VII Satz 1.10), wobei gilt $A = \mathbb{R}^n$ oder $\mathbb{C}^n$ und

$$F(a) = \sum_{j=1}^{n} a_j v_j, \qquad v_1, \ldots, v_n \in C(B) \text{ linear unabhängig.}$$

b) Sie sind aber auch erfüllt im Falle der linearen Approximation mit linearen Nebenbedingungen, z.B. in der folgenden Situation: $F: \mathbb{R}^n \to C(B)$ sei wie oben definiert.

Ferner seien $w_1, \ldots, w_n$, $g \in C(B)$ sowie eine nichtleere abgeschlossene Teilmenge D von B fest vorgegeben.

A bestehe dann aus allen Parametern $a \in \mathbb{R}^n$ mit

$$\sum_{j=1}^{n} a_j \, w_j(x) \leq g(x) \qquad \text{für alle } x \in D.$$

A sei nichtleer. A ist abgeschlossen, wie man sich leicht überlegt, und A_α ist für jedes $\alpha \geq 0$ beschränkt.

c) Im Falle der allgemeinen rationalen Approximation ist die Voraussetzung 1 nur erfüllbar, wenn der Spezialfall der linearen Approximation vorliegt. In diesem Fall gilt ja nach II.1.B.b)

$$F(a,b) = \frac{u(a)}{v(b)}, \qquad \text{wobei} \quad u(a) = \sum_{j=0}^{r} a_j u_j, \qquad u_0, \ldots, u_r \in C(B),$$

$$v(b) = \sum_{k=0}^{s} b_k v_k, \qquad v_0, \ldots, v_s \in C(B),$$

und $\qquad A = \{(a,b) \in \mathbb{R}^{r+1} \times \mathbb{R}^{s+1} \mid v(b) > 0 \text{ auf } B\}, \qquad n = r + s + 2,$

ist offen. Wäre A zugleich abgeschlossen und nichtleer, so könnte nur $A = \mathbb{R}^n$ sein. Die Abgeschlossenheit von A ist daher nur möglich im Spezialfall der linearen Approximation. Die Voraussetzung 2 ist erfüllt; denn nach II.4.C erfüllt $F: A \to C(B)$ (mit A nichtleer) die Differenzierbarkeitsbedingung, was nach Satz 4.6 die Fréchet-Differenzierbarkeit von F auf A und damit die Stetigkeit impliziert (die sich unmittelbar aus (4.8) ergibt).

Auch die Voraussetzung 3 ist erfüllbar; denn für den Nachweis der Existenz von Minimallösungen genügt es, anstelle von A die Menge

$$\hat{A} = \{(a,b) \in A \mid \|v(b)\| = 1\}$$

zu betrachten.

Behauptung. *Für jedes* $\alpha \geq 0$ *ist dann*

$$A_\alpha = \{(a,b) \in \hat{A} \mid \|F(a,b)\| \leq \alpha\}$$

beschränkt.

Beweis. Sei $(a,b) \in A_\alpha$ vorgegeben. Dann folgt

$$\|u(a)\| \leq \|F(a,b)\| \cdot \|v(b)\| \leq \alpha,$$

d.h. $\qquad A_\alpha \subseteq K_\alpha = \{(a,b) \in \mathbb{R}^{r+s+2} \mid \|u(a)\| \leq \alpha \quad \text{und} \quad \|v(b)\| \leq 1\}.$

Die Menge K_α ist aber beschränkt, wie man analog zum Beweis von VII Satz 1.10 einsieht. Damit ist auch A_α beschränkt. ∎

Aus diesen Betrachtungen ergibt sich, daß die Voraussetzungen 1, 2 und 3 erfüllt sind, wenn man anstelle von A die Parametermenge

$$\{(a,b) \in \mathbb{R}^{r+s+2} \mid \varepsilon \leq v(b) \leq 1 \quad \text{auf } B\}$$

wählt, wobei $\varepsilon \in (0,1]$ fest vorzugeben ist. Für numerische Zwecke kann das bei genügend kleinem $\varepsilon > 0$ ausreichend sein.

Auf das Existenzproblem bei der allgemeinen rationalen Approximation werden wir noch einmal in IV.1 und bei der nichtlinearen Exponentialapproximation in V.1 eingehen.

4. Notwendige Bedingungen für Minimallösungen

Das in II.1 formulierte T-Problem kann man auch als ein nichtlineares Optimierungsproblem auffassen. Indem man nämlich zu vorgegebenem $f \in C(B)$ ein Funktional $\varphi : C(B) \to \mathbb{R}$ durch $\varphi(g) = \|g - f\|$, $g \in C(B)$, definiert, erhält man als T-Problem die Aufgabe, das Funktional φ auf der Teilmenge W von $C(B)$ zum Minimum zu machen. Jede Minimalstelle von φ in W ist dann eine Minimallösung des T-Problems in W bezüglich f und umgekehrt. Wir wollen im folgenden die Existenz von Minimallösungen voraussetzen und notwendige Bedingungen für solche aufstellen. Zu dem Zweck machen wir davon Gebrauch, daß man für die Minimalstellen von φ auf W mit Hilfe sog. Tangentialkegel eine sehr allgemeine notwendige Bedingung (vgl. Satz 4.5) gewinnen kann. Weiterhin läßt sich einsehen, daß die als hinreichend für Minimallösungen erkannte Verallgemeinerung (2.18) der Kolmogoroff-Bedingung für konvexe Teilmengen W von $C(B)$ auch notwendig ist (vgl. Satz 4.3 und 4.4).

Dazu sind einige Vorbereitungen nötig. Zunächst betrachten wir

A. Tangentialkegel in normierten Räumen. Sei X ein normierter Vektorraum über den reellen oder komplexen Zahlen (vgl. VII.1). Die Norm von X bezeichnen wir mit $\|\cdot\|$. Sei S eine nichtleere Teilmenge von X.

Definition 4.1 (vgl. Hestenes [66]): *Ein Element $k \in X$ heißt Tangentenvektor in $\hat{x} \in S$ an S, wenn es eine Folge $\{x_n\}$ von Elementen $x_n \in S$ gibt und eine Folge $\{\lambda_n\}$ positiver reeller Zahlen mit*

$$\lim_{n \to \infty} \|x_n - \hat{x}\| = 0 \tag{4.1}$$

und $\qquad \displaystyle \lim_{n \to \infty} \|\lambda_n(x_n - \hat{x}) - k\| = 0. \tag{4.2}$

Jedem $\hat{x} \in S$ ordnen wir die Menge $T(\hat{x})$ der Tangentenvektoren in $\hat{x}$ an S zu. $T(\hat{x})$ ist offenbar nichtleer; denn Θ_X ($=$ Nullelement von X) gehört zu $T(\hat{x})$. Weiterhin gilt die Implikation

$$k \in T(\hat{x}), \quad \lambda \in \mathbb{R}, \quad \lambda \geq 0 \quad \Rightarrow \quad \lambda k \in T(\hat{x}),$$

d.h. $T(\hat{x})$ ist ein Kegel mit Θ_X als Scheitel.

Wir nennen daher $T(\hat{x})$ den **Tangentialkegel** in $\hat{x} \in S$ an S.

Beispiele. 1. Ist S eine nichtleere offene Teilmenge von X, so folgt für jedes $\hat{x} \in S$, daß $T(\hat{x}) = X$ ist. Ist nämlich $k \in X$ beliebig gegeben, so definiere man $\lambda_n = n\,(\geq 1)$ und $x_n = \hat{x} + (1/n) \cdot k$.

Dann ist $x_n \in S$ für genügend großes n, und es gilt

$$\lim_{n \to \infty} \|x_n - \hat{x}\| = \|k\| \lim_{n \to \infty} \frac{1}{n} = 0$$

und $\qquad \|\lambda_n(x_n - \hat{x}) - k\| = 0$

für alle n, was (4.2) impliziert.

2. Sei S sternförmig bezüglich $\hat{x} \in S$, d.h. für jedes $x \in S$ und $\lambda \in [0,1]$ folge $\lambda x + (1 - \lambda)\,\hat{x} \in S$.

Dann ist (vgl. Abb. II.4.1)

$$S - \hat{x} = \{x - \hat{x} \mid x \in S\} \subsetneqq T(\hat{x}).$$

Ist nämlich $k = x - \hat{x}$ für irgendein $x \in S$, so definieren wir wie oben

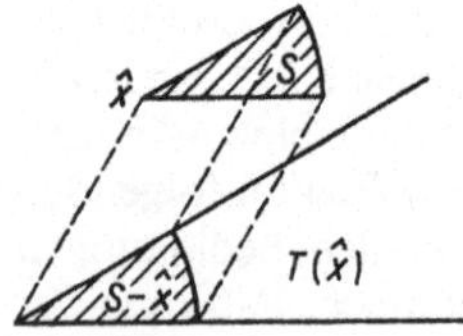

Abb. II.4.1
Tangentialkegel bei sternförmigem Bereich

$$\lambda_n = n \quad \text{und} \quad x_n = \hat{x} + \frac{1}{n} \cdot k.$$

Dann ist $x_n \in S$ für alle $n \geq 1$, und (4.1) und (4.2) folgen auf die gleiche Weise.

Es seien noch einige ganz konkrete Beispiele genannt:

3. Es sei in der reellen Ebene $X = \mathbb{R}^2$ ein linsenförmiger Bereich L, etwa ein Kreisbogenzweieck, gegeben. Der Rand sei ∂L und $\bar{L} = L + \partial L$. Es seien $\tilde{x}$ und $\tilde{\tilde{x}}$ zwei Punkte auf dem Rande ∂L, davon x in einer Ecke. Abb. II.4.2 zeigt die zugehörigen Tangentialkegel, wobei man als Menge S einmal den Rand ∂L und einmal $\bar{L}$ nimmt.

4. Im Funktionenraum $X = C[a,b]$ sei S der Streifen

$$S = \, <f_0(x), f_1(x)> \, = \{h \in X \mid f_0(x) \leq h(x) \leq f_1(x)\}$$

Dabei sind f_0, f_1 zwei festgegebene Funktionen aus $C[a,b]$ mit $f_0(x) < f_1(x)$ für $x \in [a,b]$, Abb. II.4.2.

Man wählt nun zwei Punkte x_1, x_2 mit $a < x_1 < x_2 < b$ und eine Funktion $g(x)$, deren Graph den Graphen von f_1 in x_1 und den Graphen von f_0 in x_2 berührt. Der Tangentialkegel $T(g)$ ist dann enthalten in der Menge

$$\{u(x), \quad u \in C[a,b], \quad u(x_1) \leq 0, \quad u(x_2) \geq 0\}$$

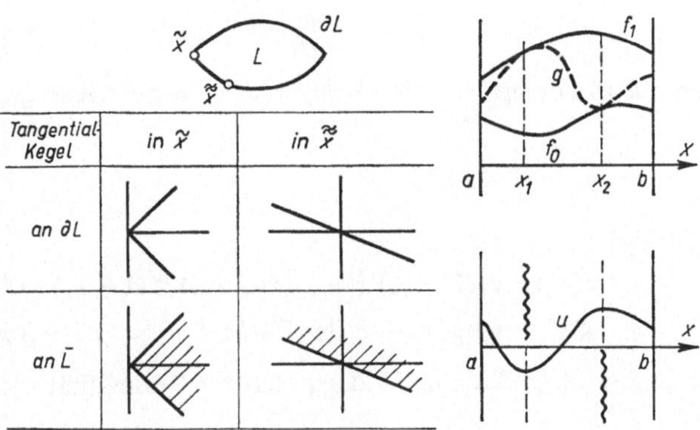

Abb. II.4.2 Beispiele für Tangentialkegel

In Abb. II.4.2 ist eine solche Funktion u eingezeichnet, und die Wellenlinie symbolisiert die Werte, die u nicht annehmen darf.

Wir betrachten jetzt das folgende Problem: Sei $\varphi : X \to \mathbb{R}$ ein konvexes Funktional, d.h. es sei

$$\varphi(\lambda x + (1 - \lambda) y) \leq \lambda \varphi(x) + (1 - \lambda) \varphi(y)$$

für alle $x, y \in X$ und $\lambda \in [0,1]$.

Weiterhin sei φ stetig auf X. Das Funktional φ ist auf einer nichtleeren Teilmenge S von X zum Minimum zu machen.

Satz 4.1. *Für ein $\hat{x} \in S$ gelte*

$$\varphi(\hat{x}) \leq \varphi(x) \quad \textit{für alle} \quad x \in S;$$

dann folgt

$$\varphi(\hat{x}) \leq \varphi(\hat{x} + k) \quad \textit{für alle} \quad k \in T(\hat{x}),$$

wobei $T(\hat{x})$ der Tangentialkegel in $\hat{x}$ an S ist.

Beweis. Wir nehmen an, es gebe ein $k \in T(\hat{x})$ mit

$$\varphi(\hat{x}) - \varphi(\hat{x} + k) > \delta > 0.$$

Nach Definition von k gibt es eine Folge $\{x_n\}$ von Elementen $x_n \in S$ und eine Folge $\{\lambda_n\}$ positiver Zahlen mit (4.1), (4.2). Wir setzen

$$k_n = \lambda_n (x_n - \hat{x}).$$

Aus (4.2) und der Stetigkeit von φ folgt sodann

$$|\varphi(\hat{x}+k_n) - \varphi(\hat{x}+k)| \leq \delta$$

für genügend großes n. Weiterhin ist

$$\frac{1}{\lambda_n}\cdot k_n = x_n - \hat{x}, \quad \lim_{n\to\infty}\|k_n-k\| = 0 \quad \Rightarrow \quad \lim_{n\to\infty}\|k_n\| = \|k\|,$$

und aus (4.1) folgt $\lim_{n\to\infty}(1/\lambda_n) = 0$, so daß für genügend großes n gilt:

$$\eta_n = \frac{1}{\lambda_n} \in [0,1].$$

Damit ist

$$\varphi(x_n) = \varphi((1-\eta_n)\,\hat{x}+\eta_n(\hat{x}+k_n)) \leq (1-\eta_n)\,\varphi(\hat{x}) + \eta_n\,\varphi(\hat{x}+k_n)$$

$$\leq (1-\eta_n)\,\varphi(\hat{x}) + \eta_n\,[\varphi(\hat{x}+k) + \delta] < (1-\eta_n)\,\varphi(\hat{x}) + \eta_n\,\varphi(\hat{x}) = \varphi(\hat{x})$$

für genügend großes n im Widerspruch zur Optimalität von $\hat{x}$. ∎

B. Anwendung auf das allgemeine T-Problem. Sei $X = C(B)$ der Vektorraum der auf B stetigen reell- oder komplexwertigen Funktionen, versehen mit der Maximum-Norm (1.1) (B ist wieder ein kompakter metrischer Raum). W sei wieder eine nichtleere Teilmenge von $C(B)$, und $f \in C(B)$ sei fest vorgegeben. Das Funktional

$$\varphi(g) = \|g-f\|, \quad g \in C(B),$$

ist, wie man leicht nachrechnet, konvex und nach VII Satz 1.5 stetig. Das T-Problem besteht, wie eingangs bemerkt, darin, φ auf W zum Minimum zu machen. Aus Satz 4.1 ergibt sich unmittelbar der

Satz 4.2. *Ist $\hat{w} \in W$ eine Minimallösung in W bezüglich f, so ist $\hat{w}$ eine Minimallösung in*

$$\hat{w} + T(\hat{w}) = \{\hat{w} + k \mid k \in T(\hat{w})\}$$

bezüglich f, wobei $T(\hat{w})$ der Tangentialkegel in $\hat{w}$ an W ist.

Der folgende Satz zeigt, daß die Bedingung (2.18) unter Umständen auch notwendig für Minimallösungen ist. Es gilt nämlich der

Satz 4.3. *Sei $\hat{w} \in W$ eine Minimallösung in W bezüglich f, und sei W bezüglich $\hat{w}$ sternförmig, d.h. es gelte*

$$w \in W, \quad \lambda \in [0,1] \quad \Rightarrow \quad \lambda w + (1-\lambda)\,\hat{w} \in W.$$

Dann folgt

$$\min_{x\in E_{\hat{w}}} \mathrm{Re}\,[\overline{\hat{w}(x) - f(x)}]\,[\hat{w}(x) - w(x)] \leq 0 \tag{4.3}$$

für alle $w \in W$, wobei $E_{\hat{w}}$ die durch (2.17) gegebene Menge der Extremalpunkte von $\hat{w} - f$ ist.

Beweis. Wir nehmen an, (4.3) sei für ein $w \in W$ verletzt. Da $E_{\hat{w}}$ kompakt ist, gibt es ein $\gamma > 0$ mit

$$S(x) = \mathrm{Re}\,[\overline{(\hat{w}(x) - f(x))}]\,[\hat{w}(x) - w(x)] \geq \gamma$$

für alle $x \in E_{\hat{w}}$. Sei

$$U = \left\{ x \in B \mid S(x) > \frac{\gamma}{2} \right\}.$$

Dann ist U eine offene Teilmenge von B.

Da W bezüglich $\hat{w}$ sternförmig ist, gilt

$$w_\lambda = \lambda w + (1 - \lambda)\,\hat{w} = \hat{w} + \lambda(w - \hat{w}) \in W \quad \text{für alle} \quad \lambda \in [0,1].$$

Für jedes $x \in U$ gilt sodann

$$|w_\lambda(x) - f(x)|^2 = |\hat{w}(x) - f(x)|^2 - 2\lambda S(x) + \lambda^2 |\hat{w}(x) - w(x)|^2$$

$$\leq \|\hat{w} - f\|^2 - \lambda \left\{ \gamma - \lambda \|\hat{w} - w\|^2 \right\} < \|\hat{w} - f\|^2,$$

sofern $0 < \lambda < \lambda_1 = \dfrac{\gamma}{\|\hat{w} - w\|^2}$ ist.

Ist $U = B$, so ist für $\lambda \in (0, \hat{\lambda})$ mit $\hat{\lambda} = \min(\lambda_1, 1)$

$$\|w_\lambda - f\| < \|\hat{w} - f\|$$

im Widerspruch zur Optimalität von $\hat{w}$.

Ist $U \subseteq B$, aber $U \neq B$, so ist $B \setminus U = \{ x \in B \mid x \notin U \}$ kompakt und

$$\mu = \|\hat{w} - f\| - \max_{x \in B \setminus U} |\hat{w}(x) - f(x)| > 0.$$

Für jedes $x \in B \setminus U$ gilt sodann

$$|w_\lambda(x) - f(x)| \leq |\hat{w}(x) - f(x)| + |w_\lambda(x) - \hat{w}(x)|$$

$$= |\hat{w}(x) - f(x)| + \lambda\,|w(x) - \hat{w}(x)|$$

$$\leq \|\hat{w} - f\| - \mu + \lambda \|w - \hat{w}\| < \|\hat{w} - f\|,$$

falls $0 < \lambda < \lambda_2 = \dfrac{\mu}{\|w - \hat{w}\|}$ ist.

Setzt man $\hat{\lambda} = \min(\lambda_1, \lambda_2, 1)$, so folgt für alle $\lambda \in (0, \hat{\lambda})$

$$\|w_\lambda - f\| < \|\hat{w} - f\|$$

im Widerspruch zur Optimalität von $\hat{w}$.

Die Annahme, (4.3) sei für ein $w \in W$ verletzt, ist daher falsch und alles bewiesen. ∎

Da konvexe Mengen sternförmig bezüglich eines jeden ihrer Punkte sind, ergibt sich aus den Sätzen 4.3 und 2.4 das folgende Kriterium für Minimallösungen, nämlich

Satz 4.4. *Ist W konvex, so ist $\hat{w} \in W$ genau dann eine Minimallösung bezüglich f in W, wenn die Bedingung (4.3) für alle $w \in W$ erfüllt ist.*

Aus den Sätzen 4.2 und 4.3 erhält man als notwendige Bedingung für Minimallösungen den

Satz 4.5. *Ist $\hat{w} \in W$ eine Minimallösung bezüglich f, so folgt*

$$\min_{x \in E_{\hat{w}}} \mathrm{Re}\, \overline{[(f(x) - \hat{w}(x)]}\, k(x) \le 0 \tag{4.4}$$

für alle $k \in T(\hat{w}) = $ Tangentialkegel in $\hat{w}$ an W, wobei $E_{\hat{w}}$ die durch (2.17) gegebene Menge der Extremalpunkte von $\hat{w} - f$ ist.

Beweis. Die Menge $\hat{w} + T(\hat{w})$ ist sternförmig bezüglich $\hat{w}$; denn ist $k \in T(\hat{w})$ beliebig vorgegeben und $\lambda \in [0,1]$, so folgt

$$\lambda(\hat{w} + k) + (1 - \lambda)\,\hat{w} = \hat{w} + \lambda k \in \hat{w} + T(\hat{w}).$$

Ist $\hat{w} \in W$ eine Minimallösung bezüglich f, so ist nach Satz 4.2 die Funktion $\hat{w}$ auch eine Minimallösung bezüglich f in $\hat{w} + T(\hat{w})$, so daß sich (4.4) direkt aus dem Satz 4.3 ergibt. ∎

C. Der differenzierbare reelle Fall. Wie bereits in II.1.B erwähnt, ist W in vielen Anwendungen das Bild einer Parametermenge A unter einer Abbildung $F: A \to C(B)$. In zahlreichen Fällen liegt sogar die folgende noch speziellere Situation vor: Sei $C(B)$ der Vektorraum der stetigen reellwertigen Funktionen auf B. Sei ferner A eine nichtleere Teilmenge des reellen n-dimensionalen Raumes $\mathbb{R}^n$ mit der euklidischen Norm

$$\|a\|_2 = \left(\sum_{i=1}^{n} a_i^2 \right)^{1/2}, \qquad a \in \mathbb{R}^n.$$

A_0 sei eine offene Obermenge von A. Sei schließlich $F: A_0 \to C(B)$ eine vorgegebene Abbildung und $W = F(A)$.

Von fundamentaler Bedeutung ist nun die folgende Differenzierbarkeitseigenschaft der Abbildung F (vgl. auch Satz 4.6).

Definition 4.2. *F genügt auf A_0 der* Differenzierbarkeitsbedingung, *wenn zu jedem $x \in B$ die partiellen Ableitungen*

$$\frac{\partial F}{\partial a_j}(a,x), \quad j = 1, \ldots, n,$$

für alle $a \in A_0$ existieren und in $(a,x) \in A_0 \times B$ stetig sind.

Beispiele (vgl. Spezialfälle a) bis d) in II. 1. B)

1. Lineare Approximation. $A = A_0 = \mathbb{R}^n$,

$$F(a, x) = \sum_{j=1}^{n} a_j w_j(x), \quad w_j \in C(B),$$

$$\frac{\partial F}{\partial a_j}(a, w) = w_j(x), \quad j = 1, \ldots, n.$$

Die Differenzierbarkeitsbedingung ist erfüllt.

2. Allgemeine rationale Approximation. Sei $n = r + s + 2$. Die Menge

$$A = A_0$$
$$= \left\{ (a,b) \in \mathbb{R}^{r+1} \times \mathbb{R}^{s+1} \mid v(b,x) = \sum_{k=0}^{s} b_k v_k(x) > 0 \quad \text{für alle} \quad x \in B \right\}$$

sei nicht leer. Sie ist offen und konvex. Die Funktionen $v_0, \ldots, v_s \in C(B)$ sind fest vorgegeben. Setzt man

$$u(a, x) = \sum_{j=0}^{r} a_j u_j(x), \quad a_j \in \mathbb{R}, \quad u_j \in C(B)$$

(mit ebenfalls fest vorgegebenen u_j), so ist

$$F(a,b,x) = \frac{u(a, x)}{v(b, x)} \quad \text{für} \quad (a,b) \in A_0, \quad x \in B$$

und $\qquad \dfrac{\partial F}{\partial a_j}(a,b,x) = \dfrac{u_j(x)}{v(b,x)}, \quad j = 0, \ldots, r,$ \hfill (4.5)

$$\frac{\partial F}{\partial b_k}(a,b,x) = - \frac{u(a,x)\,v_k(x)}{v(b,x)^2}, \quad k = 0, \ldots, s,$$

und die Differenzierbarkeitsbedingung ist ebenfalls erfüllt.

3. Exponentialapproximation. $B = [\alpha, \beta], \alpha < \beta$. Sei $n = 2r$ und

$$A = A_0 = \{(a,b) \in \mathbb{R}^r \times \mathbb{R}^r \mid b_1 < b_2 < \ldots < b_r\}.$$

A_0 ist offen in $\mathbb{R}^n$. Die Abbildung $F : A_0 \to C(B)$ ist gegeben durch

$$F(a,b,x) = \sum_{j=1}^{r} a_j\, e^{b_j x}, \quad (a,b) \in A_0,$$

und es ist

$$\left.\begin{aligned}
\frac{\partial F}{\partial a_j}(a,b,x) &= e^{b_j x}, \\[2mm]
\frac{\partial F}{\partial b_j}(a,b,x) &= a_j x\, e^{b_j x},
\end{aligned}\right\} \quad j = 1, \ldots, r. \qquad (4.6)$$

Die Differenzierbarkeitsbedingung ist also auch in diesem Fall erfüllt.

Satz 4.6. *F genüge auf A_0 der Differenzierbarkeitsbedingung* (Definition 4.2).
Definiert man für jedes $h \in \mathbb{R}^n$ und $a \in A_0$

$$F_a'(h)(x) = \sum_{j=1}^{n} h_j \frac{\partial F}{\partial a_j}(a,x), \quad = \langle h, (\nabla_a F)_{(a,x)}\rangle \tag{4.7}$$

so folgt

$$\|F(a+h) - F(a) - F_a'(h)\| \le \varepsilon_a\,(\|h\|_2) \cdot \|h\|_2 \tag{4.8}$$

für alle $h \in \mathbb{R}^n$ mit $a + h \in A_0$, wobei

$$\lim_{\|h\|_2 \to 0} \varepsilon_a\,(\|h\|_2) = 0 \tag{4.9}$$

*ist. Weiterhin ist die Abbildung $a \to F_a'(h)$ von A_0 in $C(B)$ für jedes feste h stetig,
d.h. es gilt für jedes $a \in A_0$*

$$\|F_a'(h) - F_b'(h)\| \le \varepsilon, \quad \text{falls} \quad \|a - b\|_2 \le \delta(\varepsilon, a).$$

Bemerkung: Die Bedingungen (4.8), (4.9) bedeuten funktionalanalytisch die
Fréchet-Differenzierbarkeit von $F: A_0 \to C(B)$.

Es gilt auch die Umkehrung der Satzaussage, d.h.: Ist $F: A_0 \to C(B)$ Fréchet-
differenzierbar und ist die Abbildung $a \to F_a'(h)$ für festes h stetig, so genügt F
auf A_0 der Differenzierbarkeitsbedingung (zum Beweis vgl. Krabs [67]).

Beweis von Satz 4.6. Seien $x \in B$, $a \in A_0$ und $h \in \mathbb{R}^n$ so gewählt, daß $a + \lambda h \in A_0$
für $\lambda \in [0, 1]$ ist. Dann gibt es ein $t_x \in [0,1]$ mit

$$F(a+h, x) - F(a, x) = \sum_{j=1}^{n} h_j \frac{\partial F}{\partial a_j}(a + t_x h, x)$$

$$= \sum_{j=1}^{n} h_j \frac{\partial F}{\partial a_j}(a,x) + \sum_{j=1}^{n} h_j \left(\frac{\partial F}{\partial a_j}(a + t_x h, x) - \frac{\partial F}{\partial a_j}(a,x) \right).$$

Auf Grund der Differenzierbarkeitsbedingung gibt es für jedes feste j zu $\varepsilon > 0$
ein $\delta = \delta(\varepsilon, a, x)$ mit

$$\left| \frac{\partial F}{\partial a_j}(a, \bar{x}) - \frac{\partial F}{\partial a_j}(b, \bar{x}) \right| \le \left| \frac{\partial F}{\partial a_j}(a, \bar{x}) - \frac{\partial F}{\partial a_j}(a, x) \right| + \left| \frac{\partial F}{\partial a_j}(a, x) - \frac{\partial F}{\partial a_j}(b, \bar{x}) \right| \le \varepsilon$$

für alle $b \in A_0$ mit $\|a - b\|_2 \le \delta$ und alle $\bar{x}$ aus einer offenen Umgebung V_x von x.
Die V_x bilden eine offene Überdeckung von B, wenn x die Menge B durchläuft.
Wegen der Kompaktheit von B gibt es nach VII Satz 1.2 endlich viele V_{x_i} mit
$B = \underset{i}{\cup}\, V_{x_i}$.

Wählt man

$$\delta(\varepsilon, a) = \min_i \delta(\varepsilon, a, x_i),$$

so gilt

$$\left\| \frac{\partial F}{\partial a_j}(a) - \frac{\partial F}{\partial a_j}(b) \right\| \le \varepsilon \quad \text{für alle} \quad b \in A_0$$

mit $\|a - b\|_2 \le \delta(\varepsilon, a)$.

Daraus ergibt sich einerseits die Stetigkeit der Abbildung $a \to F_a'(h)$ für festes h und andererseits

$$\|F(a+h) - F(a) - F_a'(h)\| \leq \sup_{0 \leq t \leq 1} \sum_{j=1}^{n} |h_j| \left\| \frac{\partial F}{\partial a_j}(a+th) - \frac{\partial F}{\partial a_j}(a) \right\|$$

$$\leq \sup_{\|a-b\|_2 \leq \|h\|_2} \left(\sum_{j=1}^{n} \left\| \frac{\partial F}{\partial a_j}(b) - \frac{\partial F}{\partial a_j}(a) \right\|^2 \right)^{1/2} \|h\|_2 = \varepsilon_a(\|h\|_2)\|h\|_2$$

mit $\qquad \lim_{\|h\|_2 \to 0} \varepsilon_a(\|h\|_2) = 0.$ ∎

Nun sei $a \in A$ vorgegeben und $T(a)$ der Tangentialkegel in a an A. Dann gilt der

Satz 4.7. *Genügt F auf $A_0 (\supseteq A)$ der Differenzierbarkeitsbedingung, so folgt für jedes $a \in A$ und $w = F(a)$*

$$\{F_a'(h) \mid h \in T(a)\} \subseteq T(w), \tag{4.10}$$

wobei $T(w)$ der Tangentialkegel in w an $W = F(A)$ und $F_a'(h)$ durch (4.7) definiert ist.

Beweis. Sei $h \in T(a)$ vorgegeben. Dann gibt es eine Folge $\{a_n\}$ von Elementen $a_n \in A$ und eine Folge $\{\lambda_n\}$ positiver Zahlen mit

$$\lim_{n \to \infty} \|a_n - a\|_2 = 0 \quad \text{und} \quad \lim_{n \to \infty} \|\lambda_n(a_n - a) - h\|_2 = 0.$$

Setzt man $h_n = \lambda_n(a_n - a)$, so folgt nach Satz 4.6

$$\|\lambda_n[F(a_n) - F(a)] - F_a'(h_n)\| \leq \varepsilon_a(\|a_n - a\|_2)\|h_n\|_2 \tag{4.11}$$

mit $\qquad \lim_{n \to \infty} \varepsilon_a(\|a_n - a\|_2) = 0,$ \hfill (4.12)

woraus wegen

$$\lim_{n \to \infty} \|F_a'(h_n) - F_a'(h)\| = 0$$

$$\lim_{n \to \infty} \|\lambda_n[F(a_n) - F(a)] - F_a'(h)\| = 0$$

folgt. Schließlich ist wegen (4.11), (4.12)

$$\lim_{n \to \infty} \|F(a_n) - F(a)\| = 0,$$

woraus sich $F_a'(h) \in T(w)$ ergibt. ∎

Aus den Sätzen 4.5 und 4.7 erhält man die folgende notwendige Bedingung für Minimallösungen:

Satz 4.8. *F genüge auf A_0 der Differenzierbarkeitsbedingung (Definition 4.2). Ist dann $\hat{w} = F(\hat{a})$ eine Minimallösung bezüglich f in $W = F(A)$, so folgt*

$$\min_{x \in E_{\hat{w}}} [f(x) - \hat{w}(x)] F_{\hat{a}}'(h)(x) \leq 0 \tag{4.13}$$

für alle $h \in T(\hat{a}) = $ Tangentialkegel in $\hat{a} \in A$ an A, wobei $F_{\hat{a}}'(h)(x)$ durch (4.7) definiert und $E_{\hat{w}}$ die durch (2.17) gegebene Menge der Extremalpunkte von $\hat{w} - f$ ist.

Zusätze. 1. Ist $A = A_0$, so folgt unter den Voraussetzungen von Satz 4.8, daß (4.13) für alle $h \in \mathbb{R}^n$ gilt, da, wie wir in II.4.A gesehen haben, $T(a) = \mathbb{R}^n$ ist für jedes $a \in A$.

2. Ist A konvex, so ist, wie wir in II.4.A gesehen haben, $A - \hat{a} \subseteq T(\hat{a})$ für jedes $\hat{a} \in A$, da A sternförmig bezüglich eines jeden $\hat{a} \in A$ ist. Unter den Voraussetzungen von Satz 4.8 folgt daher

$$\min_{x \in E_{\hat{w}}} [f(x) - \hat{w}(x)] F'_{\hat{a}}(a - \hat{a})(x) \leq 0 \quad \text{für alle} \quad a \in A. \tag{4.14}$$

Bemerkungen: Der Fall $A = A_0$ liegt bei der linearen Approximation und der Exponentialapproximation vor.

Bei der allgemeinen rationalen Approximation ist sowohl A konvex als auch $A = A_0$, so daß die Bedingung (4.13) für alle $h \in \mathbb{R}^n$ und (4.14) für alle $a \in A$ beide notwendig dafür sind, daß $\hat{w} = F(\hat{a})$ eine Minimallösung bezüglich f in $W = F(A)$ ist.

Abschließend wollen wir die Ergebnisse noch in einer Übersichtstabelle zusammenstellen:

$C(B)$	W	notwendige	hinreichende
		Bedingung für Minimallösung $\hat{w}$	
Vektorraum der stetigen reell- oder komplexwertigen Funktionen auf B	bel. Teilmenge von $C(B)$	(4.4) für alle $k \in T(\hat{w})$	(4.3) = (2.18) für alle $w \in W$
	konvexe Teilmenge von $C(B)$	(4.3) = (2.18) für alle $w \in W$	
Vektorraum der stetigen reellwertigen Funktionen auf B	$W = F(A)$ $A \subseteq A_0 \subseteq \mathbb{R}^n$ A_0 offen F genügt der Differenzierbarkeitsbedingung auf A_0 (Definition 4.2)	(4.13) für alle $h \in T(\hat{a})$ $(\hat{w} = F(\hat{a}))$	
	$A = A_0$	(4.13) für alle $h \in \mathbb{R}^n$	
	A konvex	(4.14) für alle $a \in A$	
	$A = \mathbb{R}^n$ F linear $(\Rightarrow F(A)$ konvex$)$	(4.13) = (5.6) für alle $h \in \mathbb{R}^n$ (Kolmogoroff-Bedingung)	

5. Charakterisierung von Minimallösungen

A. Die allgemeine und die lokale Kolmogoroff-Bedingung. Wir wollen uns in diesem Abschnitt auf die bereits in II.4.C behandelte spezielle Situation beschränken, obwohl man die Aussagen teilweise auch auf das allgemeine T-Problem (vgl. II.1) übertragen kann.

Sei A eine nichtleere Teilmenge des $\mathbb{R}^n$ und A_0 eine offene Obermenge von A. Sei weiterhin $F: A_0 \to C(B)$ eine vorgegebene Abbildung, wobei $C(B)$ der Vektorraum der stetigen reellwertigen Funktionen auf dem kompakten metrischen Raum B ist.

Wir setzen $W = F(A)$. Dann ist für jedes $f \in C(B)$

$$\varrho(f, W) = \inf_{a \in A} \|F(a) - f\|. \tag{5.1}$$

Jedem $a \in A$ ordnen wir die (kompakte) Menge

$$E_a = \{x \in B \mid |F(a,x) - f(x)| = \|F(a) - f\|\} \tag{5.2}$$

der Extremalpunkte von $F(a) - f$ zu.

Nach Satz 2.4 ist dann $F(\hat{a})$, $\hat{a} \in A$, eine Minimallösung in W bezüglich f, wenn für alle $a \in A$ gilt

$$\min_{x \in E_{\hat{a}}} [F(\hat{a},x) - f(x)] [F(\hat{a},x) - F(a,x)] \le 0. \tag{5.3}$$

Wir wollen die Bedingung (5.3) für alle $a \in A$ die **allgemeine Kolmogoroff-Bedingung** nennen, weil sie, wie in II.2.C bereits erwähnt, bei linearer Approximation mit der von **Kolmogoroff** in [48] angegebenen Bedingung übereinstimmt.

Nun genüge F auf A_0 der Differenzierbarkeitsbedingung (Definition 4.2). Ist dann $F(\hat{a})$, $\hat{a} \in A$, eine Minimallösung bezüglich f in W, so folgt für alle $h \in T(\hat{a}) = $ Tangentialkegel in $\hat{a}$ an A (vgl. II.4.A) nach Satz 4.8

$$\min_{x \in E_{\hat{a}}} [f(x) - F(\hat{a},x)] F_{\hat{a}}'(h)(x) \le 0, \tag{5.4}$$

wobei $E_{\hat{a}}$ durch (5.2) gegeben ist und $F_{\hat{a}}'(h)(x)$ durch

$$F_{\hat{a}}'(h)(x) = \sum_{j=1}^{n} h_j \frac{\partial F}{\partial a_j}(\hat{a},x). \tag{5.5}$$

Wir wollen die Bedingung (5.4) für alle $h \in T(\hat{a})$ die **lokale Kolmogoroff-Bedingung** nennen. Auch sie geht im Fall der linearen Approximation in die Kolmogoroff-Bedingung (5.6) über: In diesem Fall ist nämlich $A = A_0 = \mathbb{R}^n$,

$$F(a,x) = \sum_{j=1}^{n} a_j w_j(x), \quad w_j \in C(B),$$

$$F_{\hat{a}}'(h)(x) = \sum_{j=1}^{n} h_j w_j(x) = F(h,x),$$

und wegen $T(\hat{a}) = \mathbb{R}^n$ (vgl. II.4.A) erhalten wir aus (5.4) für alle $h \in T(\hat{a})$ die Bedingung

$$\min_{x \in E_\mathbf{l}} [f(x) - F(\hat{a},x)]\, F(h,x) \leq 0 \tag{5.6}$$

für alle $h \in \mathbb{R}^n$.

Diese ist somit notwendig und hinreichend dafür, daß $F(\hat{a})$, $\hat{a} \in A$, eine Minimallösung bezüglich f in W ist. Es erhebt sich die Frage, wieweit man diese Aussage auf nichtlineare Approximationsprobleme verallgemeinern kann.

Wir wollen von der lokalen Kolmogoroff-Bedingung ausgehen und untersuchen, für welche Abbildungen $F: A_0 \rightarrow C(B)$, die der Differenzierbarkeitsbedingung genügen, die lokale Kolmogoroff-Bedingung hinreichend für Minimallösungen ist. Diese Abbildungen F lassen sich charakterisieren (vgl. dazu die Sätze 5.2 und 5.3).

Man könnte sich ebensogut die Frage vorlegen, für welche Abbildungen $F: A \rightarrow C(B)$ die allgemeine Kolmogoroff-Bedingung notwendig für Minimallösungen ist. Das hat B r o s o w s k i in [68a] getan und diese Abbildungen F ebenfalls charakterisiert. (Er betrachtet sogar den Fall der allgemeinen T-Approximation und legt die Bedingung (2.18) zugrunde.) Wir wollen darauf hier nicht eingehen.

Eine Beziehung zwischen der Notwendigkeit der allgemeinen Kolmogoroff-Bedingung und der Hinlänglichkeit der lokalen Kolmogoroff-Bedingung für Minimallösungen wird hergestellt durch den folgenden Satz (vgl. B r o s o w s k i [68b]).

Satz 5.1. *Ist für beliebiges $f \in C(B)$ die lokale Kolmogoroff-Bedingung (5.4) hinreichend, so ist die allgemeine Kolmogoroff-Bedingung (5.3) notwendig für Minimallösungen in $W = F(A)$ bezüglich f.*

B e w e i s. Sei $f \in C(B)$ beliebig vorgegeben. Sei $F(\hat{a})$, $\hat{a} \in A$, eine Minimallösung bezüglich f in W. Für jedes $\lambda > 0$ setzen wir

$$f_\lambda = F(\hat{a}) + \lambda\,(f - F(\hat{a})). \tag{5.7}$$

Behauptung: Es ist für jedes $\lambda > 0$

$$\|F(\hat{a}) - f_\lambda\| = \varrho\,(f_\lambda, W). \tag{5.8}$$

Es ist nämlich wegen (5.7) und der lokalen Kolmogoroff-Bedingung (5.4)

$$\min_{x \in E_\mathbf{l}} [f_\lambda(x) - F(\hat{a},x)]\, F_{\hat{\mathbf{a}}}'(h)\,(x) \leq 0$$

für alle $h \in T(\hat{a})$, woraus wegen

$$E_{\hat{\mathbf{a}}} = \{x \in B \mid \,|F(\hat{a},x) - f_\lambda(x)| = \|F(\hat{a}) - f_\lambda\|\}$$

und der vorausgesetzten Hinlänglichkeit der lokalen Kolmogoroff-Bedingung die Behauptung (5.8) folgt.

Wir machen die Annahme

$$\gamma = \min_{x \in E_{\hat{a}}} [F(\hat{a},x) - f(x)] \, [F(\hat{a},x) - F(a,x)] > 0 \quad \text{für ein} \quad a \in A \quad (5.9)$$

und setzen

$$\psi(x) = [F(\hat{a},x) - F(a,x)] \, [F(\hat{a},x) - f(x)] \quad \text{für alle} \quad x \in B.$$

Auf $E_{\hat{a}}$ ist

$$|\psi(x)| = \|F(\hat{a}) - f\| \, |F(\hat{a}, x) - F(a, x)| \, .$$

Sei weiterhin

$$U = \left\{ x \in B \mid \psi(x) > \frac{\gamma}{2} \right\} .$$

Dann ist U eine offene Obermenge von $E_{\hat{a}}$, und es ist für alle $x \in U$

$$|F(a,x) - f_\lambda(x)|^2 = |F(a,x) - F(\hat{a},x) - \lambda \, (f(x) - F(\hat{a},x))|^2$$
$$= |F(\hat{a},x) - f_\lambda(x)|^2 - 2\lambda \, \psi(x) + |F(a,x) - F(\hat{a},x)|^2$$
$$\leq \|F(\hat{a}) - f_\lambda\|^2 - \lambda \, \gamma + \|F(a) - F(\hat{a})\|^2 < \|F(\hat{a}) - f_\lambda\|^2 ,$$

falls $\qquad \lambda > \dfrac{\|F(\hat{a}) - F(a)\|^2}{\gamma} = \lambda_1$

gewählt wird.

Wäre $U = B$, so wäre das bereits ein Widerspruch gegen (5.8). Sei daher $U \subseteq B$, aber $U \neq B$. Dann ist wegen $E_{\hat{a}} \subseteq U$

$$\mu = \|F(\hat{a}) - f\| - \max_{x \in B \setminus U} |F(\hat{a},x) - f(x)| > 0,$$

und für alle $x \in B \setminus U$ gilt

$$|F(a,x) - f_\lambda(x)| = |F(\hat{a},x) - f_\lambda(x) + F(a,x) - F(\hat{a},x)|$$
$$\leq \lambda \max_{x \in B \setminus U} |F(\hat{a},x) - f(x)| + \|F(a) - F(\hat{a})\|$$
$$= \lambda \|F(\hat{a}) - f\| - \lambda\mu + \|F(\hat{a}) - F(a)\| < \|F(\hat{a}) - f_\lambda\|,$$

falls $\qquad \lambda > \dfrac{\|F(\hat{a}) - F(a)\|}{\mu} = \lambda_2$

gewählt wird.

Insgesamt ist also

$$\|F(a) - f_\lambda\| < \|F(\hat{a}) - f_\lambda\| \quad \text{für alle} \quad \lambda > \max (\lambda_1, \lambda_2),$$

ein Widerspruch gegen (5.8).

Damit ist die Annahme (5.9) falsch und alles bewiesen. ∎

5*

B. Die Vorzeichenbedingung. In diesem Abschnitt genüge F auf A_0 der Differenzierbarkeitsbedingung (vgl. Definition 4.2).

Definition 5.1. *F genügt auf A der* Vorzeichenbedingung *(vgl. Krabs [69b], wenn zu jeder nichtleeren abgeschlossenen Teilmenge D von B und jedem Paar $(a, b) \in A \times A$ mit*

$$\min_{x \in D} |F(a,x) - F(b,x)| > 0 \tag{5.10}$$

ein $h \in T(a)$ ($= Tangentialkegel$ in a an A) existiert mit

$$\min_{x \in D} [F(b,x) - F(a,x)] \, F'_{\mathrm{a}}(h)(x) > 0, \tag{5.11}$$

wobei $F'_{\mathrm{a}}(h)(x)$ durch (5.5) gegeben ist.

Wir werden in II.5.C zeigen, daß diese Bedingung im Falle der linearen, der allgemeinen rationalen Approximation und der Exponentialapproximation erfüllt ist.

Satz 5.2. *Genügt F auf A der Vorzeichenbedingung, so ist für beliebiges $f \in C(B)$ die lokale Kolmogoroff-Bedingung (5.4) hinreichend und (nach Satz 5.1) die allgemeine Kolmogoroff-Bedingung (5.3) notwendig für Minimallösungen.*

Beweis. Sei für ein $f \in C(B)$ und ein $\hat{a} \in A$ die Bedingung (5.4) für alle $h \in T(\hat{a})$ erfüllt. Wenn wir zeigen, daß dann die Bedingung (5.3) für alle $a \in A$ erfüllt ist, haben wir beide Behauptungen des Satzes (unabhängig von Satz 5.1) bewiesen. Wir machen daher die Annahme, (5.3) sei verletzt, d. h., es sei für ein $b \in A$

$$\min_{x \in E_{\mathrm{a}}} [F(\hat{a},x) - f(x)] \, [F(\hat{a},x) - F(b,x)] > 0. \tag{5.12}$$

Dann ist insbesondere (5.10) für $a = \hat{a}$ und $D = E_{\hat{a}}$ erfüllt, woraus die Existenz eines $h \in T(\hat{a})$ mit

$$\min_{x \in E_{\mathrm{a}}} [F(b,x) - F(\hat{a},x)] \, F'_{\mathrm{a}}(h)(x) > 0 \tag{5.13}$$

folgt. Aus (5.12), (5.13) aber ergibt sich

$$\min_{x \in E_{\mathrm{a}}} [f(x) - F(\hat{a}, x)] \, F'_{\mathrm{a}}(h)(x) > 0,$$

d.h., (5.4) ist für dieses $h \in T(\hat{a})$ verletzt. ∎

Entscheidend ist jetzt, daß sich der Satz 5.2 auch umkehren läßt, so daß durch die Vorzeichenbedingung gerade die Abbildungen $F \colon A \to C(B)$ charakterisiert sind, für die die lokale Kolmogoroff-Bedingung bei beliebigem $f \in C(B)$ hinreichend für Minimallösungen bezüglich f in $W = F(A)$ ist.

Satz 5.3. *Ist für jedes $f \in C(B)$ die lokale Kolmogoroff-Bedingung hinreichend für Minimallösungen in $W = F(A)$ bezüglich f, so genügt F auf A der Vorzeichenbedingung (Definition 5.1).*

Beweis. Sei D eine nichtleere abgeschlossene Teilmenge von B und $(a,b) \in A \times A$ ein Paar mit (5.10). Wir nehmen an, es sei

$$\min_{x \in D} [F(b,x) - F(a,x)] F_a'(h)(x) \leq 0 \quad \text{für alle} \quad h \in T(a). \qquad (5.14)$$

Dann setzen wir

$$\varepsilon(x) = \operatorname{sgn}(F(b,x) - F(a,x)), \quad x \in D,$$

und definieren

$$D^+ = \{x \in D \mid \varepsilon(x) = 1\} \quad \text{sowie} \quad D^- = \{x \in D \mid \varepsilon(x) = -1\},$$

wobei D^+ und D^- zwei punktfremde abgeschlossene Teilmengen von D mit $D = D^+ \cup D^-$ sind.

Ist D^+ nichtleer, so gibt es nach VII Satz 1.6 eine stetige Funktion g^+ auf B mit

$$g^+(x) = \begin{cases} 1, & \text{falls} \quad x \in D^+, \\ 0, & \text{falls} \quad x \in D^-, \end{cases}$$

und $0 \leq g^+(x) < 1$ für alle $x \in B \setminus D^+$.

Ist D^+ leer, so setzen wir $g^+ \equiv 0$. Ist D^- nichtleer, so gibt es analog eine Funktion $g^- \in C(B)$ mit

$$g^-(x) = \begin{cases} 1, & \text{falls} \quad x \in D^-, \\ 0, & \text{falls} \quad x \in D^+, \end{cases}$$

und $0 \leq g^-(x) < 1$ für alle $x \in B \setminus D^-$. Ist D^- leer, so setzen wir $g^- \equiv 0$. Dann ist $g = g^+ - g^-$ eine Funktion aus $C(B)$ mit

$$g(x) = \varepsilon(x) \quad \text{für} \quad x \in D$$

und $|g(x)| < 1$ für alle $x \in B \setminus D$.

Setzt man $f = F(a) + g$, so ist

$$g = -F(a) + f, \quad F(b,x) - F(a,x) = |F(b,x) - F(a,x)| g(x) \quad \text{für} \quad x \in E_a = D,$$

wobei E_a nach (5.2) definiert ist, und wegen (5.10), (5.14) gilt dann

$$\min_{x \in E_a} [f(x) - F(a,x)] F_a'(h)(x) \leq 0$$

für alle $h \in T(a)$. Damit ist $F(a)$ eine Minimallösung bezüglich f in $W = F(A)$ und nach Satz 5.1

$$\min_{x \in E_a} [F(a,x) - f(x)][F(a,x) - F(c,x)] \leq 0$$

für alle $c \in A$. Andererseits ergibt sich hieraus aber mit

$$\min_{x \in E_a} [F(a,x) - f(x)][F(a,x) - F(b,x)] = \min_{x \in D} |F(a,x) - F(b,x)| > 0$$

ein Widerspruch. Daher muß (5.14) für ein $h \in T(a)$ verletzt sein, woraus die Vorzeichenbedingung folgt. ∎

C. Anwendungen. F genüge wie in Abschnitt II.5.B auf A_0 der Differenzierbarkeitsbedingung (Definition 4.2).

Definition 5.2: *F genügt auf A der* Darstellbarkeitsbedingung *(vgl. Krabs [67a]), wenn zu jedem Paar $(a, b) \in A \times A$ eine positive, auf B stetige Funktion $\varphi = \varphi(a, b, x)$ und ein $h = h(a, b) \in T(a)$ existieren mit*

$$F(b, x) - F(a, x) = \varphi(a, b, x) \, F_a'(h(a, b)) \, (x),   \tag{5.15}$$

wobei $F_a'(h)(x)$ durch (5.5) gegeben ist.

Offenbar ist die Darstellbarkeitsbedingung hinreichend für die Vorzeichenbedingung.

Spezialfälle. a) Lineare Approximation. $A = A_0 = \mathbb{R}^n$,

$$F(a, x) = \sum_{j=1}^{n} a_j w_j(x), \quad w_j \in C(B).$$

In diesem Fall ist $T(a) = \mathbb{R}^n$ (vgl. II.4.A) und

$$F(a, x) - F(b, x) = F(a - b, x) = F_a'(a - b)(x),$$

so daß man in (5.15)

$$h(a, b) = b - a \quad \text{und} \quad \varphi(a, b) \equiv 1$$

wählen kann.

b) Allgemeine rationale Approximation. In diesem Fall ist ebenfalls $T(a) = \mathbb{R}^n$, und aus (4.5) ergibt sich

$$\begin{aligned}
F(\hat{a}, \hat{b}, x) - F(a, b, x) &= \frac{u(\hat{a}, x)}{v(\hat{b}, x)} - \frac{u(a, x)}{v(b, x)} \\
&= \frac{v(b, x)}{v(\hat{b}, x)} \left(\frac{u(\hat{a}, x)}{v(b, x)} - \frac{u(a, x) \, v(\hat{b}, x)}{v(b, x)^2} \right) \\
&= \frac{v(b, x)}{v(\hat{b}, x)} \left(\sum_{j=0}^{r} \hat{a}_j \frac{\partial F}{\partial a_j}(a, b, x) + \sum_{k=0}^{s} \hat{b}_k \frac{\partial F}{\partial b_k}(a, b, x) \right) \\
&= \frac{v(b, x)}{v(\hat{b}, x)} F_{(a, b)}'((\hat{a}, \hat{b}))(x),
\end{aligned}$$

so daß man in (5.15)

$$h((a, b), (\hat{a}, \hat{b})) = (\hat{a}, \hat{b}) \quad \text{und} \quad \varphi((a, b), (\hat{a}, \hat{b}), x) = \frac{v(b, x)}{v(\hat{b}, x)}$$

wählen kann. Wegen

$$\sum_{j=0}^{r} a_j \frac{\partial F}{\partial a_j}(a, b, x) + \sum_{k=0}^{s} b_k \frac{\partial F}{\partial b_k}(a, b, x)$$

$$= \frac{u(a, x)}{v(b, x)} - \frac{u(a, x) \, v(b, x)}{v(b, x)^2} = 0$$

für alle $x \in B$ könnte man in (5.15) auch $h\,((a,b),(\hat{a},\hat{b})) = (\hat{a}-a, \hat{b}-b)$ und $\varphi\,((a,b),(\hat{a},\hat{b}))$ wie oben wählen.

c) **Exponentialapproximation.** Auch hier ist die Darstellbarkeitsbedingung erfüllt, was aber nicht bewiesen werden soll (zum Beweis vgl. Krabs [67a]). Aus Satz 6.7 und 7.5 ergibt sich, daß F auf A der Vorzeichenbedingung genügt.

Wir wollen diesen Paragraphen mit einem Schema beschließen, das den logischen Zusammenhang der verschiedenartigen Bedingungen verdeutlicht.

Darstellbarkeitsbedingung (Definition 5.2)

(z. B. erfüllt im Falle der linearen, der verallgemeinerten rationalen Approximation und der gewöhnlichen nichtlinearen Exponentialapproximation)

$\Downarrow$

Vorzeichenbedingung (Definition 5.1)

$\Updownarrow$ (Satz 5.2 und 5.3)

Die lokale Kolmogoroff-Bedingung „(5.4) für alle $h \in T(\hat{a})$" ist für jedes $f \in C(B)$ hinreichend und damit nach Satz 4.8 charakteristisch dafür, daß $F(\hat{a})$ eine Minimallösung bezüglich f in $W = F(A)$ ist.

$\Downarrow$ (Satz 5.1)

Die allgemeine Kolmogoroff-Bedingung „(5.3) für alle $a \in A$" ist für jedes $f \in C(B)$ notwendig und damit nach Satz 2.4 charakteristisch dafür, daß $F(\hat{a})$ eine Minimallösung bezüglich f in $W = F(A)$ ist.

6. Eindeutigkeit

Wir legen diesem Abschnitt die folgende Situation zugrunde: Sei B ein kompakter metrischer Raum, der aus mindestens $n+1$ Punkten bestehe, und $C(B)$ der Vektorraum der stetigen reellwertigen Funktionen auf B. A sei eine nichtleere Teilmenge des $\mathbb{R}^n$ und A_0 eine offene Obermenge von A. Schließlich sei $F: A_0 \to C(B)$ vorgegeben und genüge der Differenzierbarkeitsbedingung (Definition 4.2). Wir setzen $W = F(A)$ und fragen nach notwendigen und hinreichenden Bedingungen dafür, daß zu vorgegebenem $f \in C(B)$ genau eine Minimallösung in W bezüglich f existiert, d.h. genau ein $\hat{w} = F(\hat{a}) \in W$ mit

$$\|\hat{w} - f\| = \varrho\,(f, W) = \inf_{a \in A} \|F(a) - f\|$$

$(\|\cdot\| = $ Maximumnorm (1.1) in $C(B))$.

A. Hinreichende Bedingung für Eindeutigkeit. Sei V ein r-dimensionaler linearer Unterraum von $C(B)$, der von den Funktionen $v_1,\ldots,v_r \in C(B)$ aufgespannt werde.

Die folgende Definition geht auf Haar[1]) zurück, der in [18] die Frage der Existenz und Eindeutigkeit von Minimallösungen bei linearer Approximation untersucht und einen fundamentalen Eindeutigkeitssatz (vgl. Abschnitt II.6.C) aufgestellt hat.

Definition 6.1. *V genügt der* Haarschen Bedingung *auf B, wenn jede nicht identisch verschwindende Funktion $v \in V$ höchstens $r-1$ Nullstellen auf B besitzt.*

Lemma 6.1. *V genügt genau dann der Haarschen Bedingung auf B, wenn für jedes r-Tupel $(x_1, \ldots, x_r)$ von verschiedenen Punkten $x_k \in B$ die Matrix*

$$\begin{pmatrix} v_1(x_1), \ldots, v_r(x_1) \\ \cdots\cdots\cdots\cdots\cdots \\ v_1(x_r), \ldots, v_r(x_r) \end{pmatrix} \tag{6.1}$$

nichtsingulär ist.

Beweis. 1. V genüge der Haarschen Bedingung. Sei $(x_1, \ldots, x_r)$ ein r-Tupel verschiedener Punkte von B derart, daß die Matrix (6.1) singulär ist. Dann gibt es einen nicht verschwindenden r-Vektor $(a_1 \ldots, a_r)^T$ mit

$$\begin{pmatrix} v_1(x_1), \ldots, v_r(x_1) \\ \cdots\cdots\cdots\cdots\cdots \\ v_1(x_r), \ldots, v_r(x_r) \end{pmatrix} \begin{pmatrix} a_1 \\ \cdot \\ \cdot \\ \cdot \\ a_r \end{pmatrix} = \begin{pmatrix} 0 \\ \cdot \\ \cdot \\ \cdot \\ 0 \end{pmatrix},$$

d.h. $v = \sum_{j=1}^{r} a_j v_j$ hat mindestens r Nullstellen und verschwindet nicht identisch im Widerspruch zur Haarschen Bedingung.

2. Angenommen, es gebe ein $v \in V$ mit $v \not\equiv 0$ und

$$v(x_k) = 0, \quad k = 1, \ldots, m, \quad m \geq r.$$

Ist etwa $v = \sum_{j=1}^{r} a_j v_j$, so folgt $(a_1, \ldots, a_r) \neq (0, \ldots, 0)$,

$$\sum_{j=1}^{r} v_j(x_k)\, a_j = 0, \quad k = 1, \ldots, r,$$

und die zugehörige Matrix (6.1) ist singulär. ∎

Wir sagen, $\{v_1, \ldots, v_r\}$ ist ein Haarsches System auf B wenn der davon aufgespannte lineare Teilraum V von $C(B)$ die Dimension r hat und der Haarschen Bedingung auf B genügt.

---

[1]) Haar, Alfred, geb. 11. 10. 1885 in Budapest, 1910 Privatdozent in Göttingen, 1912 Professor in Klausenburg, dann Professor für darstellende Geometrie in Szeged; er starb am 16. 3. 1933. Grundlegende Arbeiten über Orthonormalfunktionen, Funktionalanalysis, Approximationstheorie, Differentialgleichungen, Variationsrechnung und Gruppen.

Beispiele für Haarsche Systeme

a) $\qquad B = [\alpha, \beta]$ mit $\alpha < \beta$, $\qquad v_j(x) = x^{j-1}$, $\qquad j = 1, \ldots, r$.

Die v_j sind linear unabhängig für $j = 1, \ldots, r$.

$\{v_1, \ldots, v_r\}$ ist ein Haarsches System auf $[\alpha, \beta]$, da V aus allen Polynomen vom Grade $\leq r - 1$ auf $[\alpha, \beta]$ besteht, die höchstens $r - 1$ Nullstellen haben oder identisch verschwinden. Die Matrix (6.1) ist eine sog. Vandermonde-Matrix, für die gilt

$$\det \begin{pmatrix} 1, x_1, \ldots, x_1^{r-1} \\ \cdots\cdots\cdots\cdots \\ 1, x_r, \ldots, x_r^{r-1} \end{pmatrix} = \prod_{1 \leq j < k \leq r} (x_k - x_j).$$

b) $\qquad B = [0, \beta]$ mit $\beta < 2\pi$.

Behauptung. $\{1, \cos x, \sin x, \ldots, \cos rx, \sin rx\}$ *ist ein Haarsches System auf* $[0, \beta]$.

Beweis. Es ist mit $i = \sqrt{-1}$

$$\sum_{j=0}^{r} (a_j \cos jx + b_j \sin jx)$$

$$= \sum_{j=0}^{r} \left[\frac{a_j}{2} (e^{ijx} + e^{-ijx}) + \frac{b_j}{2i} (e^{ijx} - e^{-ijx}) \right]$$

$$= \sum_{j=0}^{r} \left(\frac{a_j}{2} + \frac{b_j}{2i} \right) e^{ijx} + \sum_{j=0}^{r} \left(\frac{a_j}{2} - \frac{b_j}{2i} \right) e^{-ijx}$$

$$= e^{-irx} \sum_{j=0}^{2r} c_j z^j \quad \text{für} \quad z = e^{ix} \ (0 \leq x < 2\pi)$$

und verschwindet genau dann identisch, wenn alle c_j, d.h. alle a_j und b_j, verschwinden, was die lineare Unabhängigkeit des Systems $\{1, \cos x, \sin x, \ldots, \cos rx, \sin rx\}$ impliziert. Ist mindestens ein a_j oder b_j, d.h. ein c_j, von Null verschieden, so hat $j \sum_{=0}^{r} c_j e^{ijx}$ und damit auch $\sum_{j=0}^{r} (a_j \cos jx + b_j \sin jx)$ höchstens $2r$ Nullstellen auf $[0, \beta]$.

Weitere Beispiele werden wir noch in Kapitel III und in VII.4 kennenlernen.

Für den Fall, daß B eine kompakte Teilmenge eines gewöhnlichen endlich-dimensionalen Vektorraumes ist, hat schon Haar in [18] bemerkt, daß für $r \geq 2$ ein r-dimensionaler Teilraum von $C(B)$ nicht der Haarschen Bedingung genügen kann, wenn B eine mindestens zweidimensionale Kugel enthält. Mairhuber hat dann in [56] bewiesen, daß B notwendig umkehrbar eindeutig und stetig (d.h. homöomorph) auf eine abgeschlossene Teilmenge einer Kreisperipherie abgebildet werden kann, wenn $C(B)$ einen r-dimensionalen Teilraum mit $r \geq 2$ enthält, der der Haarschen Bedingung genügt. Damit verbleiben für die Anwendungen zwei wichtige Fälle, in denen die Haarsche Bedingung realisierbar ist:

1. für reelle Intervalle B,

2. für endliche Mengen B (diskrete Approximation).

Wir kehren jetzt zu unserer nichtlinearen Approximationsaufgabe zurück und ordnen jedem Parameter $a \in A_0$ den linearen Teilraum $V(a)$ von $C(B)$ zu, der aufgespannt wird von

$$\frac{\partial F}{\partial a_1}(a), \ldots, \frac{\partial F}{\partial a_n}(a).$$

Sei $d(a) = \dim V(a)$. Offenbar gilt $d(a) \leq n$.

Seien $\dfrac{\partial F}{\partial a_{k_1}}(a), \ldots, \dfrac{\partial F}{\partial a_{k_{d(a)}}}(a)$ linear unabhängig.

Nach M e i n a r d u s [64] sind die folgenden Begriffe grundlegend für Eindeutigkeitsfragen.

Definition 6.2. $F : A_0 \to C(B)$ *genügt auf A der Haarschen Bedingung lokal, wenn für jedes $a \in A$ das System*

$$\left\{ \frac{\partial F}{\partial a_{k_1}}(a), \ldots, \frac{\partial F}{\partial a_{k_{d(a)}}}(a) \right\}$$

ein Haarsches System auf B ist, d.h. wenn jede Funktion aus $V(a)$ höchstens $d(a) - 1$ Nullstellen auf B besitzt oder identisch verschwindet.

Definition 6.3. $F : A_0 \to C(B)$ *genügt auf A einer* Nullstellenbedingung, *wenn zu jedem $a \in A$ eine natürliche Zahl $N(a)$ existiert derart, das jede Differenz $F(a) - F(b) \not\equiv 0$, $b \in A$, auf B höchstens $N(a) - 1$ Nullstellen besitzt.*

Wir werden etwas später (vgl. II.6.B. Spezialfälle) noch auf Beispiele eingehen. Wir beschränken uns an dieser Stelle auf das

Lemma 6.2. *Genügt $F : A_0 \to C(B)$ auf A der Darstellbarkeitsbedingung (Definition 5.2) und der Haarschen Bedingung lokal, so genügt F auf A einer Nullstellenbedingung mit $N(a) = d(a)$, $a \in A$.*

B e w e i s. Seien $a, b \in A$ vorgegeben. Dann gibt es eine positive Funktion $\varphi(a,b) \in C(B)$ und ein $h = h(a,b) \in T(a) = $ Tangentialkegel in a an A (vgl. II.4.A) mit

$$F(b) - F(a) = \varphi(a,b)\, F'_a(h),$$

wobei $F'_a(h) \in V(a)$ (vgl. (4.7)) höchstens $d(a) - 1$ Nullstellen auf B hat oder identisch verschwindet. ∎

Nach diesen Vorbereitungen können wir den folgenden Eindeutigkeitssatz formulieren, nämlich den

Satz 6.3. *Sei $A = A_0$. F genüge der Vorzeichenbedingung (Definition 5.1) und auf A der Haarschen Bedingung lokal sowie einer Nullstellenbedingung mit $N(a) = d(a) + 1$, $a \in A$.*

Dann gibt es zu jedem $f \in C(B)$ höchstens eine Minimallösung bzgl. f in $W = F(A)$.

Beweis. Seien $F(a) \not\equiv F(b)$ zwei Minimallösungen bezüglich f in W und etwa $d(a) \leq d(b)$.

Dann folgt

$$\|F(a) - f\| = \|F(b) - f\| = \varrho\,(f, W) > 0.$$

Für die Extremalpunktmenge

$$E_a = \{x \in B \mid |F(a,x) - f(x)| = \|F(a) - f\|\}$$

von $F(a) - f$ erhält man

$$|F(a,x) - f(x)| \geq |F(b,x) - f(x)| \quad \text{für alle} \quad x \in E_a$$

und wegen

$$F(a) - F(b) = F(a) - f - [F(b) - f]$$

$$[F(a,x) - f(x)]\,[F(a,x) - F(b,x)] \geq 0 \quad \text{für alle} \quad x \in E_a.$$

Andererseits ist wegen der Notwendigkeit der Kolmogoroff-Bedingung für Minimallösungen (vgl. Satz 5.2)

$$\min_{x \in E_a} [F(a,x) - f(x)]\,[F(a,x) - F(b,x)] \leq 0$$

Daher gibt es mindestens einen Punkt $x \in E_a$ mit

$$F(a,x) - F(b,x) = 0$$

und höchstens $r = d(a)$ solche Punkte, da sonst $F(a) \equiv F(b)$ wäre. Wir bezeichnen die Menge aller dieser x mit $\{x_1, \ldots, x_r\}$ und ergänzen sie evt. durch verschiedene Punkte $x_{r+1}, \ldots, x_{d(b)} \in B$. Nach Lemma 6.1 gibt es ein $h \in \mathbb{R}^n$ mit

$$-\sum_{j=1}^{n} h_j\,\frac{\partial F}{\partial a_j}\,(b, x_k) = F(a, x_k) - f(x_k)$$

für $k = 1, \ldots, d(b)$, und es ist

$$-[F(a, x_k) - f(x_k)] \sum_{j=1}^{n} h_j\,\frac{\partial F}{\partial a_j}\,(b, x_k) > 0 \quad \text{für} \quad k = 1, \ldots, r.$$

Für genügend kleines $t > 0$ ist dann $b + t \cdot h \in A$ und

$$[F(a, x_k) - f(x_k)]\,[\underbrace{F(b, x_k) - F(b + t \cdot h, x_k)}_{= F(a, x_k)}] > 0$$

für $k = 1, \ldots, r$ (vgl. Satz 4.6).

Es gibt somit auch eine offene Obermenge U von $\{x_1, \ldots, x_r\}$ mit

$$[F(a,x) - f(x)]\,[F(a,x) - F(b + t \cdot h, x)] > 0 \quad \text{für alle} \quad x \in U. \quad (6.2)$$

Ist $E_a \subseteq U$, so ist das ein Widerspruch gegen die Notwendigkeit der allgemeinen Kolmogoroff-Bedingung für Minimallösungen.

Andernfalls ist $E_a \setminus U$ **kompakt und**

$$[F(a,x) - f(x)]\,[F(a,x) - F(b,x)] > 0 \quad \text{für alle} \quad x \in E_a \setminus U. \qquad (6.3)$$

Nach Satz 4.6 ist die Abbildung $a \to F(a)$ auf $A_0 = A$ Fréchet-differenzierbar, woraus leicht folgt, daß

$$\|F(a) - F(c)\| \le \varepsilon, \quad \text{falls} \quad \|a - c\|_2 \le \delta(a,\varepsilon)$$

gilt ($\|\cdot\|_2$ = euklidische Norm im $\mathbb{R}^n$).

Für genügend kleines $t > 0$ folgt daher aus (6.3)

$$[F(a,x) - f(x)]\,[F(a,x) - F(b + t \cdot h, x)] > 0$$

für alle $x \in E_a \setminus U$ und nach (6.2) für alle $x \in E_a$, was wiederum einen Widerspruch gegen die Notwendigkeit der allgemeinen Kolmogoroff-Bedingung für Minimal-lösungen ergibt. ∎

Bemerkung: Zum Beweis von Satz 6.3 genügt es, anstelle der Offenheit von A die schwächere Voraussetzung zu machen, daß zu jedem $a \in A$ und $h \in \mathbb{R}^n$ ein $t_0 > 0$ existiert mit $a + t \cdot h \in A$ für alle $t \in [0, t_0]$. Das wird später beim Beweis von Satz 6.5 bedeutsam. Einen dem Satz 6.3 ähnlichen Eindeutigkeitssatz hat auch Meinardus in [64] bewiesen (vgl. auch Meinardus/Schwedt [64]).

B. Spezialfälle. a) Lineare Approximation.

$$A = A_0 = \mathbb{R}^n, \qquad F(a) = \sum_{j=1}^{n} a_j \, w_j;$$

dabei seien $w_1, \ldots, w_n \in C(B)$ linear unabhängig.

$W = F(A)$ ist ein n-dimensionaler linearer Teilraum von $C(B)$. Ist $\{w_1, \ldots, w_n\}$ ein Haarsches System auf B, so genügt F der Haarschen Bedingung lokal (es ist $d(a) = n$ für alle $a \in A$) und einer Nullstellenbedingung mit $N(a) = n$ für alle $a \in A$. Da (nach II.5.C) F auf A auch der Vorzeichenbedingung genügt, sind alle Voraussetzungen von Satz 6.3 erfüllt, wenn $\{w_1, \ldots, w_n\}$ ein Haarsches System ist.

b) Allgemeine rationale Approximation. $u_0, \ldots, u_r, v_0, \ldots, v_s \in C(B)$,

$$u(a) = \sum_{j=0}^{r} a_j \, u_j, \qquad v(b) = \sum_{k=0}^{s} b_k \, v_k,$$

$$A_0 = \{(a,b) \in \mathbb{R}^{r+1} \times \mathbb{R}^{s+1} \mid v(b) > 0 \text{ auf } B\}, \qquad F(a,b) = \frac{u(a)}{v(b)};$$

für jedes $(a,b) \in A_0$ wird $V(a,b)$ aufgespannt von dem System

$$\left\{ \frac{u_0}{v(b)}, \ldots, \frac{u_r}{v(b)}, \frac{v_0\,u(a)}{v(b)^2}, \ldots, \frac{v_s\,u(a)}{v(b)^2} \right\}, \qquad (6.4)$$

und es ist $d(a,b) = \dim V(a,b) \le n = r + s + 2$.

Sei A eine beliebige nichtleere Teilmenge von A_0.

Nach II.5.C genügt F auf A der Darstellbarkeitsbedingung und somit auch der Vorzeichenbedingung. Nach Lemma 6.2 genügt F auf A einer Nullstellenbedingung mit $N(a,b) = d(a,b)$, $(a,b) \in A$, wenn F der Haarschen Bedingung auf A lokal genügt. Das ist in dem wichtigen Spezialfall der gewöhnlichen rationalen Approximation erfüllt. Es gilt nämlich das folgende Lemma (vgl. Cheney [66]).

Lemma 6.4. *Sei* $B = [\alpha, \beta]$, $\alpha < \beta$,

$$u_j(x) = x^j, \quad j = 0,\dots,r, \quad v_k(x) = x^k, \quad k = 0,\dots,s.$$

Sind dann für ein $(\hat{a},\hat{b}) \in A$ *die Polynome* $u = u(\hat{a})$ *und* $v = v(\hat{b})$ *teilerfremd, so ist*

$$d(\hat{a},\hat{b}) = 1 + \max\{r + \operatorname{grad} v(\hat{b}),\, s + \operatorname{grad} u(\hat{a})\},$$

wobei für $P \equiv 0$ *gelte* $\operatorname{grad} P = -\infty$.

Weiterhin hat jede Funktion aus $V(\hat{a},\hat{b})$ *höchstens* $d(\hat{a},\hat{b}) - 1$ *Nullstellen auf* $[\alpha,\beta]$ *oder verschwindet identisch.*

Beweis. Es genügt offenbar, $V(\hat{a},\hat{b})$ durch den linearen Teilraum

$$U + F(\hat{a},\hat{b})\, V = \{u(a) + F(\hat{a},\hat{b})\, v(b) \mid a \in \mathbb{R}^{r+1},\ b \in \mathbb{R}^{s+1}\}$$

von $C(B)$ zu ersetzen und für diesen das Lemma zu beweisen. Sei

$$k = \dim(U + F(\hat{a},\hat{b})\, V).$$

Ist $F(\hat{a},\hat{b}) \equiv 0$, so ist $u(\hat{a}) \equiv 0$ und wegen der Teilerfremdheit $v(\hat{b}) \equiv 1$. Mithin ist

$$k = \dim U = r + 1 = 1 + \max\{r + \operatorname{grad} v(\hat{b}),\, s + \operatorname{grad} u(\hat{a})\}.$$

Sei $F(\hat{a},\hat{b}) \not\equiv 0$. Dann ist

$$k = \dim(U) + \dim(F(\hat{a},\hat{b})\, V) - \dim(U \cap F(\hat{a},\hat{b})\, V),$$

wobei $\quad \dim(U) = r + 1 \quad$ und $\quad \dim(F(\hat{a},\hat{b})\, V) = s + 1$

ist. Weiterhin ist $F(\hat{a},\hat{b}) \cdot v(b) \in U$ genau dann, wenn gilt

$$v(b) = v(\hat{b}) \cdot Q \quad \text{mit} \quad \operatorname{grad} Q \leq r - \operatorname{grad} u(\hat{a}).$$

Wegen $\operatorname{grad} v(b) \leq s$ ist $\operatorname{grad} Q \leq s - \operatorname{grad} v(\hat{b})$.

Daraus folgt

$$\dim(U \cap F(\hat{a},\hat{b})\, V) = 1 + \min\{r - \operatorname{grad} u(\hat{a}),\, s - \operatorname{grad} v(\hat{b})\}$$

und
$$\begin{aligned}
k &= r + s + 1 - \min\{r - \operatorname{grad} u(\hat{a}),\, s - \operatorname{grad} v(\hat{b})\} \\
&= 1 + \max\{r + \operatorname{grad} v(\hat{b}),\, s + \operatorname{grad} u(\hat{a})\}.
\end{aligned}$$

Nun nehmen wir an, $u(a) + F(\hat{a},\hat{b})\, v(b)$ habe mindestens k Nullstellen auf $[\alpha,\beta]$; dann hat auch $u(a)\, v(\hat{b}) + u(\hat{a})\, v(b)$ mindestens k Nullstellen. Es ist jedoch

$$\operatorname{grad}[u(a)\, v(\hat{b}) + u(\hat{a})\, v(b)] \leq \max\{r + \operatorname{grad} v(\hat{b}),\, s + \operatorname{grad} u(\hat{a})\} = k - 1$$

und somit $u(a)\, v(\hat{b}) + u(\hat{a})\, v(b) \equiv 0$. $\blacksquare$

Die oben betrachtete nichtleere Teilmenge A von A_0 sei gegeben durch

$$A = \{(a,b) \in \mathbb{R}^{r+1} \times \mathbb{R}^{s+1} \mid v(b) > 0 \quad \text{auf } [\alpha,\beta]$$

$$\text{sowie } u(a) \text{ und } v(b) \text{ teilerfremd}\}.$$

Dann gilt der

Satz 6.5. *Im Falle der gewöhnlichen rationalen Approximation gibt es zu jedem $f \in C(B)$ höchstens eine Minimallösung $F(a,b) = (u(a)/v(b))$ bezüglich f in $W = F(A)$.*

Beweis. Die Menge A hat die folgende Eigenschaft:

$$(a,b) \in A, \quad (h_1,h_2) \in \mathbb{R}^{r+1} \times \mathbb{R}^{s+1} \Rightarrow (a + th_1, b + th_2) \in A$$

für $t > 0$ genügend klein, und diese genügt für den Beweis von Satz 6.3 (vgl. die dort anschließende Bemerkung), der zusammen mit Lemma 6.4 den Satz 6.5 ergibt. ∎

c) Gewöhnliche nichtlineare Exponentialapproximation.

$$B = [\alpha, \beta], \quad \alpha < \beta,$$

$$A = A_0 = \{(a,b) \in \mathbb{R}^r \times \mathbb{R}^r \mid b_1 < b_2 < \ldots < b_r\},$$

$F(a,b,x) = \sum\limits_{j=1}^{r} a_j\, e^{b_j x}$. Mit $k(a,b)$ bezeichnen wir die Anzahl der von Null verschiedenen a_j. Dann gilt

$$V(a,b) = \left\{ \sum_{j=1}^{r} h_j^1\, e^{b_j x} + \sum_{k=1}^{k(a,b)} h_{j_k}^2\, a_{j_k} x\, e^{b_{j_k} x} = \sum_{j=1}^{r} (h_j^1 + h_j^2\, a_j\, x)\, e^{b_j x} \mid h^1, h^2 \in \mathbb{R}^r \right\}$$

mit $a_{j_k} \neq 0$ für $k = 1,\ldots,k(a,b)$.
Offenbar ist

$$d(a,b) = \dim V(a,b) = r + k(a,b).$$

Nach Polya/Szegö [60] (vgl. auch Meinardus [64] und Rice [62])gilt

Lemma 6.6. *Vorgelegt sei eine allgemeine Exponentialsumme*

$$H(x) = \sum_{j=1}^{s} P_j(x)\, e^{b_j x}, \quad b_j \in \mathbb{R},$$

mit verschiedenen b_j, wobei $P_j(x) = \sum\limits_{k=0}^{m_j} a_{jk}\, x^k$, $a_{jk} \in \mathbb{R}$, ist für $j = 1,\ldots,s$.

Setzt man $N = \sum\limits_{j=1}^{s} (m_j + 1)$

mit $m_j = -1$ für $P_j \equiv 0$, so hat H höchstens $N - 1$ reelle Nullstellen, sofern nicht alle P_j identisch verschwinden.

Beweis (durch Induktion). Für $s = 1$ ist die Behauptung richtig. Sei daher $s > 1$, und die Behauptung sei richtig bis $s - 1$. Dann betrachten wir

$$H(x) = \sum_{j=1}^{s} P_j(x)\, e^{b_j x},$$

wobei ohne Einschränkung alle $P_j \not\equiv 0$ seien. Sei z die Anzahl der reellen Nullstellen von H. Setze

$$H_1(x) = \frac{d^{m_s+1}}{dx^{m_s+1}}\, (e^{-b_s x} \cdot H(x)).$$

Ist z_1 die Anzahl der Nullstellen von H_1, so folgt nach dem Satz von Rolle

$$z_1 \geq z - m_s - 1.$$

Nun gilt

$$H_1(x) = \sum_{j=1}^{s-1} Q_j(x)\, e^{(b_j - b_s)x} \quad \text{mit} \quad \text{grad}_i' Q_j \leq m_j$$

für $j = 1, \ldots, s - 1$. Nach Induktionsannahme folgt somit

$$z_1 \leq \sum_{j=1}^{s-1} (m_j + 1) - 1,$$

d.h. $$z \leq \sum_{j=1}^{s} (m_j + 1) - 1 = N - 1. \quad \blacksquare$$

Satz 6.7. *Im Falle der gewöhnlichen nichtlinearen Exponentialapproximation genügt $F: A_0 \to C(B)$ auf B der Haarschen Bedingung lokal und einer Nullstellenbedingung mit $N(a, b) = d(a, b)$ für alle $(a, b) \in A$.*

Beweis. Jedes Element aus $V(a, b)$ hat die Gestalt

$$H(x) = \sum_{j=1}^{r} P_j(x)\, e^{b_j x}$$

mit $$P_j = \begin{cases} h_j^1 \in \mathbb{R}, & \text{falls} \quad a_j = 0, \\ h_j^1 + h_j^2 a_j x, & \text{falls} \quad a_j \neq 0. \end{cases}$$

Nach Lemma 6.6 hat H somit höchstens

$$k(a, b) + r - 1 = d(a, b) - 1$$

Nullstellen auf B oder verschwindet identisch.

Für jedes $(a, b) \in A$ hat

$$F(a, b, x) - F(\hat{a}, \hat{b}, x) = \sum_{j=1}^{r} a_j\, e^{b_j x} - \sum_{j=1}^{r} \hat{a}_j\, e^{\hat{b}_j x}$$

nach Lemma 6.6 ebenfalls höchstens

$$k(a, b) + r - 1 = d(a, b) - 1$$

Nullstellen auf B. $\quad \blacksquare$

Da nach Satz 7.5 $F\colon A_0 \to C(B)$ auf A der Vorzeichenbedingung genügt, sind alle Voraussetzungen von Satz 6.3 erfüllt, und wir erhalten den

Satz 6.8. *Im Falle der gewöhnlichen nichtlinearen Exponentialapproximation gibt es zu jedem $f \in C(B)$ höchstens eine Minimallösung bzgl. f in $W = F(A)$.*

C. Notwendige Bedingung für Eindeutigkeit. Wir wollen zunächst eine allgemeine notwendige Bedingung angeben, die auf B r o s o w s k i [67] zurückgeht und bei der die Abbildung $F\colon A \to C(B)$ keiner speziellen Voraussetzung unterworfen ist.

Satz 6.9. *Gibt es zu jedem $f \in C(B)$ höchstens eine Minimallösung bzgl. f in $W = F(A)$, so ist die folgende Bedingung erfüllt:*

Ist D eine nichtleere abgeschlossene Teilmenge von B, $\varepsilon\colon D \to \{+1, -1\}$ eine stetige Funktion und gilt für ein $a \in A$

$$\min_{x \in D} \varepsilon(x)\,[F(a,x) - F(b,x)] \leq 0 \tag{6.5}$$

für alle $b \in A$, so gilt die folgende Implikation:

Aus $\quad F(a,x) = F(c,x) \quad$ *für alle* $\quad x \in D \quad$ *folgt* $\quad F(a) \equiv F(c)$.

B e w e i s. Seien D, ε und $a \in A$ derart gegeben, daß (6.5) für alle $b \in A$ erfüllt ist. Ferner gebe es ein $c \in A$ mit

$$F(a,x) = F(c,x) \quad \text{für alle} \quad x \in D, \quad \text{aber} \quad F(a) \not\equiv F(c).$$

Wie im Beweis von Satz 5.3 zeigt man die Existenz einer Funktion $\varphi \in C(B)$ mit

$$\varphi(x) = \varepsilon(x) \quad \text{für} \quad x \in D,$$

$$|\varphi(x)| < 1 \quad \text{für} \quad x \notin D.$$

Setzt man $M(x) = F(a,x) - F(c,x)$ und $g(x) = \varphi(x)\,\{\|M\| - |M(x)|\}$, so ist $\|g\| = \|M\| > 0$.

Setzt man weiterhin $f = F(a) - g$, so ist (vgl. (5.2))

$$g = F(a) - f \quad \text{und} \quad D = E_a.$$

Ferner ist wegen (6.5)

$$\min_{x \in E_a} [F(a,x) - f(x)]\,[F(a,x) - F(b,x)] \leq 0$$

für alle $b \in A$, und nach Satz 2.4 ist $F(a)$ eine Minimallösung bzgl. f in $W = F(A)$. Nun ist aber für alle $x \in B$

$$|F(c,x) - f(x)| \leq |F(c,x) - F(a,x)| + |F(a,x) - f(x)|$$
$$\leq |M(x)| + \|M\| - |M(x)|$$
$$= \|M\| = \|g\| = \|F(a) - f\|.$$

Damit ist auch $F(c)$ eine Minimallösung bzgl. f in $W = F(A)$ und $F(c) \not\equiv F(a)$, ein Widerspruch gegen die vorausgesetzte Eindeutigkeit. ∎

Nach Krabs [70] gilt der folgende

Satz 6.10. *$F: A_0 \to C(B)$ genüge auf A der Vorzeichenbedingung* (Definition 5.1). *Gibt es dann zu jedem $f \in C(B)$ höchstens eine Minimallösung bezüglich f in $W = F(A)$, so genügt F auf A einer Nullstellenbedingung mit $N(a) = d(a) + 1$ für jedes $a \in A$* (Definition 6.3).

Beweis. Gegeben sei ein Paar $(a,b) \in A \times A$ mit

$$F(a, x_i) - F(b, x_i) = 0 \quad \text{für} \quad i = 1, \ldots, d(a) + 1,$$

wobei $x_1, \ldots, x_{d(a)+1}$ verschiedene Punkte von B sind. Wir nehmen ohne Einschränkung an, daß etwa $(\partial F/\partial a_1)(a), \ldots, (\partial F/\partial a_{d(a)})(a)$ eine Basis von $V(a)$ bilden. Das homogene lineare Gleichungssystem

$$\sum_{i=1}^{d(a)+1} c_i \frac{\partial F}{\partial a_j}(a, x_i) = 0, \quad j = 1, \ldots, d(a), \tag{6.6}$$

hat eine nicht-triviale Lösung $(c_1, \ldots, c_{d(a)+1})$. Sei $D = \{x_i \mid c_i \neq 0\}$ und für jedes $x_i \in D$ sei

$$\varepsilon(x_i) = \operatorname{sgn} c_i.$$

Dann folgt für alle $h = (h_1, \ldots, h_n) \in \mathbb{R}^n$ aus der Ausage (6.6), die für alle Linearkombinationen aus den Funktionen

$$\frac{\partial F}{\partial a_1}(a), \ldots, \frac{\partial F}{\partial a_{d(a)}}(a)$$

und damit insbesondere für alle $j = 1, \ldots, n$ gilt, durch Multiplikation der j-ten Gleichung mit h_j und Addition aller Gleichungen

$$\sum_{x_i \in D} |c_i| \, \varepsilon(x_i) \sum_{j=1}^{n} h_j \frac{\partial F}{\partial a_j}(a, x_i) = 0$$

und daraus

$$\min_{x_i \in D} \varepsilon(x_i) \sum_{j=1}^{n} h_j \frac{\partial F}{\partial a_j}(a, x_i) \leq 0 \tag{6.7}$$

für alle $h = (h_1, \ldots, h_n) \in \mathbb{R}^n$. Wäre für ein $c \in A$

$$\min_{x_i \in D} - \varepsilon(x_i) \left[F(a, x_i) - F(c, x_i) \right] > 0, \tag{6.8}$$

so gäbe es wegen der Vorzeichenbedingung ein $h \in T(a)$ ($=$ Tangentialkegel in a an A) mit

$$\min_{x_i \in D} \left[F(c, x_i) - F(a, x_i) \right] \sum_{j=1}^{n} h_j \frac{\partial F}{\partial a_j}(a, x_i) > 0,$$

woraus mit (6.8)

$$\min_{x_i \in D} \varepsilon(x_i) \sum_{j=1}^{n} h_j \frac{\partial F}{\partial a_j}(a, x_i) > 0$$

folgen würde, im Widerspruch zu (6.7).

Mithin ist

$$\min_{x_i \in D} - \varepsilon(x_i)\, [F(a,x_i) - F(c,x_i)] \leq 0$$

für alle $c \in A$, was nach Satz 6.9 $F(a) \equiv F(b)$ impliziert. Also besitzt jede Differenz $F(a) - F(b) \not\equiv 0$ höchstens $d(a)$ Nullstellen. ∎

Aus der Sicht von Satz 6.3 und Satz 6.10 erhebt sich die Frage, ob man unter der Annahme der Vorzeichenbedingung aus der Eindeutigkeit der Minimallösung (sofern existent) für jedes f auch die lokale Haarsche Bedingung herleiten kann. Diese Frage ist noch offen. Ein Teilergebnis in dieser Richtung ist die Aussage des folgenden Satzes, bei dem A eine Eigenschaft hat, die etwas schwächer ist als die Offenheit und die ebenfalls für den Beweis von Satz 6.3 ausreicht (vgl. die dort anschließende Bemerkung und den Beweis von Satz 6.5), und $F: A_0 \to C(B)$ auf A einer speziellen Darstellbarkeitsbedingung genügt (die die Vorzeichenbedingung impliziert).

Satz 6.11. *A habe die Eigenschaft*

$$a \in A, \quad h \in \mathbb{R}^n \quad \Rightarrow \quad a + th \in A$$

für genügend kleines $t = t(h) > 0$, und $F: A_0 \to C(B)$ genüge auf A der folgenden Darstellbarkeitsbedingung: Zu jedem Paar $(a,b) \in A \times A$ gebe es eine positive Funktion $\varphi(a,b) \in C(B)$ derart, daß gilt

$$F(a) - F(b) = \varphi(a,b) \sum_{j=1}^{n} (a_j - b_j)\, \frac{\partial F}{\partial a_j}\,(a). \tag{6.9}$$

Gibt es dann zu jedem $f \in C(B)$ höchstens eine Minimallösung bezüglich f in $W = F(A)$, dann genügt F auf A der Haarschen Bedingung lokal.

Beweis. Sei $a \in A$ vorgegeben. Seien o. B. d. A.

$$\frac{\partial F}{\partial a_1}\,(a), \ldots, \frac{\partial F}{\partial a_{d(a)}}\,(a) \quad \text{linear unabhängig.}$$

Annahme: Es gebe $d(a)$ verschiedene Punkte $x_1, \ldots, x_{d(a)} \in B$ derart, daß die Matrix

$$\left(\frac{\partial F}{\partial a_j}\,(a, x_i) \right) i, j = 1, \ldots, d(a)$$

singulär ist. Dann gibt es Zahlen $c_1, \ldots, c_{d(a)} \in \mathbb{R}$, die nicht sämtlich verschwinden, mit

$$\sum_{i=1}^{d(a)} c_i\, \frac{\partial F}{\partial a_j}\,(a,x_i) = 0 \quad \text{für} \quad j = 1, \ldots, d(a)$$

und damit auch für $j = 1, \ldots, n$.

Setze $\varepsilon(x_i) = \operatorname{sgn} c_i$, falls $c_i \neq 0$ ist, und definiere

$$D = \{x_i \mid c_i \neq 0\}.$$

Dann folgt für alle $h \in \mathbb{R}^n$

$$\sum_{x_i \in D} |c_i| \, \varepsilon(x_i) \sum_{j=1}^{n} h_j \frac{\partial F}{\partial a_j}(a, x_i) = 0$$

und somit (vgl. die Implikation (6.6) $\Rightarrow$ (6.7) beim Beweis von Satz 6.10).

$$\min_{x_i \in D} \varepsilon(x_i) \sum_{j=1}^{n} h_j \frac{\partial F}{\partial a_j}(a, x_i) \leq 0 \quad \text{für alle } h \in \mathbb{R}^n.$$

Wegen (6.9) gilt daher

$$\min_{x_i \in D} \varepsilon(x_i) \, [F(a, x_i) - F(b, x_i)] \leq 0 \quad \text{für alle } b \in A.$$

Nach der obigen Annahme gibt es ein $h \in \mathbb{R}^{d(a)}$ mit $h \neq$ Nullvektor und

$$\sum_{j=1}^{d(a)} h_j \frac{\partial F}{\partial a_j}(a, x_i) = 0, \quad i = 1, \ldots, d(a), \tag{6.10}$$

sowie $\quad \sum_{j=1}^{d(a)} h_j \dfrac{\partial F}{\partial a_j}(a) \not\equiv 0.$

Wir ergänzen h gegebenenfalls durch Nullkomponenten zu einem Vektor $\hat{h} \in \mathbb{R}^n$. Dann gilt für genügend kleines $t > 0$

$$c = a + t \cdot \hat{h} \in A,$$

und es ist nach (6.9)

$$F(a) - F(c) = - t \, \varphi(a, c) \sum_{j=1}^{n} \hat{h}_j \frac{\partial F}{\partial a_j}(a),$$

was wegen (6.10)

$$F(a, x_i) - F(c, x_i) = 0 \quad \text{für alle} \quad x_i \in D \quad \text{impliziert.}$$

Nach Satz 6.9 folgt daraus aber $F(a) - F(c) \equiv 0$ im Widerspruch zu

$$\sum_{j=1}^{n} \hat{h}_j \frac{\partial F}{\partial a_j}(a) \not\equiv 0. \quad \blacksquare$$

Bemerkung: Der Satz 6.11 ist offenbar auf den Fall der linearen Approximation anwendbar und führt zusammen mit Satz 6.3 auf den

Eindeutigkeitssatz von Haar [18]. *Zu jedem $f \in C(B)$ gibt es genau dann höchstens eine Minimallösung bezüglich f in $W = F(A)$, wenn W der Haarschen Bedingung genügt, d.h. wenn jedes $w \in W$ mit $w \not\equiv 0$ höchstens $(\dim W) - 1$ Nullstellen auf B besitzt.*

Wie bereits in II.6.A bemerkt wurde, ist auf Grund eines Satzes von Mairhuber [56] die Haarsche Bedingung nur auf solchen Mengen B realisierbar, die sich umkehrbar eindeutig und stetig auf abgeschlossene Teilmengen einer Kreisperipherie abbilden lassen. Daraus ergibt sich, daß der Eindeutigkeitssatz von Haar für Funktionen in mehreren Veränderlichen nur eingeschränkt gültig sein kann, z.B. wenn diese auf eindimensionalen Kurvenstücken oder endlichen Mengen definiert sind.

Der Satz 6.11 ist auch auf den Fall der allgemeinen rationalen Approximation anwendbar und führt auf einen Eindeutigkeitssatz, den Brosowski in [65a] aufgestellt hat.

7. Approximation auf einem reellen Intervall

Wir legen diesem Abschnitt die folgende Situation zugrunde:

Sei $B = [\alpha, \beta]$, $\alpha < \beta$ reell, und $C(B)$ der Vektorraum der stetigen reellwertigen Funktionen auf B, versehen mit der Maximum-Norm (1.1). A sei eine nichtleere Teilmenge von $\mathbb{R}^n$ und $F : A \to C(B)$ eine vorgegebene Abbildung. Die in den Paragraphen 2, 4, 5 und 6 gemachten Aussagen über Minimallösungen in $W = F(A)$ bezüglich eines vorgegebenen $f \in C(B)$ lassen sich in diesem Fall noch wesentlich verfeinern, was im folgenden geschehen soll.

A. Untere Schranken für die Minimalabweichung und eine hinreichende Bedingung für Minimallösungen

Satz 7.1. *F genüge auf A einer Nullstellenbedingung* (Definition 6.3). *Zu vorgegebenem $\hat{a} \in A$ gebe es $m = N(\hat{a}) + 1$ Punkte $x_1, \ldots, x_m \in [\alpha, \beta]$ mit*

$$\alpha \leq x_1 < x_2 < \ldots < x_m \leq \beta, \tag{7.1}$$

$$\min_{i=1,\ldots,m} |F(\hat{a}, x_i) - f(x_i)| > 0 \tag{7.2}$$

und $\qquad F(\hat{a}, x_i) - f(x_i) = \varepsilon(-1)^i \, |F(\hat{a}, x_i) - f(x_i)| \tag{7.3}$

für $i = 1, \ldots, m$, wobei $\varepsilon = +1$ oder -1 ist. Dann folgt

$$\min_{i=1,\ldots,m} |F(\hat{a}, x_i) - f(x_i)| \leq \varrho(f, W) = \inf_{a \in A} \|F(a) - f\|. \tag{7.4}$$

Beweis. Auf Grund der Implikation (2.15) $\Rightarrow$ (2.16) in II. 2.C genügt es zu zeigen, daß für jedes $a \in A$

$$\tau(a) = \min_{i=1,\ldots,m} [F(\hat{a}, x_i) - f(x_i)] \, [F(\hat{a}, x_i) - F(a, x_i)] \leq 0$$

ist. Wäre aber $\tau(b) > 0$ für ein $b \in A$, so hätte $F(\hat{a}) - F(b)$ wegen (7.3) in mindestens $m = N(\hat{a}) + 1$ aufeinanderfolgenden verschiedenen Punkten Werte mit entgegengesetzten Vorzeichen und somit $N(\hat{a})$ verschiedene Nullstellen im Widerspruch zur Nullstellenbedingung. ∎

Der Satz 7.1 verallgemeinert entsprechende Aussagen von de la Vallée Poussin[1] im Falle der Polynomapproximation [19] und von Achieser im Falle der

---

[1] De la Vallée Poussin, Charles, geb. 14. 8. 1866, studierte in Löwen (Belgien), wo er 1893 Professor wurde. Grundlegende Arbeiten u.a. über Fouriersche Reihen, Approximationstheorie und Zahlentheorie (Primzahlverteilung). Er starb am 2. 3. 1962.

gewöhnlichen rationalen Approximation [53]. Er führt unmittelbar zu einer hinreichenden Bedingung für Minimallösungen, nämlich dem

Satz 7.2. *F genüge auf A einer Nullstellenbedingung* (Definition 6.3). *Zu vorgegebenem $\hat{a} \in A$ gebe es $m = N(\hat{a}) + 1$ Punkte $x_1, \ldots, x_m \in [\alpha, \beta]$ mit (7.1) und*

$$F(\hat{a}, x_i) - f(x_i) = \varepsilon(-1)^i \, \|F(\hat{a}) - f\| \tag{7.5}$$

ür $i = 1, \ldots, m$ wobei $\varepsilon = +1$ oder -1 ist. Dann ist $F(\hat{a})$ eine Minimallösung bezüglich f in $W = F(A)$.

Beweis. Für $\|F(\hat{a}) - f\| = 0$ ist nichts zu zeigen. Sei daher $\|F(\hat{a}) - f\| > 0$. Dann ergibt sich mit (7.5) nach Satz 7.1 aus (7.4)

$$\|F(\hat{a}) - f\| \leq \varrho(f, W) \quad \Rightarrow \quad \|F(\hat{a}) - f\| = \varrho(f\,W). \quad \blacksquare$$

B. Notwendige Bedingungen für Minimallösungen. Für das Folgende benötigen wir einen Hilfssatz (vgl. Cheney [66], S. 74/75).

Sei V ein n-dimensionaler linearer Teilraum von $C(B)$ und $\{v_1 \ldots v_n\}$ eine Basis von V (B kann ein beliebiger metrischer Raum sein, der aus mindestens $n + 1$ Punkten besteht).

Lemma 7.3. *V genüge der Haarschen Bedingung* (Definition 6.1). *Vorgegeben seien $m \leq n + 1$ verschiedene Punkte $x_1 \ldots, x_m \in B$. Existiert dann eine nichttriviale Lösung $(c_1 \ldots, c_m)$ von*

$$\sum_{i=1}^{m} v_j(x_i)\, c_i = 0, \quad j = 1, \ldots, n, \tag{7.6}$$

so folgt $m = n + 1$ und $c_i \neq 0$ für alle $i = 1, \ldots, m$.
Ist $B = [\alpha, \beta]$, $\alpha < \beta$ und gilt (7.1)

$$\alpha \leq x_1 < x_2 < \ldots < x_m \leq \beta,$$

so folgt

$$\operatorname{sgn} c_i = \varepsilon(-1)^i \quad \text{für} \quad i = 1, \ldots, m \; \text{ mit } \; \varepsilon = +1 \; \text{oder} \; -1. \tag{7.7}$$

Beweis. Wäre $m < n + 1$ oder $c_i = 0$ für ein i, so ergänze man nötigenfalls die Menge $\{x_i : c_i \neq 0\}$ zu einer n-punktigen Teilmenge von B. Definiert man $c_j = 0$ für die eventuell hinzugenommenen Punkte x_j, so hätte man ein System (7.6) mit $m = n$ und einer nichttrivialen Lösung $(c_1, \ldots, c_n)$, nach Lemma 6.1 ein Widerspruch gegen die Haarsche Bedingung.

Gelte (7.1) mit $m = n + 1$. Dann gibt es nach Lemma 6.1 ein $v \in V$ mit

$$v(x_i) = 0 \quad \text{für alle} \quad i \neq i_0 \text{ und } i_0 + 1 \quad (\text{wobei } i_0 + 1 \leq m, \, i_0 \text{ fest})$$

und

$$v(x_{i_0}) = v_{i_0} \neq 0 \quad \Rightarrow \quad v(x_{i_0+1}) = v_{i_0+1} \neq 0.$$

Aus (7.6) folgt

$$0 = \sum_{=1}^{m} v(x_i)\, c_i = v_{i_0} c_{i_0} + v_{i_0+1} c_{i_0+1}. \tag{7.8}$$

Sicher haben $v_{i_\bullet}$ und $v_{i_\bullet+1}$ dasselbe Vorzeichen, da v sonst n verschiedene Nullstellen besäße. (7.8) impliziert dann aber, daß $c_{i_\bullet}$ und $c_{i_\bullet+1}$ verschiedene Vorzeichen haben. ∎

Von jetzt ab nehmen wir an, F sei auf einer offenen Obermenge A_0 von A definiert
und genüge der Differenzierbarkeitsbedingung (Definition 4.2). Weiterhin habe A
die folgende Eigenschaft:

$$a \in A, \quad h \in \mathbb{R}^n \;\Rightarrow\; a + th \in A \quad \text{für} \quad t = t(h) > 0 \tag{7.9}$$

genügend klein.

Ist dann $a \in A$ vorgegeben, so gilt für den Tangentialkegel $T(a)$ (vgl. II.4.A):
$T(a) = \mathbb{R}^n$.

Ist nämlich ein $h \in \mathbb{R}^n$ vorgegeben, so gibt es nach (7.9) eine Folge $\{t_k\}$ positiver
Zahlen mit

$$a_k = a + t_k \cdot h \in A,$$

$$\lim_{k \to \infty} \|a_k - a\|_2 = 0,$$

$$\lim_{k \to \infty} \left\| \frac{1}{t_k}(a_k - a) - h \right\|_2 = 0,$$

wenn etwa $\| \cdot \|_2$ die euklidische Norm in $\mathbb{R}^n$ bezeichnet. Jedem $a \in A$ ordnen wir
wieder die Menge

$$E_a = \{x \in B \mid |F(a,x) - f(x)| = \|F(a) - f\|\} \tag{7.10}$$

der Extremalpunkte von $F(a) - f$ zu. Dann gilt der

Satz 7.4. *$F : A_0 \to C(B)$ genüge auf A der Haarschen Bedingung lokal* (Definition 6.2).
*Ist dann $F(\hat{a})$, $\hat{a} \in A$, eine Minimallösung bezüglich $f \in C(B)$ in $W = F(A)$, so
gibt es $m = d(\hat{a}) + 1$ verschiedene Punkte $x_1 \ldots, x_m \in E_{\hat{a}}$ mit* (7.1) *und* (7.5).

Beweis. Nach Satz 4.8 folgt

$$\min_{x \in E_{\hat{a}}} \left([F(\hat{a},x) - f(x)] \sum_{j=1}^{n} h_j \frac{\partial F}{\partial a_j}(\hat{a},x) \right) \le 0$$

für alle $h \in T(\hat{a}) = \mathbb{R}^n$ (s. o.!).

Ist etwa $\left\{ \dfrac{\partial F}{\partial a_1}(\hat{a}), \ldots, \dfrac{\partial F}{\partial a_k}(\hat{a}) \right\}$ eine Basis von

$$V(\hat{a}) = \left\{ F'_{\hat{a}}(h) = \sum_{j=1}^{n} h_j \frac{\partial F}{\partial a_j}(\hat{a}) \mid h \in \mathbb{R}^n \right\} \tag{7.11}$$

(d. h. $k = d(\hat{a}) = \dim V(\hat{a})$), so gilt

$$\min_{x \in E_{\hat{a}}} \left([F(\hat{a},x) - f(x)] \sum_{j=1}^{k} h_j \frac{\partial F}{\partial a_j}(\hat{a},x) \right) \le 0 \quad \text{für alle} \quad h \in \mathbb{R}^k.$$

Für $\|F(\hat{a}) - f\| = 0$ ist die Aussage des Satzes trivial.
Sei daher $\|F(\hat{a}) - f\| > 0$. Wir setzen

$$K_{\hat{a}} = \left\{ k(x) = [F(\hat{a},x) - f(x)]\left(\frac{\partial F}{\partial a_1}(\hat{a},x),\dots,\frac{\partial F}{\partial a_k}(\hat{a},x)\right) \;\middle|\; x \in E_{\hat{a}} \right\}.$$

Dann ist $K_{\hat{a}}$ eine kompakte Teilmenge von $\mathbb{R}^k$; denn $E_{\hat{a}}$ ist eine kompakte Teilmenge von B und $x \to k(x)$ eine stetige Abbildung von B in $\mathbb{R}^k$ (vgl. VII Satz 1.4). Wir bezeichnen die konvexe Hülle von $K_{\hat{a}}$ mit $H(K_{\hat{a}})$.
Nach VII Satz 2.2 folgt sodann $\Theta_k \in H(K_{\hat{a}})$, wobei Θ_k der Nullvektor von $\mathbb{R}^k$ ist. Nach dem Satz von Carathéodory[1]) in VII.2 gibt es daher $m \leq k + 1$ verschiedene Punkte $x_1,\dots,x_m \in E_{\hat{a}}$ mit

$$\sum_{i=1}^{m} \frac{\partial F}{\partial a_j}(\hat{a},x_i)\, c_i = 0, \quad j = 1,\dots,k,$$

wobei $\quad c_i = [F(\hat{a},x_i) - f(x_i)] \cdot \lambda_i, \quad \lambda_i \geq 0,$

ist für $i = 1,\dots,m$ und $\displaystyle\sum_{i=1}^{m} \lambda_i = 1.$

Aus dem Lemma 7.3 ergibt sich mithin $m = k + 1$ sowie $c_i \neq 0$ für $i = 1,\dots,m$. Ordnet man $x_1,\dots,x_m \in E_{\hat{a}}$ nach (7.1), so ergibt sich weiterhin

$$\operatorname{sgn} c_i = \varepsilon(-1)^i, \quad i = 1,\dots,m,$$

wobei $\varepsilon = +1$ oder -1 ist. ∎

Bemerkung. Satz 7.4 ohne die Behauptung (7.5) wurde für das lineare Approximationsproblem bereits von Young in [07] bewiesen und damit die Hinlänglichkeit der Haarschen Bedingung für Eindeutigkeit gezeigt. Aus dem Satz 7.4 ergibt sich insbesondere, daß für jedes $f \in C(B)$ jede zu einer Minimallösung $F(\hat{a})$ bezüglich f in $W = F(A)$ gehörige Extremalpunktmenge $E_{\hat{a}}$ (nach (7.10)) aus mindestens $d(\hat{a}) + 1$ Punkten besteht, wenn $F: A_0 \to C(B)$ auf A der Haarschen Bedingung lokal genügt.
Genügt F auf A der Vorzeichenbedingung (Definition 5.1), so gilt auch die Umkehrung dieser Aussage, was hier aber nicht bewiesen werden soll. Zum Beweis vgl. Krabs [70].
Bezeichnet man die Aussage (7.5) als ein Alternieren der Fehlerfunktion $F(\hat{a}) - f$, so ergibt sich aus den Sätzen 7.2 und 7.4 das folgende

---

[1]) Carathéodory, Constantin, geb. 13. 9. 1873 in Berlin, arbeitete zunächst als Ingenieur-Offizier, promovierte 1904, war tätig in Göttingen, Berlin, Smyrna, Athen und München. Grundlegende Arbeiten über Variationsrechnung, partielle Differentialgleichungen, reelle und komplexe Funktionen, Mechanik, geometrische Optik, Thermodynamik. Er starb am 2. 2. 1950.

Alternantenkriterium. *$F: A_0 \to C(B)$ genüge auf A der Haarschen Bedingung lokal und einer Nullstellenbedingung mit $N(a) = d(a)$ für alle $a \in A$ (Definitionen 6.2 und 6.3).*

Behauptung. *$F(\hat{a})$, $\hat{a} \in A$, ist genau dann eine Minimallösung bezüglich $f \in C(B)$, wenn es $m = d(\hat{a}) + 1$ Punkte $x_1 \dots, x_m \in E_{\hat{a}}$ (nach (7.10)) gibt mit (7.1), (7.5).*

Nach II.6.B gilt dieses Alternantenkriterium für Minimallösungen z.B. im Falle der Polynomapproximation, der gewöhnlichen rationalen Approximation und der gewöhnlichen nichtlinearen Exponentialapproximation.

C. Eindeutigkeit von Minimallösungen

Satz 7.5. *$F: A_0 \to C(B)$ genüge auf A der Haarschen Bedingung lokal und einer Nullstellenbedingung mit $N(a) = d(a)$ für alle $a \in A$.*

Dann genügt F auf A auch der Vorzeichenbedingung (Definition 5.1).

Beweis. Sei D eine nichtleere abgeschlossene Teilmenge von $B = [\alpha, \beta]$, und für ein Paar $(a, b) \in A \times A$ gelte

$$\min_{x \in D} |F(a,x) - F(b,x)| > 0,$$

aber es sei

$$\min_{x \in D} [F(b,x) - F(a,x)] \sum_{j=1}^{n} h_j \frac{\partial F}{\partial a_j}(a, x) \leq 0$$

für alle $h \in T(a) = \mathbb{R}^n$.

Ist $\dfrac{\partial F}{\partial a_1}(a), \dots, \dfrac{\partial F}{\partial a_k}(a)$ eine Basis von $V(a)$ (nach (7.11)), d.h. $k = d(a) = \dim V(a)$, so folgt

$$\min_{x \in D} [F(a,x) - F(b,x)] \sum_{j=1}^{k} h_j \frac{\partial F}{\partial a_j}(a, x) \leq 0$$

für alle $h \in \mathbb{R}^k$. Analog wie im Beweis von Satz 7.4 ergibt sich hieraus die Existenz von $m = k + 1$ Punkten $x_i \in D$ mit $\alpha \leq x_1 < x_2 < \dots < x_m \leq \beta$ und

$$\text{sgn}\,[F(a,x_i) - F(b,x_i)] = \varepsilon(-1)^i$$

für $i = 1, \dots, m$, wobei $\varepsilon = +1$ oder -1 ist.

Daraus aber folgt, daß $F(a) - F(b)$ mindestens $k = d(a)$ Nullstellen auf $[\alpha, \beta]$ hat, ein Widerspruch zur Nullstellenbedingung. $\blacksquare$

Aus Satz 6.3 und der anschließenden Bemerkung sowie Satz 7.5 ergibt sich der folgende

Eindeutigkeitssatz. *$F: A_0 \to C(B)$ genüge auf A der Haarschen Bedingung lokal und einer Nullstellenbedingung mit $N(a) = d(a)$ für alle $a \in A$.*

Dann gibt es zu jedem $f \in C(B)$ höchstens eine Minimallösung bezüglich f in $W = F(A)$.

Zusammenfassung. Für den Fall, daß B ein kompaktes reelles Intervall ist und A der Bedingung (7.9) genügt, gelten die folgenden logischen Zusammenhänge:

lokale Haarsche Bedingung $+$ Nullstellenbedingung mit
$$N(a) = d(a) \quad \text{für alle} \quad a \in A$$

$\Downarrow$ Satz 7.5, Satz 6.3 und Alternantenkriterium

Eindeutigkeit $+$ Vorzeichenbedingung $+$ Alternantenbedingung (7.5)

(Satz 6.10) $\quad\quad\quad \Downarrow$

Nullstellenbedingung mit $\quad\quad\quad\quad\quad \Downarrow$ (vgl. K r a b s [70])

$N(a) = d(a) + 1 \quad \text{für alle} \quad a \in A \quad\quad$ lokale Haarsche Bedingung

8. Stetigkeit des T-Operators

A. Problemstellung. Wir legen zunächst die Formulierung des T-Problems wie in II.1 zugrunde.

Es sei also B ein kompakter metrischer Raum und $C(B)$ der Vektorraum der stetigen reell- oder komplexwertigen Funktionen auf B, versehen mit der Maximum-Norm (1.1). Zu vorgegebener nichtleerer Teilmenge W von $C(B)$ und vorgegebener Funktion $f \in C(B)$ sei die Minimalabweichung $\varrho\,(f, W)$ nach (1.2) definiert.

Da $C(B)$ ein normierter und damit ein metrischer Raum ist (vgl. VII.1), ist nach VII Satz 1.5 die Abbildung $f \to \varrho\,(f, W)$ von $C(B)$ in $\mathbb{R}$ stetig, d.h. es gilt die Implikation

$$\left. \begin{aligned} &\lim_{n \to \infty} \| f_n - f \| = 0, \quad f_n, \ f \in C(B) \\ &\Rightarrow \lim_{n \to \infty} \varrho\,(f_n, W) = \varrho\,(f, W). \end{aligned} \right\} \tag{8.1}$$

Nun nehmen wir an, es gebe zu jedem $f \in C(B)$ genau eine Minimallösung $\hat{w} \in W$ mit

$$\| \hat{w} - f \| = \varrho\,(f\ W).$$

Durch die Zuordnung $f \to \hat{w} = Tf$ wird sodann eine eindeutige Abbildung T von $C(B)$ auf W definiert, der sog. Tschebyscheff-Operator oder auch kurz T-Operator. Sowohl theoretisch als auch für die numerische Praxis ist dann die folgende Frage interessant:

Unter welchen Voraussetzungen an W ist die Abbildung $f \to Tf$ stetig, d.h. wann gilt die Implikation

$$\lim_{n \to \infty} \| f_n - f \| = 0, \quad f_n, f \in C(B) \quad \Rightarrow \quad \lim_{n \to \infty} \| Tf_n - Tf \| = 0? \tag{8.2}$$

B. Starke Eindeutigkeit und Stetigkeit des T-Operators. Eine positive Antwort auf die zuletzt gestellte Frage läßt sich geben, wenn der T-Operator eine sog. **starke Eindeutigkeitseigenschaft** hat, d.h. wenn es zu jedem $f \in C(B)$ ein $\hat{w} \in W$ und eine positive Zahl $\gamma = \gamma(f)$ gibt mit

$$\|\hat{w} - f\| + \gamma \|\hat{w} - w\| \leq \|w - f\| \quad \text{für alle} \quad w \in W. \tag{8.3}$$

Wegen $\|\hat{w} - w\| > 0$ für alle $w \neq \hat{w}$ gilt $\|\hat{w} - f\| < \|w - f\|$ für alle $w \neq \hat{w}$, d.h. (8.3) impliziert, daß $\hat{w}$ die einzige Minimallösung bezüglich f in W ist. Nun gilt der

Satz 8.1 (von Freud, vgl. Cheney [66]). *Der T-Operator habe die starke Eindeutigkeitseigenschaft. Dann gibt es zu jedem $f \in C(B)$ eine positive Zahl $\lambda = \lambda(f)$ derart, daß für alle $g \in C(B)$ gilt*

$$\|Tf - Tg\| \leq \lambda \|f - g\|, \tag{8.4}$$

was die Stetigkeit des T-Operators unmittelbar impliziert.

Beweis. Aus (8.3) folgt für $\hat{w} = Tf$ und $w = Tg$

$$\begin{aligned}
\gamma \|Tf - Tg\| &\leq \|Tg - f\| - \|Tf - f\| \\
&\leq \|f - g\| + \|Tg - g\| - \|Tf - f\| \\
&\leq \|f - g\| + \|Tf - g\| - \|Tf - f\| \\
&\leq \|f - g\| + \|f - g\| + \|Tf - f\| - \|Tf - f\| = 2\|f - g\|.
\end{aligned}$$

Damit ist (8.4) für $\lambda = 2/\gamma$ erfüllt. ∎

Satz 8.2 (vgl. Newman/Shapiro [63]). *B bestehe aus mindestens $n + 1$ verschiedenen Punkten, und $C(B)$ sei der Vektorraum der reellwertigen stetigen Funktionen auf B. Ist dann W ein n-dimensionaler Teilraum von $C(B)$, der auf B der Haarschen Bedingung genügt, so hat der T-Operator die starke Eindeutigkeitseigenschaft (8.3) und ist somit stetig.*

Beweis. Sei $f \in C(B)$ vorgegeben. Für $f \in W$ ist in (8.3) $\gamma = 1$ wählbar. Sei daher $f \notin W$. Nach Satz 3.3 gibt es dann eine Minimallösung $\hat{w} \in W$ bezüglich f in W. Nach II.5.A ist $\hat{w} \in W$ charakterisiert durch die Kolmogoroff-Bedingung

$$\min_{x \in E_{\hat{w}}} [\hat{w}(x) - f(x)] \, w(x) \leq 0 \tag{8.5}$$

für alle $w \in W$, wobei

$$E_{\hat{w}} = \{x \in B \mid |\hat{w}(x) - f(x)| = \|\hat{w} - f\| \, (> 0)\}$$

ist (vgl. (5.6)). Nun sei $\{w_1, \ldots, w_n\}$ eine Basis von W; dann definieren wir

$$\hat{K} = \{k(x) = [\hat{w}(x) - f(x)] \, [w_1(x), \ldots, w_n(x)] \mid x \in E_{\hat{w}}\}.$$

$\hat{K}$ ist eine kompakte Teilmenge von $\mathbb{R}^n$; denn $E_{\hat{w}}$ ist eine kompakte Teilmenge von B und $x \to k(x)$ eine stetige Abbildung von B in $\mathbb{R}^n$ (vgl. VII Satz 1.4). Ist $H(\hat{K})$ die konvexe Hülle von $\hat{K}$, so folgt aus (8.5) für alle $w \in W$ nach VII Satz

2.2, daß $\Theta_n \in H(\hat{K})$ ist ($\Theta_n =$ Nullvektor von $\mathbb{R}^n$). Nach dem Satz von Cara-théodory in VII.2 gibt es daher $m\,(\leq n+1)$ verschiedene Punkte $x_1,\ldots, x_m \in E_{\hat{w}}$ mit

$$\sum_{i=1}^{m} w_j(x_i)\, c_i = 0 \quad \text{für} \quad j = 1,\ldots, n \tag{8.6}$$

und $\quad c_i = (\hat{w}(x_i) - f(x_i)) \cdot \lambda_i, \quad \lambda_i \geq 0 \quad \text{für} \quad i = 1,\ldots, m$

sowie $\quad \displaystyle\sum_{i=1}^{m} \lambda_i = 1.$

Aus Lemma 7.3 folgt sodann $c_i \neq 0$ für alle $i = 1,\ldots, m$ und $m = n + 1$.
Sei $\sigma_i = - \operatorname{sgn} c_i$ für $i = 1,\ldots, n + 1$; dann ist wegen (8.6)

$$\gamma_w = \max_{i=1,\ldots,n+1} \sigma_i\, w(x_i) > 0 \quad \text{für alle} \quad w \in W \quad \text{mit} \quad w \not\equiv 0.$$

Zunächst folgt nämlich aus (8.6)

$$\sum_{i=1}^{n+1} w(x_i)\, \sigma_i\, |c_i| = 0 \quad \text{für alle} \quad w \in W,$$

was $\gamma_w \geq 0$ impliziert. $\gamma_w = 0$ ist aber wegen der Haarschen Bedingung unmöglich, da daraus $w(x_i) = 0$ für $i = 1,\ldots, n + 1$ folgen würde.
Da die Abbildung $w \to \gamma_w$ von W in $\mathbb{R}$ stetig (d.h.: $w_k, w \in W$, $\|w_k - w\| \to 0 \Rightarrow \gamma_{w_k} \to \gamma_w$) und nach VII Satz 1.10 die Menge

$$S = \{w \in W \mid \|w\| = 1\}$$

in W kompakt ist, so folgt

$$\gamma = \min_{w \in S} \gamma_w > 0. \tag{8.7}$$

Nun sei $w \in W$ beliebig vorgegeben. Für $w = \hat{w}$ gilt (8.3) für jedes $\gamma > 0$. Sei daher $w \neq \hat{w}$. Dann ist

$$\tilde{w} = \frac{\hat{w} - w}{\|\hat{w} - w\|} \in S,$$

und es gibt ein $i \in \{1,\ldots, n+1\}$ mit $\sigma_i\, \tilde{w}(x_i) \geq \gamma$.
Daraus folgt

$$\begin{aligned}
\|w - f\| &\geq - \sigma_i\, (w(x_i) - f(x_i)) \\
&= \sigma_i\, (f(x_i) - \hat{w}(x_i)) + \sigma_i\, (\hat{w}(x_i) - w(x_i)) \\
&\geq \|\hat{w} - f\| + \gamma\, \|\hat{w} - w\|.
\end{aligned}$$

Wählt man also γ nach (8.7), so ist (8.3) erfüllt. $\blacksquare$
Die starke Eindeutigkeitseigenschaft des T-Operators liegt bei nichtlinearer Approximation im allgemeinen nicht vor. Für den Fall der gewöhnlichen ratio-

nalen Approximation im Reellen, wo nach IV Satz 1.2 und II Satz 6.5 Existenz und Eindeutigkeit von Minimallösungen gesichert sind, hat z.B. Cheney [66] ein Gegenbeispiel gegen die Stetigkeit (und damit gegen die starke Eindeutigkeitseigenschaft) angegeben.

Wir wollen hier ein analoges Beispiel einfügen: Sei

$$W = \left\{ w(x) = \frac{a_0 + a_1 x}{b_0 + b_1 x} \,\middle|\, b_0 + b_1 x > 0 \quad \text{für alle} \quad x \in [0,1] \right\} .$$

Definiert man

$$w_\lambda(x) = \frac{\lambda - x}{\lambda + x}, \quad x \in [0,1],$$

so ist $w_\lambda \in W$ für alle $\lambda > 0$ und $w_\lambda(0) = 1$.

Für $\lambda = 0$ definieren wir $w_0(x) = -1$ für alle $x \in [0,1]$. Dann ist $\|w_\lambda - w_0\| = 2$ für alle $\lambda > 0$, d.h. für $\lambda \to 0$ findet keine gleichmäßige Konvergenz der w_λ gegen w_0 statt.

Für jedes $\lambda \in (0,1]$ gibt es offenbar eine stückweise lineare Funktion f_λ derart, daß $f_\lambda - w_\lambda$ in den Punkten $x = 0$, 1/3, 2/3, 1 alterniert, d.h. mit wechselndem Vorzeichen das Betragsmaximum annimmt (vgl. Abb. II.8.1, wo für ein $\lambda \in (0,1]$ die Funktionen w_λ bzw. f_λ durch eine durchgezogene bzw. gestrichelte Linie wiedergegeben sind). Nach dem Alternantenkriterium in II.7.B (es genügt sogar der Satz 7.2) und dem Eindeutigkeitssatz 6.5 ist daher w_λ die Minimallösung bezüglich f_λ in W. Die f_λ können so gewählt werden, daß sie für $\lambda \to 0$ gleichmäßig gegen eine Funktion $f_0 \in C\,[0,1]$ konvergieren (in Abb. II.8.1 als dünne gestrichelte Linie wiedergegeben), zu der $w_0 \equiv -1$ als Minimallösung in W gehört. Die Stetigkeitsaussage (8.2) ist also verletzt.

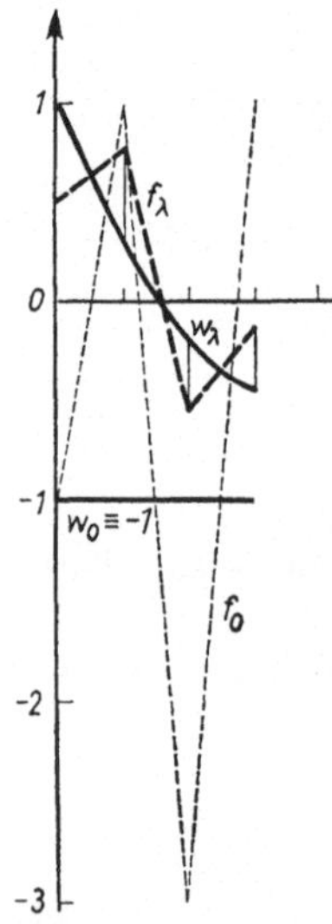

Abb. II.8.1
Beispiel für Unstetigkeit
des T-Operators

In diesem Zusammenhang wird man durch den folgenden Satz weitergeführt, der eine lokale Stetigkeitsaussage macht, ohne daß die generelle Existenz und Eindeutigkeit von Minimallösungen vorausgesetzt wird.

Satz 8.3. *Zu vorgegebenem $f \in C(B)$ gebe es ein $\gamma > 0$ und ein $\hat{w} \in W$ derart, daß* (8.3) *für alle $w \in W$ erfüllt ist.*

Weiterhin gebe es ein $\varepsilon > 0$ derart, daß

$$V_{\hat{w}} = \{ w \in W \mid \|w - \hat{w}\| \leq \varepsilon \}$$

kompakt ist.

Behauptung. *Zu jedem $g \in C(B)$ aus der Umgebung*

$$U_f = \left\{ g \in C(B) \mid \|g - f\| \leq \frac{1}{2} \varepsilon \gamma \right\}$$

von f gibt es dann eine Minimallösung w^* in W, und für jede solche gilt

$$\|w^* - \hat{w}\| \leq 2\gamma^{-1} \|g - f\|. \tag{8.8}$$

Beweis. Für jedes $g \in C(B)$ gilt offenbar

$$\varrho(g, W) = \inf_{w \in S_g} \|w - g\|,$$

wobei $S_g = \{w \in W \mid \|w - g\| \leq \|\hat{w} - g\|\}$

ist. Für jedes $w \in S_g$ ergibt sich dann aber nach (8.3)

$$\begin{aligned}
\gamma \|\hat{w} - w\| &\leq \|w - f\| - \|\hat{w} - f\| \\
&\leq \|f - g\| + \|w - g\| - \|\hat{w} - f\| \\
&\leq \|f - g\| + \|\hat{w} - g\| - \|\hat{w} - f\| \\
&\leq \|f - g\| + \|f - g\| + \|\hat{w} - f\| - \|\hat{w} - f\| \\
&= 2 \|f - g\|,
\end{aligned}$$

mithin $\|w - \hat{w}\| \leq 2\gamma^{-1} \|f - g\|$.

Für jedes $g \in U_f$ folgt daher $S_g \subseteq V_{\hat{w}}$, und S_g ist abgeschlossen. Nach VII Satz 1.1 ist somit S_g kompakt, und nach VII Satz 1.8 gibt es ein $w^* \in S_g$ mit $\|w^* - g\| = \varrho(g, W)$. Für jedes solche w^* ist dann (8.8) erfüllt. ∎

C. Normalität und lokale Stetigkeit des T-Operators. In diesem Abschnitt soll eine hinreichende Bedingung für die Voraussetzungen von Satz 8.3 gegeben werden, die mithin die lokale Stetigkeit des T-Operators garantiert.

Zu diesem Zweck sei $C(B)$ der Vektorraum der stetigen reellwertigen Funktionen auf B. Es sei ferner $W = F(A)$, wobei A eine nichtleere offene Teilmenge von $\mathbb{R}^n$ ist und $F : A \to C(B)$ eine Abbildung, die auf A der Differenzierbarkeitsbedingung (Definition 4.2) genügt. Nach Satz 4.6 ist F dann auf A Fréchet-differenzierbar, was die Stetigkeit impliziert, d.h. es gilt:

Aus $\lim\limits_{n \to \infty} \|a_n - a\|_2 = 0$ ($\|\cdot\|_2 = $ euklidische Norm in $\mathbb{R}^n$),

$a_n, a \in A,$ folgt $\lim\limits_{n \to \infty} \|F(a_n) - F(a)\| = 0.$

Wir nehmen weiterhin an, daß F auf A der Haarschen Bedingung lokal genügt (Definition 6.2) und eine Nullstellenbedingung mit $N(a) = d(a)$, $a \in A$, erfüllt (Definition 6.3). Dabei gilt für jedes $a \in A : d(a) = \dim V(a)$, wobei $V(a)$ der von

$$\frac{\partial F}{\partial a_1}(a), \dots, \frac{\partial F}{\partial a_n}(a)$$

aufgespannte lineare Teilraum von $C(B)$ ist. Wir definieren

$$N = \max_{a \in A} d(a) \, (\leq n). \tag{8.9}$$

Lemma 8.4: *Sei $a^* \in A$ fest vorgegeben und $q = d(a^*)$.*
Seien ferner $x_1, \ldots, x_q \in B$ verschiedene Punkte und

$$c_i^* = F(a^*, x_i), \qquad i = 1, \ldots, q.$$

Dann gibt es für jedes genügend kleine $\varepsilon > 0$ ein $\delta = \delta(\varepsilon) > 0$ derart, daß die Gleichungen

$$F(a, x_i) = c_i, \quad i = 1, \ldots, q, \tag{8.10}$$

für alle c_i mit $|c_i - c_i^*| \leq \delta$ für $i = 1, \ldots, q$ genau eine Lösung $a = (a_1, \ldots, a_n)$ haben, die von den c_i stetig abhängig, mit

$$a_i = a_i^* \quad für \quad i = q + 1, \ldots, n$$

(sofern wir o.B.d.A. annehmen, daß $(\partial F/\partial a_1)\,(a^*), \ldots, (\partial F/\partial a_q)\,(a^*)$ linear unabhängig sind) sowie

$$\|a - a^*\|_2 \leq \varepsilon, \quad a \in A.$$

Beweis. Die Behauptung folgt unmittelbar aus dem Hauptsatz für implizite Funktionen (vgl. z.B. Hestenes [66], S. 22) in bezug auf das Gleichungssystem

$$
\begin{aligned}
f_i\,&(a_1, \ldots, a_q, c_1, \ldots, c_q) \\
&= F(a_1, \ldots, a_q, a_{q+1}^*, \ldots, a_n^*, x_i) - c_i = 0, \quad i = 1, \ldots, q,
\end{aligned}
$$

da auf Grund der lokalen Haarschen Bedingung nach Lemma 6.1

$$\det \left(\frac{\partial F}{\partial a_j}\,(a^*, x_i) \right)_{i,\, j = 1,\, \ldots,\, q} \neq 0$$

ist. ∎

Lemma 8.5. *Ist $q = d(a^*) = N$, so gibt es zu jedem Vektor $c = (c_1, \ldots, c_q)$ höchstens eine Funktion $F(a) \in F(A)$ mit (8.10).*

Beweis. Gilt (8.10) für a und $\bar{a}$ aus A, so folgt, daß $F(a) - F(\bar{a})$ mindestens $d(a^*) \geq d(\bar{a}) > d(\bar{a}) - 1$ verschiedene Nullstellen besitzt und mithin identisch verschwindet. ∎

Satz 8.6. *Gilt $d(a^*) = N$ (vgl. (8.9)) für ein $a^* \in A$, so gibt es ein $\delta > 0$ derart, daß die Menge*

$$V_{F(a^*)} = \{F(a) \mid a \in A, \|F(a) - F(a^*)\| \leq \delta\}$$

kompakt ist.

Beweis. Nach Lemma 8.4 und 8.5 gibt es ein $\varepsilon > 0$ und ein $\delta = \delta(\varepsilon)$ derart, daß eine kompakte Teilmenge der Menge

$$\{a \mid \|a - a^*\| \leq \varepsilon\} \subseteq A$$

durch F auf $V_{F(a^*)}$ abgebildet wird. Da F stetig ist, ist nach VII Satz 1.4 $V_{F(a^*)}$ kompakt. ∎

Definition 8.1. *$f \in C(B)$ heißt* normal, *wenn es ein $\hat{a} \in A$ gibt mit $\|F(\hat{a}) - f\| =$*
$= \varrho(f, W)$ und $d(\hat{a}) = N$, wobei N durch (8.9) gegeben ist.

Zum Beispiel ist eine Funktion $f \in C\,[0,1]$, deren Minimallösung in der Funktionenfamilie

$$F(A) = \left\{ \frac{a_0 + a_1 x}{b_0 + b_1 x} \;\middle|\; a_0, a_1, b_0, b_1 \in \mathbb{R} \quad \text{und} \quad b_0 + b_1 x > 0 \quad \text{für alle} \quad x \in [0,1] \right\}$$

eine konstante Funktion ist, nicht normal. Wie wir oben gesehen haben, ist in
diesem Fall die Stetigkeit des *T*-Operators nicht sichergestellt.

Für den Rest dieses Abschnittes nehmen wir an, es sei B ein reelles abgeschlossenes Intervall $[\alpha, \beta]$, $\alpha < \beta$. Dann gilt der folgende

Satz 8.7 (vgl. B a r r a r / L o e b [70a]). *Sei $f \in C(B)$ normal. Dann gibt es ein $\hat{a} \in A$*
und eine Zahl $\gamma > 0$ derart, daß für alle $a \in A$ gilt:

$$\|F(\hat{a}) - f\| + \gamma \, \|F(\hat{a}) - F(a)\| \le \|F(a) - f\|. \tag{8.3'}$$

Bemerkung. Aus Satz 8.6 und 8.7 ergibt sich die lokale Stetigkeitsaussage von
Satz 8.3, sofern $f \in C(B)$ normal ist.

Zum Beweis des Satzes 8.7 benötigen wir das folgende

Lemma 8.8. *Sei für $f \in C(B)$*

$$\|F(\hat{a}) - f\| = \varrho\,(f, W) > 0 \quad \text{und} \quad d(\hat{a}) = N \,(vgl.\,(8.9)).$$

Sei $\{a^k\}$ eine Folge mit $a^k \in A$ und

$$\lim_{k \to \infty} \|F(a^k) - f\| = \|F(\hat{a}) - f\|. \tag{8.11}$$

Dann gibt es eine Folge $\{\hat{a}^m\}$ mit $\hat{a}^m \in A$ und eine Teilfolge $\{a^{k_m}\}$ von $\{a^k\}$ mit

$$\lim_{m \to \infty} \|\hat{a}^m - \hat{a}\|_2 = 0$$

und $\quad F(a^{k_m}) \equiv F(\hat{a}^m) \quad$ *für alle m*

sowie $\quad \hat{a}_i^m = \hat{a}_i \quad$ *für* $\quad i = N + 1, \dots, n.$

Dabei wird wieder o.B.d.A. angenommen, daß $(\partial F / \partial a_1)\,(\hat{a}), \dots, (\partial F / \partial a_N)\,(\hat{a})$ linear
unabhängig sind.

Beweis. Auf Grund des Alternantenkriteriums in II.7.B gibt es $N + 1$ Punkte
$x_j \in [\alpha, \beta]$ mit

$$\alpha \le x_1 < x_2 < \dots < x_{N+1} \le \beta$$

und $\quad F(\hat{a}, x_i) - f(x_i) = (-1)^i \, \varrho \, \|F(\hat{a}) - f\| \tag{8.12}$

für $i = 1, \dots, N + 1$ mit $\varrho = +1$ oder -1.

Aus (8.11) ergibt sich die Beschränktheit der Folge $\{\|F(a^k)\|\}$, die die Beschränktheit aller Folgen

$$\{F(a^k, x_i)\} \quad \text{für} \quad i = 1, \dots, N+1$$

impliziert. Wir können daher o.B.d.A. annehmen, daß für jedes $i = 1, \dots, N+1$ der Limes

$$F(x_i) = \lim_{k \to \infty} F(a^k, x_i) \tag{8.13}$$

existiert. Behauptung: Es ist

$$F(\hat{a}, x_i) = F(x_i) \quad \text{für} \quad i = 1, \dots, N+1. \tag{8.14}$$

Wir nehmen zunächst (8.14) als bewiesen an und geben uns eine Nullfolge $\{\varepsilon_m\}$ positiver Zahlen ε_m vor. Für genügend kleines ε_m gibt es dann nach Lemma 8.4 und 8.5 ein $\delta_m > 0$ und nach (8.13), (8.14) ein a^{k_m} mit

$$|F(a^{k_m}, x_i) - F(\hat{a}, x_i)| \leq \delta_m,$$

so daß genau eine Funktion $F(\hat{a}^m)$, $\hat{a}^m \in A$, existiert mit

$$F(\hat{a}^m, x_i) = F(a^{k_m}, x_i) \quad \text{für} \quad i = 1, \dots, N$$

$$\Rightarrow \quad F(\hat{a}^m) \equiv F(a^{k_m}) \quad \text{und} \quad \hat{a}_j^m = \hat{a}_j \quad \text{für} \quad j = N+1, \dots, n$$

sowie $\|\hat{a}^m - \hat{a}\|_2 \leq \varepsilon_m$. Das ist aber genau die Behauptung von Lemma 8.8. Es verbleibt jetzt noch der Beweis der Behauptung (8.14). Zunächst einmal gilt für alle $i = 1, \dots, N+1$ und k

$$\|F(a^k) - f\| \geq |F(a^k, x_i) - f(x_i)|$$

und somit wegen (8.11) und (8.13)

$$\max_{1 \leq i \leq N+1} |F(x_i) - f(x_i)| \leq \|F(\hat{a}) - f\|. \tag{8.15}$$

Annahme: Für ein $j_0 \in \{1, \dots, N+1\}$ sei

$$|F(\hat{a}, x_{j_0}) - F(x_{j_0})| = c > 0. \tag{8.16}$$

Nach Lemma 8.4 gibt es dann für jedes genügend kleine $\varepsilon \in (0, c/2)$ eine positive Zahl $\delta = \delta(\varepsilon) < \varepsilon$ und genau ein $a \in A$ mit

$$F(a, x_j) = F(\hat{a}, x_j) + (-1)^j \varrho \delta \quad \text{für alle} \quad j \neq j_0 \tag{8.17}$$

und $\|a - \hat{a}\|_2 \leq \varepsilon$. Wählt man ε genügend klein, so ist auf Grund der Stetigkeit der Abbildung $a \to F(a)$

$$\|F(a) - F(\hat{a})\| \leq \frac{c}{2} \tag{8.18}$$

erreichbar. Wir denken uns weiterhin k so groß gewählt, daß für alle $j = 1, \dots, N+1$

$$|F(a^k, x_j) - F(x_j)| \leq \frac{\delta}{2} \left(< \frac{c}{2} \right) \tag{8.19}$$

ist. Aus (8.12) und (8.17) folgt für alle $j \neq j_0$

$$F(a, x_j) - f(x_j) = (-1)^j \varrho \, [\|F(\hat{a}) - f\| + \delta]$$

und daraus mit (8.15), (8.19)

$$|F(a, x_j) - f(x_j)| \geq |F(x_j) - f(x_j)| + \delta$$
$$\geq |F(a^k, x_j) - f(x_j)| + \frac{\delta}{2}, \qquad (8.20)$$

mithin $F(a, x_j) - F(a^k, x_j) \neq 0$ für alle $j \neq j_0$

und $\mathrm{sgn}\,[F(a, x_j) - F(a^k, x_j)] = \mathrm{sgn}\,[F(a, x_j) - f(x_j)] = (-1)^j \varrho\, {}^{1)}$ (8.21 a)

Fallunterscheidung. 1. $F(\hat{a}, x_{j_0}) - f(x_{j_0}) > 0$. Dann folgt aus (8.15), (8.16)

$$F(\hat{a}, x_{j_0}) - f(x_{j_0}) = F(x_{j_0}) - f(x_{j_0}) + c$$

und weiter aus (8.18), (8.19)

$$F(a, x_{j_0}) - f(x_{j_0}) \geq F(\hat{a}, x_{j_0}) - f(x_{j_0}) - \frac{c}{2}$$
$$= F(x_{j_0}) - f(x_{j_0}) + \frac{c}{2}$$
$$\geq F(a^k, x_{j_0}) - f(x_{j_0}) - \frac{\delta}{2} + \frac{c}{2}$$
$$> F(a^k, x_{j_0}) - f(x_{j_0}),$$

mithin $F(a, x_{j_0}) - F(a^k, x_{j_0}) > 0$.

2. $F(\hat{a}, x_{j_0}) - f(x_{j_0}) < 0$. Dann beweist man analog

$$F(a, x_{j_0}) - F(a^k, x_{j_0}) < 0.$$

Damit haben wir also

$$\mathrm{sgn}\,[F(a, x_{j_0}) - F(a^k, x_{j_0})] = \mathrm{sgn}\,[F(\hat{a}, x_{j_0}) - f(x_{j_0})] = (-1)^{j_0} \varrho\,. \quad (8.21 \, \text{b})$$

Aus (8.21 a, b) folgt aber, daß $F(a) - F(a^k)$ in $[\alpha, \beta]$ mindestens N verschiedene Nullstellen besitzt, was auf Grund der Nullstellenbedingung und der Maximalität von N die Aussage $F(a) \equiv F(a^k)$ impliziert, ein Widerspruch gegen (8.20). Damit ist die Annahme (8.16) falsch und (8.14) bewiesen. ∎

Beweis von Satz 8.7. Sei $\hat{a} \in A$, $d(\hat{a}) = N$ und

$$\|F(\hat{a}) - f\| = \varrho\,(f, W)\,.$$

---

[1] Für je zwei reelle Zahlen α, β gilt nämlich die Implikation

$$|\alpha| > |\beta| \Rightarrow \mathrm{sgn}\,(\alpha) = \mathrm{sgn}\,(\alpha - \beta).$$

Für $f = F(\hat{a})$ ist (8.3) z. B. für $\gamma = 1$ erfüllt. Sei daher $f \not\equiv F(\hat{a})$, d.h. $\varrho\,(f, W) > 0$. Wir definieren

$$\gamma(a) = \frac{\|F(a) - f\| - \|F(\hat{a}) - f\|}{\|F(a) - F(\hat{a})\|} \,(\geq 0) \tag{8.22}$$

für jedes $a \in A$ mit $F(a) \not\equiv F(\hat{a})$.

Nimmt man an, die Behauptung sei falsch, dann gibt es eine Folge $\{a^k\}$ in A mit $F(a^k) \not\equiv F(\hat{a})$ für alle k und

$$\lim_{k \to \infty} \gamma_k = 0, \quad \gamma_k = \gamma(a^k)\,(\geq 0). \tag{8.23}$$

Aus (8.22) ergibt sich für alle k

$$\|F(a^k) - f\| = \|F(\hat{a}) - f\| + \gamma_k \|F(a^k) - F(\hat{a})\|, \tag{8.24}$$

und aus dieser Gleichung folgt

$$\|F(\hat{a}) - F(a^k)\| - \|F(\hat{a}) - f\| \leq \|F(\hat{a}) - f\| + \gamma_k \|F(a^k) - F(\hat{a})\|.$$

Division durch $\|F(\hat{a}) - F(a^k)\|$ ergibt

$$1 \leq \frac{2 \|F(\hat{a}) - f\|}{\|F(\hat{a}) - F(a^k)\|} + \gamma_k.$$

Daraus folgt, daß die Folge $\{\|F(\hat{a}) - F(a^k)\|\}$ beschränkt ist.

Aus (8.23) und (8.24) folgt daher

$$\lim_{k \to \infty} \|F(a^k) - f\| = \|F(\hat{a}) - f\|.$$

Nach Lemma 8.8 können wir o.B.d.A. annehmen, daß $a_i^k = \hat{a}_i$ für $i = N+1, \ldots n$ und alle k gilt sowie

$$\lim_{k \to \infty} \|a^k - \hat{a}\|_2 = 0.$$

Wir setzen

$$E_{\hat{a}} = \{x \in [\alpha, \beta] \mid |F(\hat{a}, x) - f(x)| = \|F(\hat{a}) - f\|\}$$

und $\quad \sigma(x) = \text{sgn}\,(f(x) - F(\hat{a}, x)) \quad$ für alle $\quad x \in E_{\hat{a}}.$

Aus (8.24) folgt sodann für alle k und alle $x \in E_{\hat{a}}$

$$\begin{aligned}
\gamma_k \|F(a^k) - F(\hat{a})\| &= \|F(a^k) - f\| - \|F(\hat{a}) - f\| \\
&\geq \sigma(x)\,[f(x) - F(a^k, x)] - \sigma(x)\,[f(x) - F(\hat{a}, x)] \\
&= \sigma(x)\,[F(\hat{a}, x) - F(a^k, x)]. \tag{8.25}
\end{aligned}$$

Behauptung. *Es gibt ein* $\alpha > 0$ *mit*

$$\max_{x \in E_{\hat{a}}} \sigma(x)\,[F(\hat{a}, x) - F(a^k, x)] \geq \alpha \|a^k - \hat{a}\|_2 \tag{8.26}$$

für alle k.

Wäre die Behauptung (8.26) falsch, so gäbe es eine Teilfolge von $\{a^k\}$, die wir wieder mit $\{a^k\}$ bezeichnen, so daß die Folge $\{\alpha_k\}$ mit

$$\alpha_k = \max_{x \in E_1} \sigma(x) \frac{F(\hat{a},x) - F(a^k,x)}{\|\hat{a} - a^k\|_2}$$

gegen einen Grenzwert ≤ 0 konvergiert.

Auf Grund des Mittelwertsatzes und $\lim_{k \to \infty} \|a^k - \hat{a}\|_2 = 0$ können wir annehmen, daß für genügend großes k

$$\max_{x \in E_1} \sigma(x) \left[\sum_{i=1}^{N} \frac{\partial F}{\partial a_i}(a^k(x), x) \frac{(\hat{a}_i - a_i^k)}{\|a^k - \hat{a}\|_2} \right] = \alpha_k$$

ist, wobei $a^k(x)$ auf der Strecke zwischen a^k und $\hat{a}$ liegt. Setzt man $c^k = \dfrac{\hat{a} - a^k}{\|\hat{a} - a^k\|_2}$, so ist $\|c^k\|_2 = 1$ und o.B.d.A. existiert ein $c \in \mathbb{R}^n$ mit $c = \lim_{k \to \infty} c^k$ und $\|c\|_2 = 1$. Für $k \to \infty$ erhält man daher

$$\max_{x \in E_1} \sigma(x) \sum_{i=1}^{N} c_i \frac{\partial F}{\partial a_i}(\hat{a},x) \leq 0.$$

Nach dem Alternantenkriterium (vgl. II.7.B) hat daher die nicht identisch verschwindende Funktion

$$\sum_{i=1}^{N} c_i \frac{\partial F}{\partial a_i}(\hat{a}) \in V(\hat{a}) \quad (\text{wegen } \|c\|_2 = 1)$$

mindestens N verschiedene Nullstellen im Widerspruch zur lokalen Haarschen Bedingung. Damit ist (8.26) für alle k bewiesen.

In Verbindung mit (8.25) erhält man somit

$$\gamma_k \|F(a^k) - F(\hat{a})\| \geq \alpha \|a^k - \hat{a}\|_2 . \tag{8.27}$$

Wegen $a^k \to \hat{a}$ können wir auf Grund des Mittelwertsatzes für genügend große k ein $d > 0$ derart annehmen, daß

$$\|F(a^k) - F(\hat{a})\| \leq d \|a^k - \hat{a}\|_2$$

ist. (8.27) impliziert damit

$$\gamma_k \geq \frac{\alpha}{d} > 0$$

für genügend großes k, ein Widerspruch gegen (8.23). ∎

D. Beispiele

a) Gewöhnliche rationale Approximation. In diesem Fall ist

$$F(a,b,x) = \frac{u(a,x)}{v(b,x)} = \frac{\displaystyle\sum_{j=0}^{r} a_j x^j}{\displaystyle\sum_{k=0}^{s} b_k x^k}, \quad x \in [\alpha,\beta], \quad \alpha < \beta,$$

$$A = \left\{ (a,b) \in \mathbb{R}^{r+s+2} \,\middle|\, \sum_{k=0}^{s} b_k\, x^k > 0 \quad \text{für alle} \quad x \in [\alpha, \beta] \right\}$$

Nach II.4.C und II.6.B sind alle Voraussetzungen von II.8.C erfüllt. Nach Lemma 6.4 gilt für N nach (8.9)

$$N = r + s + 1,$$

und es ist $d(\hat{a}, \hat{b}) = N$ genau dann, wenn

$$\operatorname{grad} u(\hat{a}) = r \quad \text{und} \quad \operatorname{grad} v(\hat{b}) = s.$$

b) Gewöhnliche nichtlineare Exponentialapproximation. In diesem Fall ist

$$F(a,b) = \sum_{j=1}^{r} a_j\, e^{b_j x}, \quad x \in [\alpha, \beta], \quad \alpha < \beta,$$

$$A = \{ (a,b) \in \mathbb{R}^{2r} \mid b_1 < b_2 < \ldots < b_r \}.$$

Wiederum sind nach II.4.C und II.6.B alle Voraussetzungen von II.8.C erfüllt. Weiterhin gilt für N nach (8.9): $N = 2r$, und es ist $d(\hat{a}, \hat{b}) = N$ genau dann, wenn alle $\hat{a}_j \neq 0$ sind für $j = 1, \ldots, r$.

Bemerkungen. Die Normalität ist im Falle der gewöhnlichen rationalen Approximation nicht nur hinreichend für die lokale Stetigkeit des T-Operators (wie oben gezeigt), sondern auch notwendig. Der Beweis dieser Aussage geht zurück auf Beiträge von Maehly/Witzgall [60], Cheney/Loeb [64] und H. Werner [64] (vgl. auch [67]). Die Übertragung dieser Aussage auf den Fall der verallgemeinerten rationalen Approximation wurde von Cheney in [65] (vgl. auch [66]) und Cheney/Loeb in [66] vorgenommen.

Für den Fall der Exponentialapproximation hat Schmidt in [68] bewiesen, daß $N = 2r$ nicht nur hinreichend, sondern auch notwendig für die lokale Stetigkeit des T-Operators (im Sinne von Satz 8.3) ist.

III. H-Mengen

Die Alternantensätze sind nur bei Funktionen von einer unabhängigen Veränderlichen anwendbar. An die Stelle der Menge der Extremalpunkte treten bei Funktionen mehrerer unabhängiger Veränderlicher die H-Mengen, bzw. H_1-Mengen bei einseitiger Tschebyscheff-Approximation. H-Mengen lassen sich auch im nichtlinearen Fall häufig leicht angeben, selbst in Fällen, in denen keine Minimallösung existiert. Sie sind für praktische Berechnungen wichtig, weil ein Einschließungssatz für die Minimalabweichung (vgl. den folgenden Satz 1.1) bei Vorliegen einer H-Menge bequem angewendet werden kann. Fallen im Einschließungssatz untere und obere Schranken zusammen, so liegt eine Minimallösung vor. Liegen die Schranken dicht beieinander, so weiß man, daß man nahezu das bestmögliche erreicht hat und daß man bei der betrachteten Funktionenschar die Minimalabweichung nicht unter die untere Schranke hinunterdrücken kann. Genügt diese Schranke nicht der gewünschten Genauigkeit, so muß man eine andere (meist eine umfassendere) Funktionenklasse verwenden.

1. H-Mengen, H_1-Mengen, H_2-Mengen

In II.2.B.b waren bereits H-Mengen eingeführt worden. Für eine Funktionenklasse W aus $C(B)$ heißt eine Teilmenge D von B eine H-Menge, wenn D die Vereinigung zweier nichtleerer Mengen D_1, D_2 ist mit der Eigenschaft: Es gibt kein Paar $w, \hat{w} \in W$ mit

$$w(x) - \hat{w}(x) \begin{cases} > 0 & \text{für alle} \quad x \in D_1 \,, \\ < 0 & \text{für alle} \quad x \in D_2 \,. \end{cases} \tag{1.1}$$

Alle in diesem Kapitel auftretenden Funktionen seien reell.

Unter Benutzung von H-Mengen haben wir in II.2. für die Minimalabweichung $\varrho\,(f,W)$ die Abschätzungen (2.13), (2.14) hergeleitet.

Darüber hinaus kann man nun aus II Satz 2.1 die folgende für die Anwendungen bequeme Form gewinnen:

Satz 1.1. *Seien $f(x) \in C\,(B)$ und $g(x) \in W(a, x)$ gegebene Funktionen. Es gebe eine Menge $H \subset B$ mit den Eigenschaften:*

1. Der Fehler $\varepsilon = g - f$ ist $\neq 0$ auf H,

2. Es gibt keine Funktion $\varphi \in W$ mit

$$\varepsilon\,(g - \varphi) > 0 \;\; auf\,H. \tag{1.2}$$

Dann gilt die Einschließung

$$\inf_{H} |\varepsilon| \leq \varrho\,(f,W) \leq \|\varepsilon\|$$

Beweis. Definiert man

$$\varepsilon^*(x) = \frac{g(x) - f(x)}{|g(x) - f(x)|} \quad \text{für jedes} \quad x \in H$$

und $\qquad \alpha(x) = \varepsilon^*(x)\,g(x),$

so gibt es nach Annahme für jedes $\varphi \in W$ einen Punkt $x \in H$ mit

$$\alpha(x) \leq \varepsilon^*(x)\, \varphi(x),$$

d.h. es ist die Bedingung II (2.1) mit ε^* anstelle des dortigen ε, φ anstelle des dortigen w und H anstelle des dortigen D erfüllt, was II (2.2) und damit

$$\inf_{x \in H} |\varepsilon(x)| = \inf_{x \in H} \{\alpha(x) - \varepsilon^*(x)f(x)\} \leq \varrho\,(f,W)$$

impliziert. $\varrho\,(f,W) \leq \|\varepsilon\|$ ist klar. ∎

Statt (1.2) kann man auch fordern: Es gibt keine Funktion $\varphi \in W$ mit

$$\operatorname{sgn}(g-f) = \operatorname{sgn}(g-\varphi) \quad \text{auf} \quad H. \tag{1.3}$$

Bei der einseitigen Tschebyscheff-Approximation einer Funktion $f(x) \in C(B)$, etwa von oben her (für die einseitige Tschebyscheff-Approximation von unten her gelten alle folgenden Betrachtungen ganz analog), sei $\tilde{W}$ die Klasse der „zulässigen Funktionen“, d.h. die Menge der Funktionen $w \in W$ mit $w(x) \geq f(x)$ für alle $x \in B$. Nun sei $\tilde{w}$ eine zulässige Funktion; dann gilt für den Fehler $\tilde{\varepsilon} = \tilde{w}-f \geq 0$ in B. Ferner seien $P_\varkappa$ $(\varkappa = 1,\dots,k)$ Punkte in B, in welchen der Fehler verschwindet,

$$\tilde{\varepsilon}(P_\varkappa) = 0, \quad \varkappa = 1,\dots,k,$$

und Q_μ $(\mu = 1,\dots,m)$ seien Punkte in B, in welchen der Fehler seinen maximalen Wert annimmt:

$$\tilde{\varepsilon}(Q_\mu) = \max_{x \in B} \tilde{\varepsilon}(x) = \varrho_{\tilde{\varepsilon}}. \quad \mu = 1,\dots,m.$$

Damit kann man die folgende Definition aufstellen.

Definition. *Die Punkte $P_\varkappa$, Q_μ bilden eine H_1-Menge, wenn es in der Klasse W kein Element w gibt mit*

$$w(P_\varkappa) - \tilde{w}(P_\varkappa) \geq 0, \quad \varkappa = 1,\dots,k,$$

und $\quad w(Q_\mu) - \tilde{w}(Q_\mu) < 0, \quad \mu = 1,\dots,m. \tag{1.4}$

Es gilt dann der

Satz 1.2. (Hinreichende Bedingung für eine Minimallösung). *Unter den genannten Voraussetzungen sei $\tilde{w}$ eine zulässige Funktion bezüglich einer gegebenen Funktion f, und die Punkte $P_\varkappa$, Q_μ mögen eine H_1-Menge bilden. Dann ist $\tilde{w}$ Minimallösung für die einseitige Tschebyscheff-Approximation von oben.*

Beweis (indirekt). Sei $\tilde{w}$ nicht Minimallösung. Dann gibt es eine „bessere“ Annäherung $\hat{w}$ (die Existenz von Minimallösungen ist bei dem Satz nicht vorausgesetzt). Der zugehörige Fehler $\hat{\varepsilon} = \hat{w} - f$ ist in ganz B nichtnegativ, und das Supremum $\varrho_{\hat{\varepsilon}}$ von $\hat{\varepsilon}$ ist echt kleiner als $\varrho_{\tilde{\varepsilon}}$; es gilt $\hat{\varepsilon} \leq \varrho_{\hat{\varepsilon}} < \varrho_{\tilde{\varepsilon}}$ in ganz B. Für die Differenz

$$v = \hat{\varepsilon} - \tilde{\varepsilon} = \hat{w}(x, \hat{a}_v) - \tilde{w}(x, \tilde{a}_v) \tag{1.5}$$

gilt dann

$$v(P_{\varkappa}) \geq 0 \quad (\varkappa = 1, \ldots, k), \quad v(Q_{\mu}) < 0 \quad (\mu = 1, \ldots, m). \tag{1.6}$$

Nach der Definition einer H_1-Menge sollte es aber kein solches v geben. ∎

Für die numerische Rechnung kann man die Bedingungen (1.3) oft durch etwas gröbere, aber leichter nachprüfbare Bedingungen ersetzen:

Definition. *Für eine Funktionenklasse W aus $C(B)$ bilden Punkte $P_{\varkappa}(\varkappa = 1, \ldots, k)$ einer Teilmenge D_1 und Punkte $Q_{\mu}(\mu = 1, \ldots, m)$ einer Teilmenge D_2 von B (beide Mengen D_1, D_2 seien nicht leer) eine H_2-Menge, wenn es kein Paar $w, \tilde{w} \in W$ gibt mit*

$$w(x) - \tilde{w}(x) \begin{cases} \geq 0 & \text{für alle} \quad x \in D_1, \\ < 0 & \text{für alle} \quad x \in D_2. \end{cases} \tag{1.7}$$

In dieser Definition tritt die zu approximierende Funktion $f(x)$ nicht mehr auf, und jede H_2-Menge ist zugleich H_1-Menge für jede Funktion $f(x)$ derart, daß es eine Funktion $\tilde{w} \in \tilde{W}$ gibt mit $\tilde{w}(x) = f(x)$ für alle $x \in D_1$ und $\tilde{w}(x) - f(x) = \max_{y \in B} (\tilde{w}(y) - f(y))$ für alle $x \in D_2$. Offenbar ist jede H_2-Menge auch zugleich H-Menge für dieselbe Funktionenklasse.

Enthält die Funktionenklasse W eine additive Konstante a_1 als Parameter, besteht sie also aus den Funktionen

$$w = a_1 + f(x_1, \ldots, x_n, a_2, a_3, \ldots, a_p), \tag{1.8}$$

so ist das Problem der einseitigen Tschebyscheff-Approximation mit der gewöhnlichen Tschebyscheff-Approximation äquivalent; denn ist $\hat{w}$ eine Lösung für die gewöhnliche Tschebyscheff-Approximation einer gegebenen Funktion $f(x)$ mit der Minimalabweichung ϱ_0, so ist $\hat{w} + \varrho_0/2$ Lösung der einseitigen Tschebyscheff-Approximation von oben (und entsprechend $\hat{w} - \varrho_0/2$ für die E.T.A. von unten).

2. Lineare Approximation

Hier kann man einen dem Gaußschen Eliminationsverfahren bei linearen Gleichungssystemen ähnlichen Algorithmus zur Nachprüfung der Bedingungen (1.1) bzw. (1.7) benutzen: Im linearen Fall besteht die Klasse W aus den Linearkombinationen

$$w = \sum_{v=1}^{p} a_v \, w_v(x) \tag{2.1}$$

mit fest gegebenen Funktionen $w_\nu(x) \in C(B)$ und a_ν als Konstanten. Jede Differenz $w - \tilde{w} \in W$ hat wieder die Form (2.1), und es ist zu prüfen, ob das System von Ungleichungen

$$\left.\begin{array}{l} \displaystyle\sum_{\nu=1}^{p} c_{\sigma\nu}\, a_\nu \geq 0, \quad \sigma = 1,\ldots,k, \\[3ex] \displaystyle\sum_{\nu=1}^{p} c_{\sigma\nu}\, a_\nu > 0, \quad \sigma = k+1,\ldots,k+m, \end{array}\right\} \tag{2.2}$$

durch reelle Zahlen a_ν erfüllbar ist oder nicht; dabei ist gesetzt

$$\begin{array}{ll} c_{\sigma\nu} = w_\nu(P_\sigma) & \text{für} \quad \sigma = 1,\ldots,k, \\[2ex] c_{k+\mu,\nu} = -w_\nu(Q_\mu) & \text{für} \quad \mu = 1,\ldots,m, \end{array} \tag{2.3}$$

Man kann (2.2) auch auf die Form bringen: Es ist nachzuprüfen, ob es in der Klasse W eine Funktion w gibt mit

$$w(P_\sigma) \geq 0 \quad (\sigma = 1,\ldots,k), \quad w(Q_\mu) < 0 \quad (\mu = 1,\ldots,m) \tag{2.4}$$

oder nicht.

Zur Nachprüfung von (1.1) hat man in den Ungleichungen (2.2) bzw. (2.4) für $\sigma = 1,\ldots,k$ das Zeichen $\geq$ durch $>$ zu ersetzen.

Es seien nur die wirklich auftretenden a_ν aufgeführt, d.h. in jeder Spalte der Matrix $C = (c_{\sigma\nu})$ ist mindestens ein $c_{\sigma\nu}$ (bei festem ν) von Null verschieden. In jeder Spalte kann man annehmen, daß mindestens ein $c_{\sigma\nu} > 0$ ist, da man sonst nur a_ν durch $-a_\nu$ zu ersetzen braucht. Schließlich seien in keiner Zeile (für kein σ) alle $c_{\sigma\nu} = 0$, da man sonst im Falle $\sigma \leq k$ die betreffende Zeile fortlassen kann und im Falle $\sigma > k$ bereits die Unlösbarkeit des Systems (2.2) erkennt. Nun können 2 Fälle eintreten:

Fall 1: In der Matrix C sind alle Elemente $c_{\sigma\nu} \geq 0$; dann hat (2.2) die Lösung $a_\nu \equiv 1$, und die Punkte $P_\varkappa$, Q_μ bilden keine H-Menge und auch keine H_2-Menge.

Fall 2: Die Matrix C enthält ein negatives Element, etwa $c_{21} < 0$. In der ersten Spalte gibt es aber auch ein positives Element, etwa $c_{q1} > 0$. Man kann dann die Ungleichungen (2.2) so mit positiven Faktoren multiplizieren und addieren, daß a_1 eliminiert wird, und man erhält anstelle von (2.2) ein neues System, bei dem die Anzahl der Koeffizienten und die der Ungleichungen je um mindestens Eins kleiner ist als bei (2.2). Dieses neue System wird nach dem gleichen Verfahren wie das System (2.2) behandelt, und man verkleinert auf diese Weise die Zahl der Koeffizienten a_ν so lange wie möglich.

Das Verfahren bricht ab in folgenden Fällen:

1. Beim Eliminieren tritt einmal eine Zeile auf, in der alle a_ν den Faktor Null haben. Hier ist noch zweierlei möglich:

a) Es tritt der Widerspruch $0 > 0$ auf; die Punkte $P_{\varkappa}$, Q_{μ} bilden eine H_2-Menge.

b) Es tritt $0 \geq 0$ auf. Die Punkte $P_{\varkappa}$, Q_{μ} bilden dann eine H-Menge; denn wenn in den Ausgangsungleichungen alle $\geq$ durch $>$ ersetzt werden, geht auch die Folgerung $0 \geq 0$ in den Widerspruch $0 > 0$ über.

2. Man gelangt zu einem System von Ungleichungen

$$\sum_{v=1}^{p'} c_{\sigma v}' a_v' \geq 0 \quad \text{bzw.} \quad > 0, \quad \sigma = 1, 2, \ldots, s',$$

bei dem alle $c_{\sigma v}' \geq 0$ sind und in jeder Zeile mindestens ein $c_{\sigma v}' > 0$ ist; dieses System ist durch beliebige positive a_v' erfüllbar. Man hat dann aber noch keine Aussage über Vorliegen einer H- oder H_2-Menge, sondern man muß noch prüfen, ob das Ausgangssystem durch Wahl passender a_v erfüllbar ist.

Dieser Algorithmus führt nicht in allen Fällen zu einer Entscheidung, liefert aber doch sehr häufig die Bestätigung für Vorliegen einer H-, bzw. H_2-Menge. Ein ausführliches Beispiel wird in III.4 durchgerechnet.

Häufig beobachtet man, daß man zu dem in Fall 2.1a genannten Widerspruch $0 > 0$ auch kommt, wenn man in den Ausgangsungleichungen (2.2) die Zeichen $\geq$ und $>$ miteinander vertauscht. Das bedeutet, daß man auch eine H_2-Menge erhält, wenn man die $P_{\varkappa}$ ($\varkappa = 1, \ldots, k$) als Punkte von D_2 und die Q_{μ} ($\mu = 1, \ldots, m$) als Punkte von D_1 nimmt.

3. Beispiele von H-Mengen

A. T-Systeme. Bereits in II.2.B.b sind Beispiele von H-Mengen gegeben worden: Bilden die p linear unabhängigen stetigen Funktionen $w_1(x), \ldots, w_p(x)$ im reellen eindimensionalen Intervall $J = [a,b]$ ein T-System, d.h. hat jede Linearkombination w nach (2.1), die nicht identisch verschwindet, in J höchstens $p - 1$ Nullstellen (Haarsches System oder Unisolventes System nach II.6.A, wie im einfachsten Fall $w_v(x) = x^{v-1}$, $v = 1, \ldots, p$), wählt man beliebig $(p+1)$ Stellen $z_0 < z_1 < \ldots < z_p$ aus J und faßt man die z_ϱ mit geradem ϱ als Punkte P_σ zur Menge D_1 und die z_ϱ mit ungeradem ϱ als Punkte Q_μ zur Menge D_2 zusammen, so ist $D = D_1 \cup D_2$ eine H-Menge, denn eine Funktion w mit

$$w(z_\varrho) > 0 \quad \text{für ungerades } \varrho, \quad w(z_\varrho) < 0 \quad \text{für gerades } \varrho,$$

hätte in J mindestens p Nullstellen und müßte daher identisch verschwinden.

Wegen der großen Bedeutung und Anwendbarkeit der T-Systeme seien hier einige schon erwähnte (vgl. II.6.A) und einige weitere T-Systeme in einer Tabelle zusammengestellt:

Einige Beispiele für *T*-Systeme $w_\nu(x)$

Funktionen	Bemerkungen	Intervall J
$1, x, x^2, \ldots, x^{q-1}$	q ganzzahlig ≥ 1	beliebiges reelles Intervall
$f(x), 1, x, x^2, \ldots, x^{q-1}$	$f(x) \in C^q[J]$, $f^{(q)} \neq 0$ in J	
$x^\mu p(x), x^\nu q(x)$, $\mu = 1, \ldots, j; \nu = 1, \ldots, k$	Polynome $p(x), q(x)$ teilerfremd, $\mathrm{Max}[(\mathrm{Grad}\,p) - k, (\mathrm{Grad}\,q) - j] = 1$	
$\exp(k_\nu x), \quad \nu = 1, \ldots, n$	k_ν reell, voneinander verschieden	
$x^{k_\nu}, \quad \nu = 1, \ldots, n$		$(0, +\infty)$
$\dfrac{1}{x - k_\nu}, \quad \nu = 1, \ldots, n$ kein $k_\nu \in J$		beliebiges endliches Intervall
$\cos \nu x, \quad \nu = 0, \ldots, n$		$[0, \pi)$
$\cos \nu x, \quad \nu = 0, \ldots, n$ $\sin \mu x, \quad \mu = 1, \ldots, n$		$[0, 2\pi)$

Ein Funktionensystem $\{w_\nu(x)\}$, $\nu = 1, 2, 3, \ldots$ heißt Markoff-System[1]), wenn die Abschnitte $\{w_1, \ldots, w_m\}$ für jedes m ein *T*-System bilden. So liest man aus der obigen Tabelle sofort Beispiele für Markoff-Systeme ab, z.B.

$$w_\nu(x) = x^{\nu-1} \qquad \text{in jedem reellen Intervall } J$$

oder $\qquad w_\nu(x) = \cos(\nu x) \qquad$ im Intervall $[0, \pi)$.

B. Lineare Funktionen. Sei W die Klasse der affin-linearen Funktionen

$$w = a_0 + \sum_{\nu=1}^{n} a_\nu x_\nu. \tag{3.1}$$

Es seien $P_1, \ldots, P_k$ $(1 \leq k \leq n)$ Punkte im $\mathbb{R}^n$, und K_+ sei die konvexe Hülle dieser Punkte. Zählt man die Punkte P_σ zur Menge D_1, so möge D_1 eine „positive

---

[1]) Markoff, Andrei Andrejewitsch, geboren 14. 6. 1856, wirkte in Petersburg (Leningrad) als Wahrscheinlichkeitstheoretiker; nach ihm sind bekannt: Markoffsche Kette, Markoff-Prozeß, Markoffsche Verteilung, Markoffsche Ungleichungen u.a. Er schrieb auch grundlegende Arbeiten zur konstruktiven Funktionentheorie. Er starb 20. 7. 1922.

Punktmenge" heißen, weil jede Funktion w der Form (3.1), die in allen Punkten P_σ positiv ist, in ganz K_+ positive Werte annimmt. Analog werde zu Punkten $Q_1,\ldots,Q_m$ ($1 \leq m \leq n$), die konvexe Hülle K_- gebildet. Die Punkte Q_μ bilden eine Menge D_2, die als „negative Punktmenge" genommen werde: Jede Funktion w von (3.1), die in den Q_μ negativ ist, ist in K_- negativ.

Dann gilt: Haben die konvexen Hüllen K_+ und K_- einer positiven Punktmenge D_1, bzw. einer negativen Punktmenge D_2 einen Punkt P gemeinsam, so ist die Vereinigung $D = D_1 \cup D_2$ eine *H*-Menge, denn w kann im Punkte P nicht zugleich positiv und negativ sein. D ist dann sogar eine H_2-Menge, da auch schon $w(P) \geq 0$ und $w(P) < 0$ im Widerspruch stehen.

Spezialfälle: Ebene, $n = 2$: Hier gibt es die H_2-Mengen (Abb. III.3.1, dort sind die Punkte P_σ durch schwarz ausgefüllte Kreise und die Punkte Q_μ durch nicht ausgefüllte Kreise angedeutet):

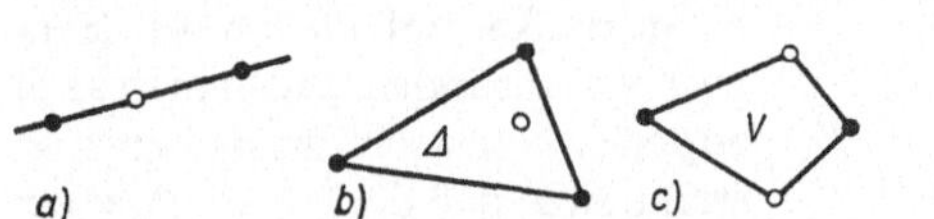

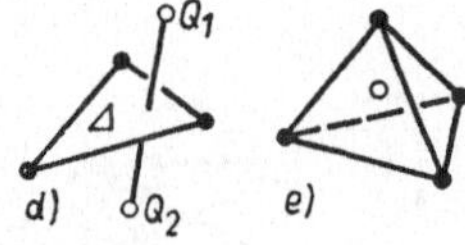

Abb. III.3.1
H_2-Mengen bei linearen Funktionen in der Ebene

Abb. III.3.2
H_2-Mengen bei linearen Funktionen im Raum

a) 3 Punkte auf einer Geraden, von denen die „äußeren" beiden Punkte eine der Mengen D_1, D_2 bilden und der „innere" Punkt die andere Menge ist.

b) D_1 enthält die 3 Eckpunkte des Dreiecks Δ, und D_2 ist ein Punkt im Innern von Δ.

c) V sei irgendein konvexes Viereck, D_1 ein Paar gegenüberliegender Ecken und D_2 bestehe aus den anderen beiden Ecken.

Raum $\mathbb{R}^3$, $n = 3$: Hier kommen als neue Anordnungen hinzu (Abb. III.3.2):

d) D_1 enthält die 3 Eckpunkte eines Dreiecks Δ, und D_2 enthält 2 Punkte Q_1, Q_2, deren Verbindungsstrecke Δ trifft.

e) D_1 enthält die 4 Eckpunkte eines Tetraeders. und D_2 besteht aus einem Punkt Q im Innern des Tetraeders.

Konfigurationen in mehrdimensionalen Räumen wurden von Taylor [72] und Brosowski [65b] untersucht.

C. Polynome. Es sei $C[k, n]$ die Klasse aller Polynome vom Gesamtgrad $\leq k$ in n Variablen $x_1,\ldots,x_n$, und sei $W[k/m,n]$ die Klasse aller rationalen Funktionen in n Variablen, wobei der Zähler zu $C[k,n]$, der Nenner zu $C[m,n]$ gehört und überdies der Nenner im ganzen betrachteten Bereich B positiv ist. Zur Nachprüfung von (1.1) wird die Differenz zweier Elemente w_j aus $W[k/m,n]$ gebildet, und es sei $w_j = Z_j/N_j$ mit $Z_j \in C[k,n]$, $N_j \in C[m,n]$, $N_j > 0$ in B ($j = 1,2$). Die Differenz $w_1 - w_2$ hat dasselbe Vorzeichen wie das Polynom $Z_1 N_2 - Z_2 N_1$, welches zur Klasse $C\,[k+m,n]$ gehört. Es ist also die Summe $r = k + m$ entscheidend, und jede H_2-Menge für die Polynomklasse $C\,[r,n]$ ist zugleich H_2-Menge für die Klasse rationaler Funktionen $W\,[k/m,n]$, sofern $k + m = r$ ist.

D. Polynome bei zwei unabhängigen Variablen. Es soll nun der Fall $n = 2$ besonders herausgegriffen werden, und es werde x, y statt x_1, x_2 geschrieben. Es sei K eine zusammenhängende algebraische Kurve vom Grade $t = 1$ oder $t = 2$ in der x-y-Ebene. Eine algebraische Kurve vom Grade q hat entweder mit K höchstens tq verschiedene Punkte gemeinsam oder alle Punkte eines Astes von K. Nun werden $(tq + 2)$ Punkte P_ν $(\nu = 1, \ldots, tq + 2)$ auf einem Ast von K gewählt und die Punkte P_ν so numeriert, wie sie beim Durchlaufen dieses Astes auftreten. D_1 enthalte die Punkte P_ν mit geradem ν und D_2 die mit ungeradem ν. Dann bilden die Punkte P_ν eine H-Menge bezüglich der Klasse $C\,[q,2]$. Es sei nämlich w ein Polynom aus $C\,[q,2]$ mit $w > 0$ in D_1 und $w < 0$ in D_2. Wegen der Stetigkeit von w gibt es dann auf dem Ast mindestens $tq + 1$ Punkte mit $w = 0$, und daher muß w auf diesem Ast identisch verschwinden. (Zieht man auch doppelte Nullstellen in Betracht, so ergibt sich, daß die Punkte P_ν sogar eine H_2-Menge bilden.)

In Abbildung III.3.3 sind für kleine Grade verschiedene H_2-Mengen zusammengestellt.

E. Allgemeinere Fälle. Das hier in III.3.C benutzte Prinzip kann oft auch in Fällen verwendet werden, bei denen die Klasse W aus den Funktionen

$$w = \sum_{\nu=1}^{N} a_\nu\, \Phi_\nu\,(x_j, b_{\mu\nu}) \qquad (3.2)$$

besteht; dabei sind die Φ_ν fest gegebene Funktionen ihrer Argumente. In der Differenz

$$w_1 - w_2 = \sum_{\nu=1}^{k} c_\nu\, \Phi_\nu\,(x_j, \hat{b}_{\mu\nu}) \qquad (3.3)$$

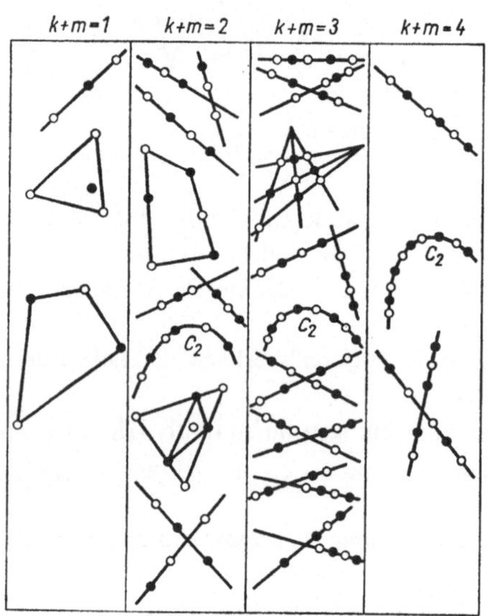

Abb. III.3.3 H_2-Mengen bei rationaler Approximation in zwei unabhängigen Variablen

kann man i.a. $k = 2N$ und $\Phi_{N+\nu} = \Phi_\nu$ für $\nu = 1, \ldots, N$ setzen, jedoch in speziellen Fällen kann man oft $k < 2N$ durch Zusammenfassung passender Terme erreichen. Mit

$$\Phi_{\sigma\nu} = \begin{cases} \Phi_\nu\,(P_\sigma, \hat{b}_{\mu\nu}) & \text{für } \sigma = 1, \ldots, k, \\ -\,\Phi_\nu\,(Q_{\sigma-k}, \hat{b}_{\mu\nu}) & \text{für } \sigma = k+1, \ldots, k+m \end{cases} \qquad (3.4)$$

ist dann wieder zu prüfen, ob das System von Ungleichungen

$$\sum_{\nu=1}^{k} c_\nu \, \Phi_{\sigma\nu} \begin{cases} \geq 0, & \sigma = 1, \ldots, k, \\ > 0, & \sigma = k+1, \ldots, k+m, \end{cases}$$

durch reelle c_ν, $\hat{b}_{\mu\nu}$ erfüllbar ist oder nicht; im zweiten Fall liegt eine H_2-Menge vor.

Auch auf Quotienten der Form (3.2) mit positiven Nennern ist die Methode anwendbar (vgl. z. B. (4.3)).

H-Mengen für Exponential-Approximation und für rationale Exponential-Approximation finden sich bei Collatz [65].

4. Trigonometrische Tschebyscheff-Approximation in zwei Variablen

De la Vallée Poussin [19] hat bereits die Tschebyscheff-Approximation für periodische Funktionen einer Variablen untersucht. Dieser Fall ist auch in der Tabelle der T-Systeme unter III.3.A aufgeführt. Hier sollen, zugleich als Beispiel für die Durchführung des Algorithmus von III.2, periodische Funktionen $f(x,y)$ in 2 Variablen betrachtet werden, wobei x, y statt x_1, x_2 geschrieben werden. B sei der Bereich $0 \leq x \leq 2\pi$, $0 \leq y \leq 2\pi$. Es sollen entweder nur Funktionen betrachtet werden, deren Werteverteilung zu den Geraden $x = \pi$, $y = \pi$ symmetrisch ist, oder nur Funktionen, die in $0 \leq x \leq \pi$, $0 \leq y \leq \pi$ definiert sind und deren Werte zu den Geraden $x = \pi$, $y = \pi$ symmetrisch ergänzt werden; diese seien durch Funktionen der folgenden Klasse W (mit den Parametern a, b_j, c_{jk})

$$w = a + b_1 \cos x + b_2 \cos y + c_{11} \cos 2x + c_{12} \cos x \cos y + c_{22} \cos 2y \quad (4.1)$$

anzunähern.

Es sollen hier Mannigfaltigkeiten von H_2-Mengen angegeben werden; dazu werden Zahlen $x_0, x_1, x_2, y_0, y_1, y_2$, vgl. Abb. III.3.4a) mit

$$0 \leq x_j < \frac{\pi}{2}, \quad j = 0, 1, 2,$$

$$0 \leq y_0 < \left(y_1 \text{ und } \frac{\pi}{2} \right) < y_2 \leq \pi$$

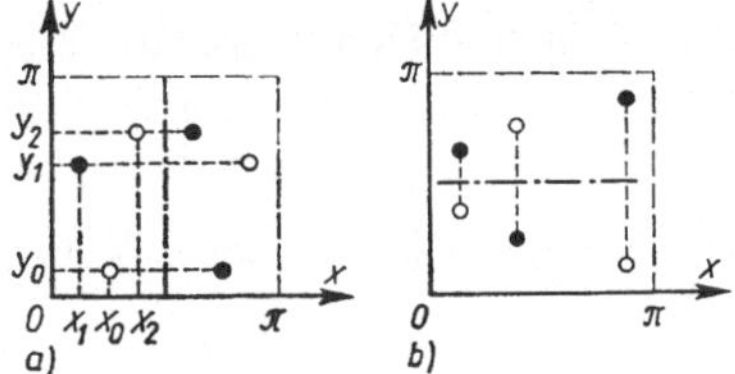

Abb. III.3.4 H_2-Menge bei trigonometrischer Approximation in zwei unabhängigen Variablen

gewählt; durch Spiegelung der Punkte x_j, y_j an der Geraden $x = \pi/2$ entstehen 6 Punkte, von denen man wie in Abb. III.3.4a) die drei durch leere Kreise gekennzeichneten Punkte zur Menge D_1 und die drei durch Vollkreise gekennzeichneten Punkte zu D_2 zählt. Natürlich kann man x- und y-Richtung miteinander vertauschen, Abb. III.3.4b). Nach III.2 ist nun nachzuweisen, daß keine Funktion w aus W in D_1 positiv und in D_2 negativ sein kann. Der Algorithmus von III.2 werde an Hand des wohl leicht verständlichen Schemas durchgerechnet:

Nr.	Koeffizient von Operation	a 1	b_1 $\cos x$	b_2 $\cos y$	c_{11} $\cos 2x$	c_{12} $\cos x \cos y$	c_{22} $\cos 2y$
(1)	Punkt $x = x_0,\ y = y_0$	1	$\cos x_0$	$\cos y_0$	$\cos 2x_0$	$\cos x_0 \cos y_0$	$\cos 2y_0$
(2)	Punkt $x = \pi - x_0,\ y = y_0$	-1	$+\cos x_0$	$-\cos y_0$	$-\cos 2x_0$	$+\cos x_0 \cos y_0$	$-\cos 2y_0$
(3)	$\frac{1}{2}\,[(1) + (2)]$	0	$\cos x_0$	0	0	$\cos x_0 \cos y_0$	0
(4)	dasselbe mit x_1, y_1	0	$-\cos x_1$	0	0	$-\cos x_1 \cos y_1$	0
(5)	dasselbe mit x_2, y_2	0	$\cos x_2$	0	0	$\cos x_2 \cos y_2$	0
(6)	$\dfrac{(5)\,\cos x_0 \cos y_0 - (3)\,\cos x_2 \cos y_2}{\cos y_0 - \cos y_2}$	0	$\cos x_0 \cos x_2$	0	0	0	0
(7)	falls $\cos y_1 \geq 0$: $\dfrac{(3)\,\cos x_1 \cos y_1 + (4)\,\cos x_0 \cos y_0}{\cos y_0 - \cos y_1}$	0	$-\cos x_0 \cos x_1$	0	0	0	0
(8)	falls $\cos y_1 \leq 0$: $\dfrac{(4)\,\cos x_2 \cos y_2 + (5)\,\cos x_1 \cos y_1}{\cos y_2 - \cos y_1}$	0	$-\cos x_1 \cos x_2$	0	0	0	0

Hier hat in Zeile (6) der einzige von Null verschiedene Koeffizient $\cos x_0 \cos x_2$ ein positives Vorzeichen, während der entsprechende Koeffizient in (7) bzw. (8) (je nach dem Vorzeichen von $\cos x_1$) ein negatives Vorzeichen hat; die Ungleichungen (2.2) führen zu einem Widerspruch; es liegt der Fall 2.1a) von III.2 vor, die 6 Punkte bilden daher eine H_2- und auch eine H-Menge.

Läßt man das Punktepaar $x = x_2,\ y = y_2$ und $x = \pi - x_2,\ y = y_2$ fort und nimmt anstelle von (4.1) die Klasse der Funktionen,

$$w = a + b_1 \cos x + b_2 \cos y, \qquad (4.2)$$

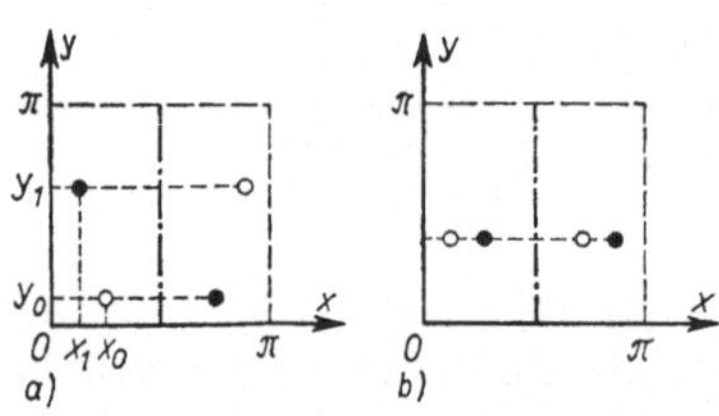

Abb. III.3.5 Vierpunktige H_2-Menge bei trigonometrischer Approximation

so bilden die verbliebenen 4 Punkte, Abb. III.3.5a) für diese Funktionenklasse eine H_2-Menge, wie sich aus dem obigen Schema ergibt, wenn man nur die Zeilen (1) bis (4) und die Spalten für 1, $\cos x$, $\cos y$ betrachtet; denn hier haben die Koeffizienten bei b_1 in Zeile (3) und (4) verschiedenes Vorzeichen, da $\cos x_0 > 0$ und $-\cos x_1 < 0$ ist.

Ein weiteres Beispiel einer H-Menge bilden die 4 Punkte auf einer zur x- (oder y-) Achse parallelen Geraden:

$$D_1 = \{(x_1,y_1),\ (\pi-x_2,y_1)\} \qquad \text{und} \qquad D_2 = \{(x_2,y_1),\ (\pi-x_1,y_1)\},$$

Abb. III.3.5b) mit $0 \le x_1 < x_2 < \pi/2$. Hier erhält man nämlich entsprechend obigem Schema:

(3)	Punkt (x_1,y_1), $(\pi-x_1,y_1)$	0	$\cos x_1$	0	0	$\cos x_1 \cos y_1$	0
(4)	Punkt (x_2,y_1), $(\pi-x_2,y_1)$	0	$-\cos x_2$	0	0	$-\cos x_2 \cos y_1$	0
(5)	$(3)\cdot\cos x_2 + (4)\cos x_1$	0	0	0	0	0	0

Zahlenbeispiel. Für die Funktion $f(x,y) = (2 - \cos x)\,(1 - 1/2\cos y)$ wird in der Klasse (4.2) die Näherung

$$w = 2 - \cos x - \cos y$$

betrachtet; hier wird die maximale Abweichung in den 4 Punkten $(0,0)$, $(0,\pi)$, (π,π), $(\pi,0)$ angenommen, und zwar hat der Fehler $\varepsilon = w - f$ dort wechselndes Vorzeichen, so daß man die 4 Punkte als Punkte einer H-Menge auffassen kann, und w ist Minimallösung.

Das Schema für die Klasse (4.1) ist auch für rationale trigonometrische Approximation verwendbar, genau so wie die Schemata für Polynome nach III.3.C auch für rationale Funktionen H-Mengen liefern. Jede H-Menge für die Klasse (4.1), insbesondere die oben angegebenen H-Mengen, sind auch H-Mengen für die Klasse der Funktionen

$$w = \frac{a + b_1 \cos x + b_2 \cos y}{c + d_1 \cos x + d_2 \cos y} \tag{4.3}$$

mit Nennern, die nirgends verschwinden, da die Differenz $w_1 - w_2$ zweier solcher Funktionen, abgesehen von einem positiven Nenner, die Form (4.1) hat (es ist $\cos^2 x$ eine Linearkombination aus 1 und $\cos 2x$).

5. Segment-Approximation (Spline-Approximation) mit Polynomen

Es werde zunächst der einfachste Fall betrachtet, daß man bei Funktionen $f(x)$ einer Veränderlichen x in einem Intervall $[a,b]$ als Funktionenklasse (in der Bezeichnungsweise von III.3.C) $W(a,x) = W[k/0,1] = C[k,1]$ wählt, also durch Polynome vom Grade $\le k$ approximiert.

Hat man nun zwei beliebige Einteilungen E, E' des Intervalls $[a,b]$ in q Teilintervalle durch die Teilpunkte x_ν, x'_ν $(\nu = 0,\dots,q)$, Abb. III.5.1,

$$a = x_0 < x_1 < x_2 < \dots < x_q = b, \tag{5.1}$$

$$a = x'_0 < x'_1 < x'_2 < \dots < x'_q = b, \tag{5.2}$$

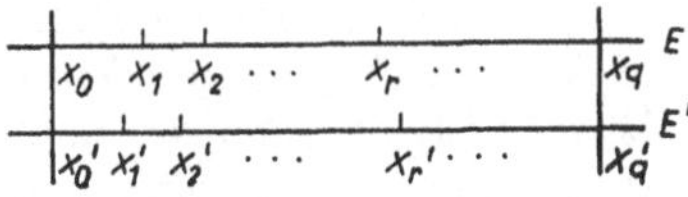

Abb. III.5.1 Vergleich verschiedener Einteilungen

so gibt es bei der Einteilung E mindestens ein Teilintervall $J_s = [x_{s-1}, x_s]$, das ganz in dem zugehörigen Teilintervall $J_s' = [x_{s-1}', x_s']$ enthalten ist. Man kann als s die kleinste Zahl $r > 0$ mit $x_r' \geq x_r$ wählen. Wegen $x_q' = x_q$ gibt es ein solches r.

Nun sei $S_{k,q}[a,b]$ oder kurz S die Klasse aller „Segmentpolynome" $P(x)$, die durch die folgende Eigenschaft charakterisiert sind: Es gibt zu $P(x)$ eine Einteilung (5.1) des Intervalls $[a,b]$ in q Teilintervalle derart, daß in jedem Teilintervall $P(x)$ durch ein Polynom vom Grade $\leq k$ gegeben ist. Bei $x = x_j$ $(j=1,\ldots,q-1)$ darf $P(x)$ als links- oder rechtsseitiger Grenzwert definiert werden. Nun sei g ein festes Segmentpolynom, und es sei H_σ (für $\sigma = 1,\ldots,q$) eine H-Menge des Intervalls J_σ bezüglich $C[k,1]$; dann ist die Vereinigung H aller H_σ eine H-Menge für die Segment-Approximation im Intervall $[a,b]$ bezüglich $C[k,1]$. Sei nämlich φ ein beliebiges Segmentpolynom der Klasse S, und seien E, E' die zu g, beziehungsweise φ gehörigen Einteilungen. Nach der obigen Feststellung gibt es mindestens eine Nummer s, so daß für die zugehörigen Intervalle gilt $J_s \subseteq J_s'$. Es hat g in J_s' mindestens k Zeichenwechsel, und die Annahme, daß φ in J_s' ein Polynom höchstens k-ten Grades ist, ist dann mit (1.1) nicht verträglich.

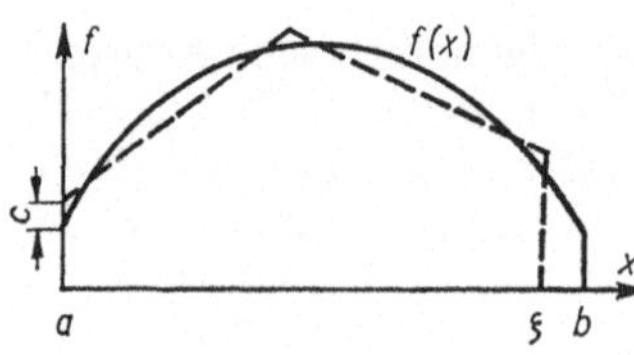

Abb. III.5.2 Spline-Approximation (stetiger Geradenzug)

In der Klasse $C[1,1]$ ergibt sich im Falle, daß die anzunähernde Funktion $f(x)$ im betrachteten Intervall $[a,b]$ eine zweite Ableitung von festem Vorzeichen besitzt, eine stetige Segment-Approximation; Abbildung III.5.2 illustriert dies für den Fall $q = 2$. Wählt man für $P(x)$ den Anfangswert $f(a) + c$, so kann man von diesem Punkt aus einen Streckenzug konstruieren, der abwechselnd von $f(x)$ die Extremalabweichungen $\pm c$ hat, und die Abszisse ξ des $(2q + 1)$ten Extremalpunktes ist (etwa im Bereich $c > 0$) eine stetige monoton wachsende Funktion von c mit $\lim_{c \to 0} \xi = 0$. Man kann zeigen, daß es dann einen Wert von c mit $\xi(c) = b$ gibt; dieser Wert von c ist dann zugleich die Minimalabweichung für die Segment- Approximation.

6. Segment-Approximation mit rationalen Funktionen

Die Betrachtung von III.5 kann auf den allgemeineren Fall der rationalen Segment-Approximation übertragen werden. Es sei nun S die Klasse der in einem Intervall $[a,b]$ definierten Funktionen $Q(x)$, die durch die Eigenschaft charakterisiert sind: es gibt eine Einteilung E nach (5.1) des Intervalls $[a,b]$ in q Teilintervalle derart, daß $Q(x)$ in jedem Teilintervall eine rationale Funktion der Klasse $W[k/m,1]$ ist; Stetigkeit an den Enden der Teilintervalle wird nicht gefordert. Nun sei $g(x) \in S$ eine Näherung für $f(x)$, die zu einer festen Einteilung (5.1) gehört, und es möge der Fehler $\varepsilon = g - f$ in jedem Teilintervall $I_s = [x_{s-1}, x_s]$ an $k + m + 2$ Stellen $x_{s,j}$ das Vorzeichen wechseln:

$$\operatorname{sgn} \varepsilon(x_{s,j}) = - \operatorname{sgn} \varepsilon(x_{s,j+1}) \neq 0 \quad \text{für} \quad \begin{cases} s = 1, 2, \ldots, q, \\ j = 0, 1, \ldots, m + k + 1, \end{cases} \tag{6.1}$$

Es darf $x_{s,0} = x_{s-1}$ und $x_{s,k+m+1} = x_s$ sein; M sei die Menge aller dieser $x_{s,j}$.

Behauptung. *Dann gilt die Einschließung*

$$\operatorname*{Min}_{x \in M} |\varepsilon(x)| \leq \varrho\,(f, S) \leq \|\varepsilon\|. \tag{6.2}$$

(Es braucht nicht stets eine solche Funktion $g(x)$ zu geben; hier wird nur der „Normalfall" betrachtet, in dem eine solche Näherung $g(x)$ vorhanden ist.)

Beweis. Die Voraussetzungen des Satzes 1.1 sind erfüllt (die hier nicht erfüllte Voraussetzung $W \subseteq C(B)$ ist dort entbehrlich); um zu zeigen, daß (1.3) gilt, ist festzustellen, daß für kein $w \in S$

$$\operatorname{sgn}(g - w) = \operatorname{sgn}(g - f) = \operatorname{sgn} \varepsilon \text{ auf } M \tag{6.3}$$

besteht. Das wird indirekt bewiesen und angenommen, es gebe ein w mit (6.3); zu w gehören gewisse Teilpunkte x_s' wie in (5.2).

Fall 1: Die Teilpunkte stimmen überein, $x_s = x_s'$ für $s = 1, \ldots, q$. In $J_1 = [x_0, x_1]$ sei $g = u/v$, $w = \tilde{u}/\tilde{v}$, $g - w = Z/N$ mit $Z = u\tilde{v} - \tilde{u}v$, $N > 0$. Der Grad von Z ist höchstens $k + m$, aber Z soll in J_1 an $k + m + 2$ Stellen das Zeichen wechseln; also ist (6.3) nicht erfüllbar.

Fall 2: Die Teilpunkte stimmen nicht sämtlich überein, dann gibt es aber ein s mit $J_s \subseteq J_s'$, und auf dieses Intervall kann dieselbe Überlegung wie in Fall 1 angewendet werden. ∎

Segment-Approximation bei mehreren unabhängigen Veränderlichen. Die Überlegungen dieses und des vorigen Abschnitts lassen sich auf den Fall von n unabhängigen Veränderlichen und die Klasse $W[k/m, n]$ verallgemeinern. Es seien die Teilungszahlen $q_1, q_2, \ldots, q_n$ gegeben; nun wird eine Einteilung E folgender Art betrachtet: Es werden Koordinaten $x_{\nu 0}, x_{\nu 1}, \ldots, x_{\nu, q_\nu}$ für $\nu = 1, \ldots, n$ derart gewählt, daß der (beschränkte) Bereich B durch die Hyperebenen $x_\nu = x_{\nu\tau}$ ($\nu = 1, \ldots, n$; $\tau = 0, 1, \ldots, q_\nu$) in $N = q_1 \cdot q_2 \cdots q_n$ Teilbereiche zerlegt wird.

Man kann auch noch weitere Freiheiten zulassen, z. B. bei 2 unabhängigen Veränderlichen, die dann x, y heißen mögen, kann man zunächst eine Einteilung in q_2 zur x-Achse parallele Streifen und dann eine Einteilung jedes Streifens in q_1 Rechtecke vornehmen, Abb. III.6.1.

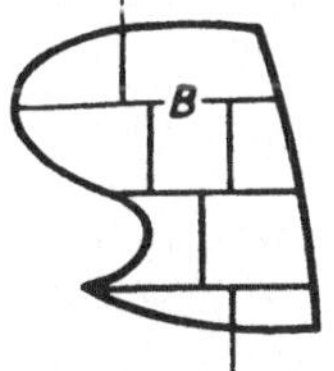

Abb. III.6.1 Spline-Approximation in der Ebene

7. H_2-Mengen und Monotonie

Es werden wieder die Bezeichnungen von III.1 zugrunde gelegt.

A. Monotonieprinzip. Sei nun V der Wertevorrat von w für $x \in B$, $a \in A$, und sei $\varphi(z)$ eine (reellwertige) streng monoton (wachsende oder fallende) Funktion von z für $z \in V$. Bei monoton wachsendem φ folgt aus $w(P_x) \geq w(Q_x)$ dann $\varphi(w(P_x)) \geq \varphi(w(Q_x))$, und bei monoton fallendem φ kehrt sich der Sinn der Ungleichung um. Insgesamt wird die Lösbarkeit oder Unlösbarkeit des Systems (1.1) beim Vorschalten der Funktion φ nicht geändert. Gut verwendbare Funktionen sind (jeweils in passenden Intervallen, die V enthalten) die Funktionen

$$\varphi(z) = e^z, \quad \frac{1}{z}, \quad \frac{1}{(z+c)}, \quad z^c, \ldots$$

Bilden z.B. die Punkte P_x, Q_μ eine H-Menge für die Funktionenklasse

$$w = a_1 + f(x_1, \ldots, x_n, a_2, a_3, \ldots, a_p), \tag{7.1}$$

so bilden sie zugleich eine H-Menge für die Funktionenklasse

$$\hat{w} = e^w = \hat{a}_1 \exp f(x_1, \ldots, x_n, a_2, \ldots, a_p). \tag{7.2}$$

B. Dreipunktige H_2-Menge auf einer Geraden. Bei eindimensionaler Tschebyscheff-Approximation kann man in vielen Fällen einfache, aus drei Punkten bestehende H_2-Mengen aufstellen, und zwar für eine Funktionenklasse, die nur 2 Parameter enthält (diese mögen der Einfachheit halber mit a und b bezeichnet werden):

$$w = a\, h(x, b). \tag{7.3}$$

Hierbei kann x in einem Intervall $I_x : x_0 \leq x \leq x_1$ (welches auch halbseitig oder beidseitig unendlich und im Unendlichen offen sein darf) und b in einem Intervall $I_b : b_0 \leq b \leq b_1$ (welches ebenfalls nicht endlich zu sein braucht) variieren. a sei beliebig reell, und es sei $h(x, b)$ für alle betrachteten x, b positiv und stetig. Es werden drei Punkte

$$s_1 < s_2 < s_3 \text{ in } I_x$$

gewählt, und es wird der Quotient

$$Q(x, b, \tilde{b}) = \frac{h(x, b)}{h(x, \tilde{b})} \tag{7.5}$$

eingeführt.

Satz. *Der Quotient Q von (7.5) sei für alle b, $\tilde{b} \in I_b$ in x streng monoton (wachsend oder fallend); dann sind die Punkte s_1, s_2, s_3 eine H_2-Menge für die Funktionenklasse (7.3).*

Beweis. Wie früher wird die Differenz

$$a\,h(x,b) - \tilde{a}\,h(x,\tilde{b}),$$

und es werden die Abkürzungen

$$h_{jb} = h(s_j,b), \quad h_{j\tilde{b}} = h(s_j,\tilde{b}), \quad Q_j = Q(s_j,b,\tilde{b})$$

eingeführt. Aus den Ungleichungen (1.7)

$$a\,h_{1b} - \tilde{a}\,h_{1\tilde{b}} \geq 0,$$
$$-a\,h_{2b} + \tilde{a}\,h_{2\tilde{b}} > 0,$$
$$a\,h_{3b} - \tilde{a}\,h_{3\tilde{b}} \geq 0$$

eliminiert man den Parameter a und erhält

$$\tilde{a}\,\Phi_{12} > 0, \quad \tilde{a}\,\Phi_{23} > 0 \tag{7.6}$$

mit den Abkürzungen

$$\Phi_{12} = h_{2\tilde{b}}\,h_{1b} - h_{1\tilde{b}}\,h_{2b},$$
$$\Phi_{23} = h_{2\tilde{b}}\,h_{3b} - h_{3\tilde{b}}\,h_{2b}.$$

Wenn man nun

$$\operatorname{sgn}\Phi_{12} = -\operatorname{sgn}\Phi_{23} \tag{7.7}$$

zeigen kann, so sind die Ungleichungen (7.6) unverträglich, und es liegt eine H_2-Menge vor. Nun ist aber

$$\operatorname{sgn}\Phi_{12} = \operatorname{sgn}\left(\frac{h_{1b}}{h_{1\tilde{b}}} - \frac{h_{2b}}{h_{2\tilde{b}}}\right) = \operatorname{sgn}(Q_1 - Q_2),$$

$$\operatorname{sgn}\Phi_{23} = \operatorname{sgn}(Q_3 - Q_2)$$

Wegen der Monotonievoraussetzung ist entweder

$$Q_1 < Q_2 < Q_3 \quad \text{oder} \quad Q_1 > Q_2 > Q_3,$$

und in beiden Fällen ist (7.7) erfüllt. ∎
Die Monotonieeigenschaft wird in praktischen Fällen oft dadurch nachgewiesen, daß man zeigt, daß

$$Q' = \frac{dQ(x,b,\tilde{b})}{dx} \tag{7.8}$$

im offenen Intervall (x_0, x_1) ein festes (positives oder negatives) Vorzeichen hat. Das gelingt oft, indem man Q' bis auf einen positiven Faktor in die Form $\varphi(\beta) - \varphi(\tilde{\beta})$ mit $\beta = bx$, $\tilde{\beta} = \tilde{b}x$, bringt, wobei $\varphi(z)$ eine in (bx_0, bx_1) streng monotone Funktion von z ist. Die Tabelle bringt verschiedene Beispiele, wobei in Fällen, in denen man die Monotonie unmittelbar erkennt, Spalten mit Q', $\varphi(z)$ usw. leer gelassen sind.

Klasse W	$Q(x, b, \tilde{b})$	Q'	$\varphi(z)$	I_x	I_b
$a \cdot e^{bx}$	$\exp[(b - \tilde{b})x]$			$[x_0 \ x_1]$ bel.	$[b_0, b_1]$ bel.
$a \cdot \cos bx$	$\dfrac{\cos bx}{\cos \tilde{b}x}$	$\dfrac{\cos bx}{x \cdot \cos \tilde{b}x}[-\varphi(\tilde{\beta}) + \varphi(\beta)]$ mit $\beta = bx, \tilde{\beta} = \tilde{b}x$	$-z \cdot \tan z$	$[0, \alpha]$	$\left(0, \dfrac{\pi}{2\alpha}\right)$
$a \cdot \sin bx$	$\dfrac{\sin bx}{\sin \tilde{b}x}$	$\dfrac{\sin bx}{x \cdot \sin \tilde{b}x}[\varphi(\beta) - \varphi(\tilde{\beta})]$ mit $\beta = bx, \tilde{\beta} = \tilde{b}x$	$z \cdot \cot z$	$[0, \alpha]$	$\left(0, \dfrac{\pi}{2\alpha}\right)$
$a(x + b)^k$ (k fest)	$\left(\dfrac{x+b}{x+\tilde{b}}\right)^k$ $= \left(1 + \dfrac{b-\tilde{b}}{x+\tilde{b}}\right)^k$			$[0, \alpha]$	$(0, \infty)$

(Für die Spalte I_x gilt $\alpha > 0$.)

8. Anwendung auf Differentialgleichungen

A. Endlicher Bereich. Vorgelegt sei für eine Funktion $u(x, y, t)$ als Temperatur die Wärmeleitungsgleichung

$$\Delta u = \frac{\partial^2 u}{\partial x^2} + \frac{\partial^2 u}{\partial y^2} = -k\frac{\partial u}{\partial t}, \quad 0 < x, y < 1, t > 0, \tag{8.1}$$

mit der Anfangstemperaturverteilung $u(x, y, 0) = f(x, y) = x(1-x)\,y(1-y)$ in $B = \{(x, y) \mid 0 < x, y < 1\}$ und den Randwerten $u = 0$ für x, y auf dem Rand von B und für $t > 0$. Mit

$$S_{mn} = \sin(m\pi x) \cdot \sin(n\pi y) \quad \text{und} \quad \lambda_{mn} = \frac{1}{k}(m^2 + n^2)\pi^2 \tag{8.2}$$

ist $\qquad v = S_{mn} \exp(-\lambda_{mn} t)$

Lösung der Differentialgleichung. Approximiert man nun die Anfangswerte f durch einen Ausdruck der Form

$$w = a_1 S_{11} + a_2 (S_{13} + S_{31}), \tag{8.3}$$

wobei man natürlich noch weitere Glieder hinzunehmen kann, und gilt $|w - f| \leq \delta$ in B, so hat man die Fehlerabschätzung (vgl. etwa Collatz [64], S. 309)

$$|a_1 S_{11} e^{-\lambda_{11}t} + a_2 (S_{13} + S_{31}) e^{-\lambda_{13}t} - u(x, y, t)| \leq \delta \quad \text{für} \quad (x, y) \in B, t > 0.$$

a) Rechnet man im einfachsten Fall nur mit a_1, setzt also $a_2 = 0$, so erhält man

$$a_1 = 0{,}06550 \quad \text{mit} \quad \delta = 0{,}00299$$

und einer Verteilung der Extremalpunkte nach Abb. III.8.1 a).

b) Bei Hinzunahme von a_2 bekommt man (wir danken den Herren Budde und Zimmermann für die numerische Rechnung)

$$a_1 = 0{,}066655, \quad a_2 = 0{,}002458 \quad \text{mit} \quad \delta = 0{,}000764$$

und einer Verteilung der Extremalpunkte nach Abb. III.8.1 b).

Diese Punkte bilden eine H-Menge, man hat also das Beste erreicht, was mit einem Ansatz (8.3) möglich ist. Den Nachweis der H-Mengen-Eigenschaft liefert das Schema, das genau wie die Schemata in III.4 angelegt und daher ohne weitere Erklärung verständlich ist. (Dabei ist die Symmetrie der Anordnung ausgenutzt, und die Koordinaten der Punkte sind im Schema angegeben, Abb. III.8.1 c); t bedeutet im Schema nicht den Zeitparameter.)

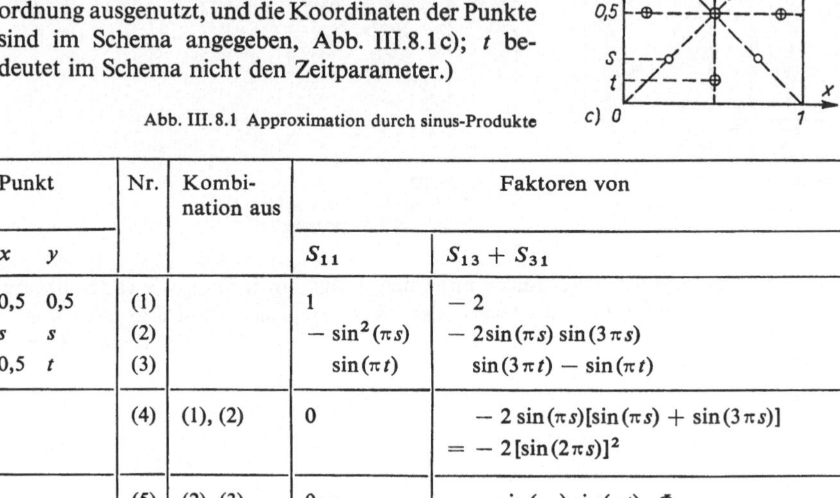

Abb. III.8.1 Approximation durch sinus-Produkte

Punkt		Nr.	Kombination aus	Faktoren von	
x	y			S_{11}	$S_{13} + S_{31}$
0,5	0,5	(1)		1	-2
s	s	(2)		$-\sin^2(\pi s)$	$-2\sin(\pi s)\sin(3\pi s)$
0,5	t	(3)		$\sin(\pi t)$	$\sin(3\pi t) - \sin(\pi t)$
		(4)	(1), (2)	0	$-2\sin(\pi s)[\sin(\pi s) + \sin(3\pi s)]$ $= -2[\sin(2\pi s)]^2$
		(5)	(2), (3)	0	$\sin(\pi s)\sin(\pi t) \cdot \Phi$

Es ist

$$\Phi = -2\sin(3\pi s) + \sin(\pi s)\left[\frac{\sin(3\pi t)}{\sin(\pi t)} - 1\right] = 4\sin(\pi s)\left[\cos^2(\pi t) - 2\cos^2(\pi s)\right].$$

Für $\cos(\pi t) > \sqrt{2}\cos(\pi s)$ hat man $\Phi > 0$, und dann liegt eine H-Menge vor. Diese Bedingung ist bei den obigen Zahlen erfüllt.

c) Erweitert man den Ansatz (8.3) um die Terme $a_3 S_{33} + a_4 (S_{15} + S_{51})$, so kann man $\delta = 0,00030$ erreichen mit

$$a_1 = 0,066581, \quad a_2 = 0,002503, \quad a_3 = 0,000086, \quad a_4 = 0,000559$$

und einer Verteilung von Extremalpunkten nach Abb. III.8.2.

B. Unendlicher Bereich. Für das in I.4.f) gegebene Beispiel der ebenen Wärmeleitungsgleichung in der vollen x-y-Ebene soll jetzt aufgrund der in diesem Kapitel entwickelten Theorie nachgewiesen werden, daß die erhaltenen Zahlen die bei dem Ansatz I (4.15) bestmögliche Näherungslösung darstellen. Mit $x^2 = s$, $y^2 = t$ ist die Funktion $f(s,t) = 1/(2 + s + t + st)$ durch Funktionen $w(s,t) = a_1 \exp[-a_2(s+t)]$ im Quadranten $0 \leq (s,t) < \infty$ zu approximieren. Die Verteilung der Extremalpunkte zeigt Abb. III.8.3.

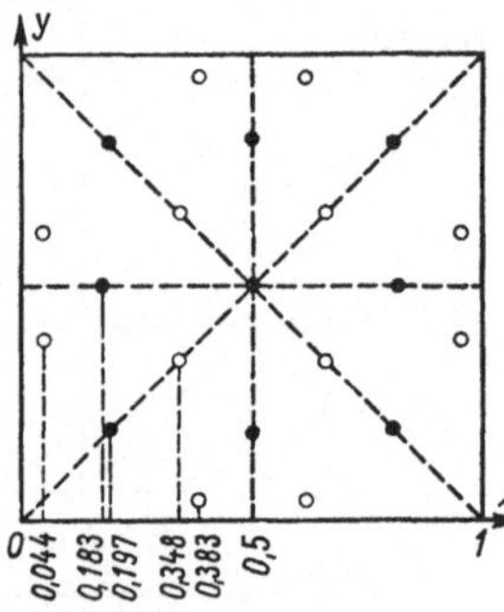

Abb. III.8.2
Extremalpunkte bei erweitertem
Ansatz

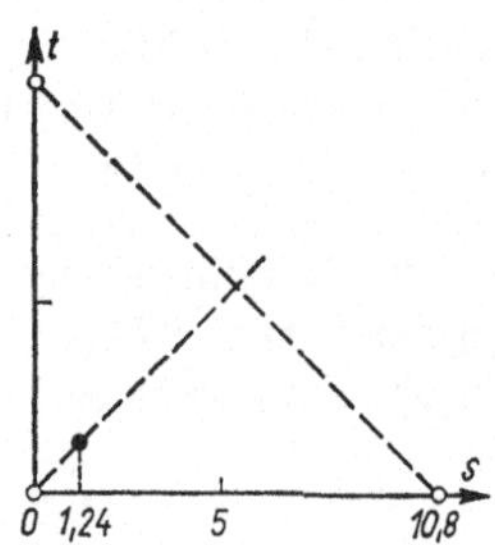

Abb. III.8.3
H-Menge bei nichtlinearer
Exponential-Approximation

Die vier Punkte bilden ein Dreieck mit einem Punkt im Innern, wie es für lineare Funktionen nach III.3.B und wegen der Monotonie der Funktion $\varphi(z) = e^{-z}$ nach III.7 auch für die Funktion $\exp - [a_1 + a_2(s+t)]$ zur H-Mengen-Eigenschaft ausreicht.

IV. Allgemeine rationale und lineare Approximation

1. Das Existenzproblem bei reeller rationaler Approximation

A. Allgemeine Problemstellung. In II.3 haben wir uns mit Existenzaussagen beim allgemeinen T-Problem (vgl. II.1) befaßt und bemerkt, daß schon im Falle der gewöhnlichen rationalen Approximation der dort bewiesene Satz 3.1 nicht anwendbar ist. Trotzdem gilt auch hier eine Existenzaussage, wie wir sehen werden. Nur kann diese nicht mit einem einfachen Kompaktheitsschluß wie II Satz 3.1 bewiesen werden.

Wir legen das folgende Approximationsproblem zugrunde:

Sei B ein kompakter metrischer Raum und $C(B)$ der Vektorraum der stetigen reellwertigen Funktionen auf B, versehen mit der Maximum-Norm

$$\|g\| = \max_{x \in B} |g(x)|, \qquad g \in C(B). \tag{1.1}$$

Seien die Funktionen $u_0, \ldots, u_r, v_0, \ldots, v_s \in C(B)$ fest vorgegeben. U bzw. V sei der lineare Teilraum von $C(B)$, der von $u_0, \ldots, u_r$ bzw. $v_0, \ldots, v_s$ aufgespannt wird.

Sei $\qquad V^+ = \{v \in V \mid v(x) > 0 \quad \text{für alle} \quad x \in B\}$

nichtleer, und $W \subseteq C(B)$ sei gegeben durch

$$W = \left\{ w = \frac{u}{v} \;\middle|\; u \in U, \; v \in V^+ \right\}. \tag{1.2}$$

Zu vorgegebenem $f \in C(B)$ wird ein $\hat{w} \in W$ gesucht mit

$$\|\hat{w} - f\| = \varrho\,(f, W) = \inf_{w \in W} \|w - f\|. \tag{1.3}$$

Jedes solche $\hat{w}$ nennen wir wieder eine **Minimallösung** bezüglich f in W. Die Existenz von Minimallösungen ist im allgemeinen nicht gesichert, wie das folgende Gegenbeispiel zeigt:

$$B = \{x \mid x = 0, 1, 2\}, \quad r = 0, \quad s = 1, \quad u_0 = 1, \quad v_0 = 1,$$

$$v_1(x) = x, \quad f \in C(B) \quad \text{so, daß gilt} \quad f(0) = 1, \quad f(1) = f(2) = 0.$$

Setzt man für $\varepsilon > 0$

$$w_\varepsilon(x) = \frac{\varepsilon}{x + \varepsilon},$$

so folgt

$$\varrho\,(f, W) = \lim_{\varepsilon \to 0} \|w_\varepsilon - f\| = 0.$$

Es gibt aber keine Funktion $w = a/(bx + c)$ mit

$$bx + c > 0 \quad \text{für} \quad x = 0, 1, 2 \quad \text{und} \quad \|w - f\| = 0.$$

Man wird also nur unter einschränkenden Voraussetzungen zu Existenzaussagen gelangen.

Zunächst ist klar, daß es eine Folge $\{w_k\} = \{u^k/v^k\}$, $u^k \in U$, $v^k \in V^+$ gibt mit

$$\lim_{k \to \infty} \|w_k - f\| = \varrho\,(f, W).$$

Ohne Beschränkung der Allgemeinheit können wir annehmen, daß für alle k gilt:

$$\|v^k\| = 1.$$

Weiterhin können wir für alle k

$$\|w_k - f\| \leq \varrho\,(f, W) + 1$$

annehmen. Mithin ist für alle k

$$\|w_k\| \leq \|w_k - f\| + \|f\| \leq \lambda = \varrho\,(f, W) + \|f\| + 1$$

und $\qquad \|u^k\| \leq \|w_k\| \cdot \|v^k\| \leq \lambda.$

Nach VII Satz 1.10 sind die Mengen

$$\{u \in U \mid \|u\| \leq \lambda\} \quad \text{bzw.} \quad \{v \in V \mid \|v\| = 1\}$$

in U bzw. V kompakt. Daher gibt es Teilfolgen $\{u^{k_i}\}$ bzw. $\{v^{k_i}\}$ von $\{u^k\}$ bzw. $\{v^k\}$ mit

$$\lim_{i \to \infty} \|u^{k_i} - u^*\| = 0 \quad \text{bzw.} \quad \lim_{i \to \infty} \|v^{k_i} - v^*\| = 0,$$

wobei $u^* \in U$, $\|u^*\| \leq \lambda$, $v^* \in V$, $\|v^*\| = 1$ und $v^*(x) \geq 0$ ist für alle $x \in B$. Im allgemeinen ist jedoch $v^* \notin V^+$.

Wäre $v^* \in V^+$, so ergäbe sich für $w^* = (u^*/v^*) \in W$

$$\lim_{i \to \infty} \|w_{k_i} - w^*\| = 0$$

und wegen

$$\big|\,\|w_{k_i} - f\| - \|w^* - f\|\,\big| \leq \|w_{k_i} - w^*\|$$

$$\|w^* - f\| = \varrho\,(f, W),$$

d.h. w^* wäre eine Minimallösung bezüglich f in W. Ist $v^* \notin V^+$, so folgt für alle $x \in B$ mit $v^*(x) > 0$

$$\lim_{i \to \infty} |w_{k_i}(x) - w^*(x)| = 0,$$

und wegen

$$\big|\,|w_{k_i}(x) - f(x)| - |w^*(x) - f(x)|\,\big| \leq |w_{k_i}(x) - w^*(x)|$$

ergibt sich für diese x

$$|w^*(x) - f(x)| \leq \varrho\,(f, W). \tag{1.4}$$

Weiterhin ist wegen $\|w_k\| \leq \lambda$ für alle k

$$\frac{|u^*(x)|}{v^*(x)} \leq \lambda \quad \text{für alle} \quad x \in B \text{ mit } v^*(x) > 0$$

oder $\qquad |u^*(x)| \leq \lambda\, v^*(x) \quad$ für alle diese x.

Annahme (D). Für jedes $v \in V$ sei die Menge

$$P_v = \{x \in B \mid v(x) \neq 0\}$$

dicht in B, d.h., zu jedem $x \in B$ gebe es eine Folge $\{x_k\}$ in P_v mit $x_k \to x$ (vgl. VII.1).

Unter der Annahme (D) gilt dann

$$|u^*(x)| \leq \lambda\, v^*(x) \quad \text{für alle} \quad x \in B \tag{1.5}$$

und somit die Implikation

$$v^*(x) = 0 \quad \Rightarrow \quad u^*(x) = 0.$$

Es erhebt sich die Frage, ob unter der Annahme (1.5) ein $\hat{u} \in U$ und ein $\hat{v} \in V^+$ existieren derart, daß gilt

$$\frac{\hat{u}(x)}{\hat{v}(x)} = \frac{u^*(x)}{v^*(x)} \quad \text{für alle} \quad x \in P_{v^*} \tag{1.6}$$

und $\quad \dfrac{\hat{u}(x)}{\hat{v}(x)} = \lim_{z \to x} \dfrac{u^*(z)}{v^*(z)} \quad \text{für alle} \quad x \notin P_{v^*}\ (z \in P_{v^*})\,. \tag{1.7}$

Gäbe es ein solches Paar $(\hat{u}, \hat{v}) \in U \times V^+$, so folgt aus (1.4) für $\hat{w} = \hat{u}/\hat{v} \in W$

$$\|\hat{w} - f\| \leq \varrho\,(f, W),$$

d.h. $\hat{w}$ wäre eine Minimallösung bezüglich f in W. Die Konstruktion von $\hat{u} \in U$ und $\hat{v} \in V^+$ mit (1.6), (1.7) ist in zwei wichtigen Spezialfällen möglich.

B. Gewöhnliche rationale Approximation im Reellen. In diesem Fall ist $B = [\alpha, \beta]$, $\alpha < \beta$, ein abgeschlossenes reelles Intervall, $u_j(x) = x^j$, $j = 0, \ldots, r$, $v_k(x) = x^k$, $k = 0, \ldots, s$. Offenbar ist V^+ nichtleer, und für jedes $v \in V$ ist die Menge P_v dicht in B, d.h. es ist die Annahme (D) erfüllt. Entscheidend ist jetzt das folgende

Lemma 1.1. *Seien u^* und v^* Polynome vom Grad $\partial u^* \leq r$ und $\partial v^* \leq s$ mit $v^* \not\equiv 0$ und*

$$|u^*(x)| \leq \lambda\, v^*(x) \quad \text{für alle } x \in B \tag{1.5}$$

für ein $\lambda > 0$. Sei $x_0 \in B$ eine Nullstelle von v^*.

Dann gibt es Polynome $\hat{u}$ und $\hat{v}$ mit $\partial \hat{u} < \partial u^*$, $\partial \hat{v} < \partial v^*$, $\hat{v}(x_0) \neq 0$, $\hat{u} v^* = u^* \hat{v}$ und

$$|\hat{u}(x)| \leq \lambda\, \hat{v}(x) \quad \text{für alle } x \in B.$$

Beweis. Sei n die Vielfachheit von x_0. Dann gilt

$$v^*(x) = (x - x_0)^n\, \tilde{v}(x) \quad \text{für alle } x \in B,$$

und es ist $\tilde{v}(x_0) \neq 0$. Wegen $v^* \geq 0$ auf B gilt mit $\hat{v}(x) = \tilde{v}(x)\, \mathrm{sgn}\,((x - x_0)^n)$, wobei $\mathrm{sgn}\, 0 = 1$ ist für $x_0 \in [\alpha, \beta)$ und $\mathrm{sgn}\, 0 = -1$ für $x_0 = \beta$,

$$v^*(x) = |x - x_0|^n\, \hat{v}(x)$$

mit $\partial\hat{v} < \partial v^*$, $\hat{v}(x_0) \neq 0$. Aus (1.5) folgt

$$u^*(x) = (x - x_0)^m\, \tilde{u}(x) \qquad \text{mit } m \geq n.$$

Setzt man $\hat{u}(x) = (x - x_0)^{m-n}\, \text{sgn}\,((x - x_0)^n)\, \tilde{u}(x)$, wobei $\text{sgn}\,0$ wie oben festgelegt ist, dann folgt $\partial\hat{u} < \partial u^*$, $\hat{u}v^* = u^*\hat{v}$ und (1.5) für $(\hat{u}, \hat{v})$ anstelle von (u^*, v^*). ∎
Insbesondere gilt (1.6) und (1.7) für $x = x_0$. Da jedes $v \in V$ nur endlich viele Nullstellen besitzt, ergibt sich durch endlich oft wiederholte Anwendung von Lemma 1.1 aus den obigen Untersuchungen der

Satz 1.2. *Im Falle der gewöhnlichen rationalen Approximation im Reellen gibt es zu jedem $f \in C[\alpha, \beta]$ mindestens eine Minimallösung in W.*

Dieser Satz wurde zum ersten Mal von Walsh in [35] bewiesen (vgl. auch Cheney [66] und Werner [66]).

C. Rationale trigonometrische Approximation. In diesem Fall ist $B = [-\pi, \pi]$. U besteht aus allen trigonometrischen Summen

$$u(x) = T_m(x) = \sum_{j=0}^{m} a_j \cos(jx) + b_j \sin(jx) \qquad (r = 2m + 1), \tag{1.8}$$

und V besteht aus allen trigonometrischen Summen

$$v(x) = T_n(x) = \sum_{k=0}^{n} c_k \cos(kx) + d_k \sin(kx) \qquad (s = 2n + 1). \tag{1.9}$$

Offenbar ist wieder V^+ nichtleer, und für jedes $v \in V$ ist die Menge $P_v = \{x \in B \mid v(x) \neq 0\}$ dicht in B, da nach II.6.A jedes $v \in V$ nur endlich viele Nullstellen in B besitzt. Entscheidend ist wiederum das

Lemma 1.3. (vgl. Cheney [66]). *Seien T_m und T_n trigonometrische Summen derart, daß $T_n \not\equiv 0$ ist und ein $\lambda > 0$ existiert mit*

$$|T_m(x)| \leq \lambda\, T_n(x) \quad \text{für alle } x \in \mathbb{R}.$$

Ist $x_0 \in [-\pi, +\pi]$ eine Nullstelle von T_n, dann gibt es trigonometrische Summen $T_{\bar{m}}$ und $T_{\bar{n}}$ mit $\bar{m} < m$, $\bar{n} < n$, $T_{\bar{n}} \not\equiv 0$, $T_m\, T_{\bar{n}} = T_{\bar{m}}\, T_n$ und

$$|T_{\bar{m}}(x)| \leq \lambda\, T_{\bar{n}}(x) \quad \text{für alle } x \in \mathbb{R}.$$

Beweis. Jeder trigonometrischen Summe T_n ordnen wir auf folgende Weise ein algebraisches Polynom zu. Wir setzen

$$L\, T_n(t) = (1 + t^2)^n\, T_n(2 \arctan t), \tag{1.10}$$

wobei $x/2 = \arctan t$ der Hauptwert ist.
Dann gilt

$$\sin x = \frac{2t}{1 + t^2}, \qquad \cos x = \frac{1 - t^2}{1 + t^2}.$$

Bekanntlich gilt

$$\cos(kx) = P_k(\cos x),$$

wobei P_k ein Polynom in $\cos x$ vom Grade k ist, und durch Differentiation erhält man

$$\frac{\sin(kx)}{\sin x} = Q_{k-1}(\cos x) = \frac{1}{k} P_k'(\cos x).$$

Damit ergibt sich

$$(1+t^2)^n \cos(kx) = (1+t^2)^n P_k\left(\frac{1-t^2}{1+t^2}\right)$$

und

$$(1+t^2)^n \sin(kx) = (1+t^2)^n \frac{2t}{1+t^2} Q_{k-1}\left(\frac{1-t^2}{1+t^2}\right).$$

Mithin ist $L\,T_n(t)$ ein algebraisches Polynom vom Grade $\leq 2n$.

Ist umgekehrt $Q_{2n}(t)$ ein algebraisches Polynom vom Grade $\leq 2n$, so definieren wir für $-\pi < x < +\pi$:

$$\tilde{L}\,Q_{2n}(x) = \left(\cos\frac{x}{2}\right)^{2n} Q_{2n}\left(\tan\frac{x}{2}\right). \tag{1.11}$$

Hat $Q_{2n}(t)$ die Gestalt

$$Q_{2n}(t) = \sum_{k=0}^{2n} q_k\, t^k,$$

so gilt

$$\tilde{L}\,Q_{2n}(x) = \sum_{k=0}^{2n} q_k \left(\sin\frac{x}{2}\right)^k \left(\cos\frac{x}{2}\right)^{2n-k}, \tag{1.12}$$

und diese Darstellung stimmt auf $(-\pi, \pi)$ mit der in (1.11) überein. Sie ist aber auch für $x = +\pi$ eindeutig definiert und kann durch stetigen Grenzübergang für $x \to \pm\pi$ aus der in (1.11) erhalten werden. Weiterhin kann man unter Verwendung der bekannten Additionstheoreme für Sinus und Cosinus die Darstellung (1.12) von $\tilde{L}\,Q_{2n}(x)$ in eine trigonometrische Summe der Gestalt (1.9) umwandeln. Im folgenden denken wir uns $\tilde{L}\,Q_{2n}$ auf diese Weise für alle $x \in [-\pi, \pi]$ (und damit für alle $x \in \mathbb{R}$) definiert.

Aus der Identität

$$(1+t^2)\cos^2 y = 1 \quad \text{für} \quad y = \arctan t \text{ (Hauptwert)}$$

ergibt sich sodann für alle $t \in \mathbb{R}$

$$[L\tilde{L}Q_{2n}](t) = L\left[\left(\cos\frac{x}{2}\right)^{2n} Q_{2n}\left(\tan\frac{x}{2}\right)\right](t)$$

$$= (1+t^2)^n (\cos(\arctan t))^{2n} Q_{2n}(t) = Q_{2n}(t). \tag{1.13}$$

(Es gilt übrigens auch

$$[\tilde{L}LT_n](x) = T_n(x) \quad \text{für alle} \quad x \in \mathbb{R},$$

was aber im folgenden nicht benötigt wird).

Nun seien T_m und T_n wie in Lemma 1.3 vorgegeben. Wir können o.B.d.A. annehmen, daß $T_n(\pi) \neq 0$ ist. Sonst machen wir eine Variablentransformation $x \rightarrow x + \alpha$. Sei also $x_0 \in (-\pi, +\pi)$ eine Nullstelle von T_n. Wegen $T_n \geq 0$ ist x_0 mindestens eine doppelte Nullstelle. Daher hat auch $L\,T_n$ eine doppelte Nullstelle $t_0 \in \mathbb{R}$, und wegen

$$|L\,T_m(t)| \leq \lambda\,(1 + t^2)^{m-n}\,L\,T_n(t) \quad \text{für alle } t \in \mathbb{R}$$

hat $L\,T_m$ dieselbe Nullstelle mit mindestens derselben Vielfachheit. $L\,T_m$ und $L\,T_n$ haben also mindestens einen gemeinsamen Faktor der Form $(t - t_0)^2$. Definiert man

$$T_{\bar{m}}(x) = \tilde{L}\,[(t - t_0)^{-2}\,L\,T_m(t)]\,(x) \tag{1.14a}$$

und $\qquad T_{\bar{n}}(x) = \tilde{L}\,[(t - t_0)^{-2}\,L\,T_n(t)]\,(x), \tag{1.14b}$

so ist $\bar{m} < m$, $\bar{n} < n$ und $T_{\bar{n}} \not\equiv 0$. Weiterhin können wir o.B.d.A. annehmen, daß $m - \bar{m} = n - \bar{n}$ ist. Für alle reellen Nicht-Nullstellen t von $L\,T_m$ und $L\,T_n$ ergibt sich unter Benutzung von (1.14a und b) und (1.13) die Aussage

$$\frac{L\,T_{\bar{m}}(t)}{L\,T_m(t)} = (t - t_0)^{-2} = \frac{L\,T_{\bar{n}}(t)}{L\,T_n(t)},$$

aus der unter Benutzung der Definition (1.10) von L und $m - \bar{m} = n - \bar{n}$ die Aussage

$$\frac{T_{\bar{m}}(x)}{T_{\bar{n}}(x)} = \frac{T_m(x)}{T_n(x)}$$

für alle Nicht-Nullstellen $x \in (-\pi, \pi)$ von T_m und T_n (die dann auch solche von $T_{\bar{m}}$ und $T_{\bar{n}}$ sind) folgt. Daraus aber folgt (wegen der Stetigkeit der trigonometrischen Summen)

$$T_{\bar{m}}(x)\,T_n(x) = T_{\bar{n}}(x)\,T_m(x)$$

und $\qquad |T_{\bar{m}}(x)| \leq \lambda\,|T_{\bar{n}}(x)|$

für alle $x \in [-\pi, +\pi]$. Schließlich ist

$$T_{\bar{n}}(x) \geq 0 \quad \text{für alle} \quad x \in [-\pi, +\pi],$$

da die Operationen L und $\tilde{L}$ nicht-negative Funktionen in solche überführen. ∎
Durch wiederholte Anwendung von Lemma 1.3 ergibt sich (analog wie im Fall der gewöhnlichen rationalen Approximation der Satz 1.2) aus den allgemeinen Vorbetrachtungen der

Satz 1.4. *Zu jeder reellwertigen Funktion $f \in C[-\pi, +\pi]$ gibt es im Falle der rationalen trigonometrischen Approximation mindestens eine Minimallösung in W.*

Dieser Satz wurde zum ersten Mal von Cheney/Loeb in [64] bewiesen (vgl. auch Cheney [66]).

Bemerkung: Die allgemeinen Betrachtungen in IV.1.A lehnen sich an eine Arbeit von Newman/Shapiro in [64] an, wo das Existenzproblem noch in etwas allgemeinerer Form behandelt wird. Die Existenzfrage wurde auch von Boehm in [65] und Goldstein in [63] untersucht.

2. Berechnung der Minimalabweichung und Charakterisierung von Minimallösungen

Wir legen dieselbe Formulierung des T-Problems wie in IV.1 zugrunde. In II.2 (vgl. Satz 2.2) haben wir Bedingungen angegeben, unter denen man die Minimalabweichung $\varrho\,(f, W)$ von unten abschätzen kann, und gezeigt, daß sich diese Bedingungen auch bequem realisieren lassen (vgl. II Satz 2.3). In diesem Abschnitt wollen wir zeigen, daß man die Bedingungen von II Satz 2.2 theoretisch optimal realisieren kann.

Zu dem Zweck werden wir mit Hilfe eines Satzes über lineare Ungleichungen (vgl. VII Satz 2.2) die Minimalabweichung als Maximalwert eines zum T-Problem dualen Problems charakterisieren, dessen Nebenbedingungen (2.6) durch Spezialisierung der Voraussetzungen (2.5) von II Satz 2.2 gewonnen werden können.

Anschließend werden wir einen Zusammenhang herstellen zwischen den Lösungen des T-Problems (sofern existent) und denen des dualen Problems (vgl. Satz 2.4). Mit Hilfe des Satzes von Carathéodory in VII.2 läßt sich aus diesem Zusammenhang eine Charakterisierung der Minimallösungen gewinnen (vgl. Satz 2.5), die im Spezialfall der linearen Approximation einen bekannten Dualitätssatz enthält.

A. Ein Dualitätssatz bei allgemeiner rationaler Approximation. Sei $\lambda > 0$ eine vorgebene reelle Zahl und $(u, v) \in U \times V$ ein vorgegebenes Paar, d.h. es ist

$$u = \sum_{j=0}^{r} a_j\, u_j, \quad u_0, \ldots, u_r \in C(B), \quad a_0, \ldots, a_r \in \mathbb{R}$$

$$v = \sum_{k=0}^{s} b_k\, v_k, \quad v_0, \ldots, v_s \in C(B), \quad b_0, \ldots, b_s \in \mathbb{R}.$$

Offenbar ist das Bestehen von Ungleichungen

$$\left.\begin{array}{l} v(x) > 0, \\[2mm] \left|\dfrac{u(x)}{v(x)} - f(x)\right| < \lambda \end{array}\right\} \quad \text{für alle}\quad x \in B \qquad (2.1)$$

gleichbedeutend mit dem Bestehen der Ungleichungen

$$\left. \begin{array}{l} \displaystyle\sum_{j=0}^{r} u_j(x)\, a_j + \sum_{k=0}^{s} (\lambda - f(x))\, v_k(x)\, b_k > 0, \\[4mm] \displaystyle-\sum_{j=0}^{r} u_j(x)\, a_j + \sum_{k=0}^{s} (\lambda + f(x))\, v_k(x)\, b_k > 0 \end{array} \right\} \tag{2.2}$$

für alle $x \in B$. Daraus ergibt sich unmittelbar das

Lemma 2.1. *Für $\lambda > 0$ hat das System (2.2) genau dann eine Lösung $(a_0, \ldots, a_r, b_0, \ldots, b_s)$, wenn $\lambda > \varrho\,(f, W)$ ist.*

Wir definieren für jedes $\lambda > 0$ die Menge $Q_\lambda = Q_\lambda^1 \cup Q_\lambda^2$, wobei

$$Q_\lambda^1 = \{(u_0(x), \ldots, u_r(x), (\lambda - f(x))\, v_0(x), \ldots, (\lambda - f(x))\, v_s(x)) \mid x \in B\}$$

und $\quad Q_\lambda^2 = \{(-u_0(x), \ldots, -u_r(x), (\lambda + f(x))\, v_0(x), \ldots, (\lambda + f(x))\, v_s(x)) \mid x \in B\}$

ist. Q_λ ist dann eine nichtleere kompakte Teilmenge (vgl. VII.1) von $\mathbb{R}^{r+s+2}$, und (2.2) hat genau dann keine Lösung, wenn für jedes $y \in \mathbb{R}^{r+s+2}$ gilt

$$\min_{q \in Q_\lambda} (q, y) \leq 0,$$

wobei $(.,.)$ das Skalarprodukt in $\mathbb{R}^{r+s+2}$ bezeichnet. Nach VII Satz 2.2 ist diese Aussage gleichbedeutend mit $\Theta_n \in H(Q_\lambda)$, wobei Θ_n der Nullvektor von $\mathbb{R}^n$, $n = r+s+2$ und $H(Q_\lambda)$ die konvexe Hülle von Q_λ sind.

Für das Folgende sei $\varrho\,(f, W) > 0$.

Aus den obigen Überlegungen ergibt sich sodann das

Lemma 2.2. *Für jedes $\lambda \in (0, \varrho\,(f, W)]$ gilt: $\Theta_n \in H(Q_\lambda)$.*

Wir nehmen jetzt an, es sei $0 < \lambda \leq \varrho\,(f, W)$. Dann folgt aus Lemma 2.2 und dem Satz von Carathéodory in VII.2 die Existenz von $m\,(\leq n+1 = r+s+3)$ verschiedenen Vektoren $q_1, \ldots, q_m \in Q_\lambda$ und Zahlen $\lambda_1 \geq 0, \ldots, \lambda_m \geq 0$ mit

$$\sum_{i=1}^{m} \lambda_i = 1$$

derart, daß gilt

$$\sum_{i=1}^{m} \lambda_i\, q_i = \Theta_n. \tag{2.3}$$

Jedem $q_i \in Q_\lambda$ ordnen wir ein $x_i \in B$ derart zu, daß q_i zu einem Punkt von Q_λ^1 oder Q_λ^2 wird. Ist das auf mehrere Weisen möglich, dann entscheiden wir uns für eine von ihnen. Sodann setzen wir

$$I_1 = \{i \mid q_i \in Q_\lambda^1\} \quad \text{und} \quad I_2 = \{i \mid q_i \in Q_\lambda^2\}.$$

Auf Grund der obigen Entscheidung ist dann $I_1 \cap I_2$ leer, und (2.3) kann geschrieben werden in der Form

$$\sum_{i \in I_1} \lambda_i \, u_j(x_i) - \sum_{i \in I_2} \lambda_i \, u_j(x_i) = 0, \quad j = 0,\ldots,r, \tag{2.4}$$

$$\sum_{i \in I_1} \lambda_i \, (\lambda - f(x_i)) \, v_k(x_i) + \sum_{i \in I_2} \lambda_i \, (\lambda + f(x_i)) \, v_k(x_i) = 0, \quad k = 0,\ldots,s.$$

Wir definieren weiter

$$D_1 = \{x_i \mid i \in I_1\}, \quad D_2 = \{x_i \mid i \in I_2\}$$

und
$$c_i = \begin{cases} \lambda_i, & \text{falls } x_i \in D_1 \setminus D_2, \\ -\lambda_i, & \text{falls } x_i \in D_2 \setminus D_1, \\ \lambda_i - \lambda_{j_i}, & \text{falls } x_i \in D_1,\ x_{j_i} \in D_2 \text{ und } x_i = x_{j_i}. \end{cases}$$

Bemerkung: Es gibt nur ein x_{j_i} mit $x_{j_i} = x_i$, da die q_i verschieden sind und somit $I_1 \cap I_2$ leer ist.

Weiterhin setzen wir

$$D = D_1 \cup D_2, \quad D^* = D_1 \cap D_2 \quad \text{und} \quad \tilde{D} = D \setminus D^*.$$

Dann ergibt sich aus (2.4)

$$\sum_{x_i \in D} c_i \, u_j(x_i) = 0, \quad j = 0,\ldots,r, \tag{2.5}$$

$$\sum_{x_i \in D} c_i \, f(x_i) \, v_k(x_i) = \lambda \sum_{x_i \in \tilde{D}} |c_i| \, v_k(x_i) + \lambda \sum_{x_i \in D^*} (\lambda_i + \lambda_{j_i}) \, v_k(x_i), \quad k = 0,\ldots,s.$$

Definiert man

$$p_i = \begin{cases} 0 & \text{für } x_i \in \tilde{D}, \\ \lambda_i + \lambda_{j_i} - |c_i| & \text{für } x_i \in D^*, \end{cases}$$

so folgt $p_i \geq 0$ für alle $x_i \in D$, und (2.5) geht über in

$$\left. \begin{aligned} &\sum_{x_i \in D} c_i \, u_j(x_i) = 0, \quad j = 0,\ldots,r, \\[2mm] &\sum_{x_i \in D} c_i \, f(x_i) \, v_k(x_i) = \lambda \sum_{x_i \in D} (|c_i| + p_i) \, v_k(x_i), \quad k = 0,\ldots,s. \end{aligned} \right\} \tag{2.6}$$

D besteht dabei aus höchstens $r+s+3$ verschiedenen Punkten. Wären alle $c_i = 0$, so wäre wegen $\lambda > 0$

$$\sum_{x_i \in D} p_i \, v_k(x_i) = 0, \quad k = 0,\ldots,s,$$

und für jedes $v \in V^+$ wäre

$$\sum_{x_i \in D} p_i \, v(x_i) = 0,$$

woraus $p_i = 0$ für alle $x_i \in D$ folgen würde. Daraus ergäbe sich jedoch $\lambda_i = 0$ für alle i im Widerspruch zu $\sum_{i=1}^{m} \lambda_i = 1$. Aus all diesen Überlegungen ergibt sich der

Satz 2.3. *Sei* $\varrho(f, W) > 0$. *Zu jedem* λ *mit* $0 < \lambda \leq \varrho(f, W)$ *gibt es* m $(\leq r + s + 3)$ *verschiedene Punkte* $x_1, \ldots, x_m \in B$ *und Vektoren* $c = (c_1, \ldots, c_m) \neq$ *Nullvektor sowie* $p = (p_1, \ldots, p_m)$ *mit* $p_i \geq 0$ *für* $i = 1, \ldots, m$ *derart, daß die Gleichungen* (2.6) *erfüllt sind.*

Sind umgekehrt die Gleichungen (2.6) für ein $\lambda \in \mathbb{R}$, eine endliche Punktmenge $D \subseteq B$ und zwei Vektoren $c \neq$ Nullvektor sowie $p \geq$ Nullvektor (komponentenweise) erfüllt, so folgt aus II Satz 2.2, daß $\lambda \leq \varrho(f, W)$ ist.

Wir stellen daher dem T-Problem das folgende **duale Problem** gegenüber:

Unter den Nebenbedingungen (2.6), $c \neq$ *Nullvektor,* $p \geq$ *Nullvektor, ist* λ *zum Maximum zu machen.* D *durchläuft dabei alle höchstens* $(r + s + 3)$-*punktigen Teilmengen von* B.

Also gilt mit Satz 2.3 der

Dualitätssatz (vgl. Krabs [66a]). *Ist* $\varrho(f, W) > 0$, *so ist das duale Problem lösbar, und es ist* $\lambda_{max} = \varrho(f, W)$.

B. Charakterisierung von Minimallösungen. In diesem Abschnitt nehmen wir an, es sei $\varrho(f, W) > 0$. Eine einfache Folge aus dem Dualitätssatz ist der

Satz 2.4. *Ist das* T-*Problem lösbar, so folgt für jede Lösung* (c, p, D) *des dualen Problems:* $p =$ *Nullvektor.*

Ist $\hat{w} \in W$ *eine Minimallösung bezüglich* f *in* W, *so folgt für alle* $x_i \in D$ *mit* $c_i \neq 0$

$$f(x_i) - \hat{w}(x_i) = \varrho(f, W) \operatorname{sgn} c_i. \tag{2.7}$$

Beweis. Sei $\hat{w} = \hat{u}/\hat{v}$, $\hat{u} \in U$, $\hat{v} \in V^+$ eine Minimallösung bezüglich f in W und (c, p, D) eine Lösung des dualen Problems. Dann folgt aus (2.6)

$$\sum_{x_i \in D} c_i \left[f(x_i) - \hat{w}(x_i) \right] \hat{v}(x_i) = \varrho(f, W) \sum_{x_i \in D} (|c_i| + p_i) \hat{v}(x_i), \tag{2.8}$$

was wegen $\|f - \hat{w}\| = \varrho(f, W)$

$$\varrho(f, W) \sum_{x_i \in D} (|c_i| + p_i) \hat{v}(x_i) \leq \varrho(f, W) \sum_{x_i \in D} |c_i| \hat{v}(x_i)$$

und somit

$$\sum_{x_i \in D} p_i \hat{v}(x_i) = 0$$

impliziert, woraus sich $p_i = 0$ für alle $x_i \in D$ ergibt.

Damit folgt aus (2.8)

$$\sum_{c_i \neq 0} |c_i| \left\{ [f(x_i) - \hat{w}(x_i)] \operatorname{sgn} c_i - \varrho(f, W) \right\} \hat{v}(x_i) = 0,$$

was nur möglich ist, wenn (2.7) gilt. ∎

Die Aussage des Satzes 2.4 läßt sich noch insofern verschärfen, als dabei D eine höchstens $(r + s + 2)$-punktige Teilmenge von B sein kann. Es gilt nämlich der

Satz 2.5. *$\hat{w} = \hat{u}/\hat{v}$, $\hat{u} \in U$, $\hat{v} \in V^+$ ist genau dann eine Minimallösung bezüglich f in W, wenn es $m\,(\leq r+s+2)$ Punkte*

$$x_1, \ldots, x_m \in E_{\hat{w}} = \{x \in B \mid |\hat{w}(x) - f(x)| = \|\hat{w} - f\|\}$$

und nicht verschwindende Zahlen $c_1, \ldots, c_m$ gibt derart, daß gilt

$$\sum_{i=1}^{m} c_i\, u_j(x_i) = 0, \quad j = 0, \ldots, r, \tag{2.9}$$

$$\sum_{i=1}^{m} c_i\, f(x_i)\, v_k(x_i) = \|\hat{w} - f\| \sum_{i=1}^{m} |c_i|\, v_k(x_i), \quad k = 0, \ldots, s, \tag{2.10}$$

$$f(x_i) - \hat{w}(x_i) = \|\hat{w} - f\| \operatorname{sgn} c_i \tag{2.11}$$

Beweis. Zunächst bemerken wir, daß (2.11) eine Folgerung aus (2.9) und (2.10) ist. Daß (2.9) und (2.10) (mit $c_i \neq 0$ für alle i) hinreichend dafür sind, daß $\hat{w}$ das T-Problem löst, ist eine Folgerung aus II Satz 2.2.

Es genügt daher, die Notwendigkeit zu beweisen. Nach Satz 2.4 gibt es bereits $m\,(\leq r+s+3)$ Punkte $x_1, \ldots, x_m \in E_{\hat{w}}$ und von Null verschiedene Zahlen $c_1, \ldots, c_m$ derart, daß (2.9), (2.10) und (2.11) erfüllt sind. Aus (2.10) und (2.11) folgt

$$\sum_{i=1}^{m} c_i\, \hat{w}(x_i)\, v_k(x_i) = 0, \quad k = 0, \ldots, s. \tag{2.12}$$

Definiert man

$$\lambda_i = \frac{c_i}{[f(x_i) - \hat{w}(x_i)]\, \hat{v}(x_i)}, \quad i = 1, \ldots, m,$$

so sind wegen (2.11) alle $\lambda_i > 0$, und (2.9), (2.12) gehen über in

$$\sum_{i=1}^{m} \lambda_i\, [f(x_i) - \hat{w}(x_i)]\, \hat{v}(x_i)\, u_j(x_i) = 0, \quad j = 0, \ldots, r, \tag{2.13}$$

$$\sum_{i=1}^{m} \lambda_i\, [f(x_i) - \hat{w}(x_i)]\, \hat{u}(x_i)\, v_k(x_i) = 0, \quad k = 0, \ldots, s. \tag{2.14}$$

Umgekehrt erhält man für Größen $\lambda_i > 0$ mit

$$c_i = \lambda_i\, [f(x_i) - \hat{w}(x_i)]\, \hat{v}(x_i), \quad i = 1, \ldots, m, \tag{2.15}$$

aus (2.13), (2.14) wieder die Gleichungen (2.9), (2.12), (2.11) und daraus (2.9), (2.10). Die beiden Systempaare sind also zueinander äquivalent.

Definiert man

$$Q = \{[f(x_i) - \hat{w}(x_i)]\, (\hat{v}(x_i)\, u_0(x_i), \ldots, \hat{v}(x_i)\, u_r(x_i),$$
$$\hat{u}(x_i)\, v_0(x_i), \ldots, \hat{u}(x_i)\, v_s(x_i)) \mid i = 1, \ldots, m\},$$

so sind (2.13) und (2.14) gleichbedeutend mit der Aussage

$$\Theta_{r+s+2} \in H(Q) = \text{konvexe Hülle von } Q.$$

Nun sei $L(Q)$ der von Q erzeugte lineare Teilraum von $\mathbb{R}^{r+s+2}$.
Ist etwa

$$\hat{u} = \sum_{j=0}^{r} \hat{a}_j\, u_j \quad \text{und} \quad \hat{v} = \sum_{k=0}^{s} \hat{b}_k\, v_k,$$

so ist offenbar der Vektor $(\hat{a}_0,\ldots,\hat{a}_r, -\hat{b}_0,\ldots, -\hat{b}_s) \ne \Theta_{r+s+2}$ orthogonal zu $L(Q)$ und damit $\dim L(Q) \le r + s + 1$. Nach dem Satz von Carathéodory in VII.2 ist daher Θ_{r+s+2} bereits in der konvexen Hülle von höchstens $r + s + 2$ Punkten aus Q enthalten, was bedeutet, daß die Gleichungen (2.13), (2.14) mit $\lambda_i > 0$ für alle i und $\sum_{i=1}^{m} \lambda_i = 1$ bereits für $m \le r + s + 2$ erfüllt sind, was dann auch für (2.9) und (2.10) zutrifft, wenn man die c_i durch (2.15) definiert. ∎

C. Der Spezialfall der linearen Approximation. In diesem Fall können wir $s = 0$ und $v_0 \equiv 1$ annehmen. Die Lösbarkeit des T-Problems ist durch II Satz 3.3 sichergestellt. Sei $\varrho\,(f, W) > 0$. Satz 2.5 geht über in die folgende

Aussage. *Eine Funktion $\hat{u} \in U$ löst genau dann das T-Problem bezüglich $f \in C(B)$, wenn es $m\ (\le r+2)$ Punkte $x_1,\ldots, x_m \in E_{\hat{u}}$ (vgl. $E_{\hat{w}}$ oben!) und Zahlen $c_1,\ldots, c_m$ gibt mit $c_i \ne 0$ für alle i derart, daß gilt*

$$\sum_{i=1}^{m} c_i\, u_j(x_i) = 0, \quad j = 0,\ldots, r, \tag{2.16}$$

$$\sum_{i=1}^{m} c_i\, f(x_i) = \|\hat{u} - f\| \sum_{i=1}^{m} |c_i|, \tag{2.17}$$

$$f(x_i) - \hat{u}(x_i) = \|\hat{u} - f\|\, \operatorname{sgn} c_i, \tag{2.18}$$

wobei (2.17) und (2.18) äquivalente Aussagen sind (wenn man (2.16) annimmt).
Gibt man sich $m = r + 2$ verschiedene Punkte $x_1,\ldots, x_m \in B$ vor, so hat (2.16) eine nichttriviale Lösung.
Definiert man sodann

$$\lambda = \frac{\left| \sum_{i=1}^{m} c_i\, f(x_i) \right|}{\sum_{i=1}^{m} |c_i|}, \tag{2.19}$$

so folgt $\quad \lambda \le \varrho\,(f, W);$ $\tag{2.20}$

denn ist $u \in U\ (= W)$ beliebig vorgegeben, so folgt aus (2.16)

$$\left| \sum_{i=1}^{m} c_i\, f(x_i) \right| = \left| \sum_{i=1}^{m} c_i\, (u(x_i) - f(x_i)) \right| \le \sum_{i=1}^{m} |c_i|\, \|u - f\|.$$

Da $u \in U$ beliebig wählbar ist, ergibt sich (2.20) unmittelbar. Auf diese Weise hat man eine sehr bequeme Möglichkeit, untere Schranken für $\varrho\,(f, W)$ zu bestimmen.

Beispiel. Sei $B = \{(x, y) \mid 0 \leq x, y \leq 1\}$. Sei weiter $f(x, y) = x^2 + y^2, u_0(x, y) \equiv 1$, $u_1(x, y) = x$ und $u_2(x, y) = y$. Es ist also $r = 2$, und wir wählen die 4 Punkte $(0, 0), (1, 0), (1, 1), (1/2, 1/2)$. Das System (2.16) lautet dann

$$c_1 + c_2 + c_3 + c_4 = 0,$$

$$c_2 + c_3 + \frac{1}{2}\,c_4 = 0,$$

$$c_3 + \frac{1}{2}\,c_4 = 0$$

und hat als nichttriviale Lösung

$$c_1 = -\frac{1}{2}, \quad c_2 = 0, \quad c_3 = -\frac{1}{2}, \quad c_4 = 1.$$

Für λ nach (2.19) ergibt sich $\lambda = 1/4$, und aus (2.20) folgt $1/4 \leq \varrho\,(f, W)$. In diesem Fall läßt sich sogar zeigen, daß $\varrho\,(f, W) = 1/4$ ist. Wählt man

$$\hat{u}\,(x, y) = -\frac{1}{4} + x + y,$$

so ergibt sich nämlich für alle $(x, y) \in B$:

$$-\frac{1}{4} \leq \hat{u}\,(x, y) - f(x, y) = -\frac{1}{4} + x\,(1 - x) + y\,(1 - y) \leq -\frac{1}{4} + \frac{1}{2} = \frac{1}{4},$$

d. h. $\|\hat{u} - f\| = 1/4$.

Man macht sich weiterhin klar, daß (2.18) für die 3 Punkte $(0, 0), (1, 1)$ und $(1/2, 1/2)$ erfüllt ist. Überdies gilt

$$\hat{u}\,(1, 0) - f(1,0) = \hat{u}\,(0, 1) - f(0, 1) = -\frac{1}{4}.$$

3. Diskrete rationale Approximation

Bei der numerischen Lösung des T-Problems wird man häufig darauf angewiesen sein, die Funktionen auf dem kompakten metrischen Raum B nur in endlich vielen Punkten von B zu betrachten. Oft ist die zu approximierende Funktion f nur durch Werte in endlich vielen Punkten gegeben.

Wir wollen daher in diesem Abschnitt das in IV.1 formulierte T-Problem für den Fall betrachten, daß B eine endliche Teilmenge eines metrischen Raumes ist.

B ist dann kompakt, und $C(B)$ besteht aus allen reellwertigen Funktionen auf B. Die Punkte von B bezeichnen wir mit $x_1,\ldots, x_m$ und nehmen an, daß $m \geq r+s+2$ gilt.

A. Dualität. Nach IV.2.A ist es sinnvoll, dem T-Problem das folgende **duale Problem** gegenüberzustellen:

Unter den Nebenbedingungen

$$c = (c_1,\ldots, c_m) \neq \Theta_m, \quad p = (p_1,\ldots, p_m) \geq \Theta_m, \tag{3.1}$$

$$\sum_{i=1}^{m} c_i\, u_j(x_i) = 0, \quad j = 0,\ldots, r, \tag{3.2}$$

$$\sum_{i=1}^{m} c_i f(x_i)\, v_k(x_i) = \lambda \sum_{i=1}^{m} (|c_i| + p_i)\, v_k(x_i), \quad k = 0,\ldots, s, \tag{3.3}$$

ist λ zum Maximum zu machen.

Sei $\varrho\,(f, W) > 0$. Aus den Ergebnissen von IV.2.A erhält man dann den folgenden

Satz 3.1. a) *Sind für ein Tripel (λ, c, p) die Bedingungen (3.1), (3.2), (3.3) erfüllt, so folgt $\lambda \leq \varrho(f, W)$.*

b) *Zu jedem $\lambda \in (0, \varrho\,(f, W)]$ gibt es Vektoren c, $p \in \mathbb{R}^m$ derart, daß das Tripel (λ, c, p) die Bedingungen (3.1), (3.2), (3.3) erfüllt, d.h. das duale Problem ist lösbar, und es gilt $\lambda_{\max} = \varrho\,(f, W)$.*

c) α) *Ist das T-Problem lösbar, so folgt für jedes Tripel $(\varrho\,(f, W), c, p)$, das (3.1), (3.2), (3.3) für $\lambda = \varrho\,(f, W)$ erfüllt, notwendig $p = \Theta_m$.*

β) *Ist $\hat{w} = \hat{u}/\hat{v}$, $\hat{u} \in U$, $\hat{v} \in V^+$ eine Lösung des T-Problems und $(\varrho\,(f, W), c, \Theta_m)$ eine Lösung des dualen Problems, so folgt*

$$f(x_i) - \hat{w}(x_i) = \varrho\,(f, W)\,\operatorname{sgn} c_i \quad \text{für} \quad c_i \neq 0.$$

Bemerkungen. Die Aussage a) läßt sich auch ohne Benutzung von II Satz 2.2 direkt folgendermaßen beweisen:

Sei $\lambda > 0$ (für $\lambda \leq 0$ ist nichts zu beweisen). Sind dann $u \in U$ und $v \in V^+$ beliebig vorgegeben, so folgt aus (3.1), (3.2) und (3.3)

$$\sum_{i=1}^{m} c_i \left(f(x_i) - \frac{u(x_i)}{v(x_i)} \right) v(x_i) = \lambda \sum_{i=1}^{m} (|c_i| + p_i)\, v(x_i) \geq \lambda \sum_{i=1}^{m} |c_i|\, v(x_i) > 0,$$

woraus sich

$$\lambda \leq \frac{\displaystyle\sum_{i=1}^{m} c_i \left(f(x_i) - \frac{u(x_i)}{v(x_i)} \right) v(x_i)}{\displaystyle\sum_{i=1}^{m} |c_i|\, v(x_i)} \leq \left\| f - \frac{u}{v} \right\|$$

ergibt. Da $u \in U$ und $v \in V^+$ beliebig sind, erhält man unmittelbar $\lambda \leq \varrho\,(f, W)$.

Die Aussage b) läßt sich unter Benutzung der Theorie der linearen Ungleichungen auch sehr einfach beweisen (vgl. dazu Krabs [67b]).

B. Ein Kriterium für die Lösbarkeit des T-Problems. In diesem Abschnitt soll die Umkehrung von Aussage c) α) des Satzes 3.1 bewiesen werden. Zu dem Zweck nehmen wir an, das T-Problem habe keine Lösung, und zeigen, daß dann das duale Problem eine Lösung $(\varrho\,(f, W), c, p)$ mit $p \neq \Theta_m$ besitzt.

Wir gehen aus von dem folgenden System linearer Ungleichungen

$$\left.\begin{array}{l} \displaystyle\sum_{j=0}^{r} u_j(x_i)\, a_j + \sum_{k=0}^{s} [\varrho\,(f, W) - f(x_i)]\, v_k\,(x_i)\, b_k \geq 0, \\[2ex] \displaystyle\sum_{j=0}^{r} -\, u_j(x_i)\, a_j + \sum_{k=0}^{s} [\varrho\,(f, W) + f(x_i)]\, v_k\,(x_i)\, b_k \geq 0, \\[2ex] \displaystyle\qquad\qquad\qquad \sum_{k=0}^{s} v_k(x_i)\, b_k \qquad\qquad\quad +\, \mu \geq 0, \end{array}\right\} \qquad (3.4)$$

$$i = 1,\ldots, m.$$

Da nach Annahme das T-Problem keine Lösung besitzt, hat das System (3.4) keine Lösung $(a_0,\ldots, a_r, b_0,\ldots, b_s, \mu)$ mit $\mu < 0$. Definiert man eine $3\,m \times (r+s+3)$-Matrix A durch

$$A = \begin{pmatrix} u_j(x_i) & [\varrho\,(f, W) - f(x_i)]\, v_k(x_i) & \Theta_m \\[1ex] -\, u_j(x_i) & [\varrho\,(f, W) + f(x_i)]\, v_k(x_i) & \Theta_m \\[1ex] 0_{m \times (r+1)} & v_k(x_i) & 1_m \end{pmatrix}$$

mit $0_{m \times (r+1)} = m \times (r+1)$-Nullmatrix und $1_m^T = (1,\ldots, 1) \in \mathbb{R}^m$ sowie $\Theta_m = $ Nullvektor in $\mathbb{R}^m$ und setzt man weiter $d = \begin{pmatrix} \Theta_{r+s+2} \\ 1 \end{pmatrix}$ mit $\Theta_{r+s+2} = $ Nullvektor in $\mathbb{R}^{r+s+2}$, so hat nach Annahme das Ungleichungssystem

$$A z \geq \Theta_{3\,m}, \quad d^T z < 0$$

keine Lösung $z \in \mathbb{R}^{s+r+3}$.

Nach dem Farkas-Lemma (vgl. Collatz-Wetterling [71], §5, Satz 10) gibt es daher ein $y = (y^1, y^2, y^3)^T \in \mathbb{R}^{3m}$ mit

$$A^T y = d, \quad y \geq \Theta_{3\,m},$$

d.h. $\quad y_i^1 \geq 0, \quad y_i^2 \geq 0, \quad y_i^3 \geq 0 \quad$ für $i = 1,\ldots, m,$

$$\sum_{i=1}^{m} y_i^1\, u_j(x_i) - \sum_{i=1}^{m} y_i^2\, u_j(x_i) = 0, \quad j = 0,\ldots, r,$$

$$\sum_{i=1}^{m} y_i^1\, [\varrho\,(f, W) - f(x_i)]\, v_k(x_i) + \sum_{i=1}^{m} y_i^2\, [\varrho\,(f, W) + f(x_i)]\, v_k(x_i) + \quad (3.5)$$

$$+ \sum_{i=1}^{m} y_i^3\, v_k(x_i) = 0, \quad k = 0,\ldots, s,$$

$$\sum_{i=1}^{m} y_i^3 = 1.$$

Definiert man

$$c_i = y_i^1 - y_i^2,$$
$$p_i = y_i^1 + y_i^2 + \frac{y_i^3}{\varrho\,(f, W)} - |c_i|, \qquad (3.6)$$

so geht (3.5) über in

$$\sum_{i=1}^{m} c_i\, u_j(x_i) = 0, \quad j = 0, \ldots, r,$$

$$\sum_{i=1}^{m} c_i\, f(x_i)\, v_k(x_i) = \varrho\,(f, W) \sum_{i=1}^{m} (|c_i| + p_i)\, v_k(x_i), \quad k = 0, \ldots, s,$$

wobei $\qquad \displaystyle\sum_{i=1}^{m} p_i \geq \frac{1}{\varrho\,(f, W)} > 0, \quad p_i \geq 0, \quad i = 1, \ldots, m, \qquad (3.7)$

ist. $c = \Theta_m$ würde $p = \Theta_m$ implizieren im Widerspruch zu (3.7). $(\varrho\,(f, W), c, p)$ ist somit eine Lösung des dualen Problems, für die gilt $p \neq \Theta_m$, und wir erhalten (vgl. K r a b s [67b]) den

Satz 3.2. *Das T-Problem ist genau dann lösbar, wenn für jede Lösung $(\varrho\,(f, W), c, p)$ des dualen Problems notwendig $p = \Theta_m$ ist.*

C. Der Fall $m = r + s + 2$. Wir nehmen an, daß die Menge B aus genau $m = r + s + 2$ Punkten besteht und daß die Matrix

$$\tilde{A} = \left(\begin{matrix} u_j(x_i) \\ f(x_i)\, v_k(x_i) \end{matrix} \right)_{\substack{j=0,\ldots,r,\ k=0,\ldots,s, \\ i=1,\ldots,m}} \qquad (3.8)$$

nicht-singulär ist (j und k sind Zeilenindizes, und i ist ein Spaltenindex).
Sei weiterhin

$$D = \left(\begin{matrix} 0 \\ v_k(x_i) \end{matrix} \right)_{\substack{k=0,\ldots,s \\ i=1,\ldots,m}} \qquad (3.9)$$

eine $m \times m$-Matrix, bei der 0 eine $(r + 1) \times m$-Nullmatrix bezeichnet.
Gibt man sich einen Vektor $z = (z_1, \ldots, z_m) \geq \Theta_m$ (komponentenweise) mit $z \neq \Theta_m$ vor, so hat nach II Satz 2.3 das lineare Gleichungssystem

$$\tilde{A}c = Dz \qquad (3.10)$$

genau eine nichttriviale Lösung $c = (c_1, \ldots, c_m)$, und es ist

$$q(z) = \min_{|c_i| \neq 0} \frac{z_i}{|c_i|} \leq \varrho\,(f, W). \qquad (3.11)$$

Darüber hinaus gilt der

Satz 3.3. *Definiert man*

$$K = \{ z \in \mathbb{R}^m \mid z \geq \Theta_m \quad und \quad z \neq \Theta_m \} \qquad (3.12)$$

und $q(z)$ durch (3.11), *so ist*

$$\varrho\,(f, W) = \max_{z \in K} q(z).\qquad(3.13)$$

Beweis. Es ist zu zeigen, daß es ein $\hat{z} \in K$ gibt mit

$$q(\hat{z}) = \varrho\,(f, W).\qquad(3.14)$$

Nach Satz 3.1 b) gibt es Vektoren $c \neq \Theta_m$ und $p \geq \Theta_m$ derart, daß gilt

$$\tilde{A}c = \varrho\,(f, W)\, D\,(|c| + p),$$

wobei $|c| = (|c_1|, \ldots, |c_m|)^{\mathrm{T}}$ ist.

Setzt man $\hat{z} = \varrho\,(f, W)\,(|c| + p)$, so ist $\hat{z} \in K$ und nach (3.11): $q(\hat{z}) \leq \varrho\,(f, W)$. Andererseits ist für jedes i mit $c_i \neq 0$

$$\frac{\hat{z}_i}{|c_i|} = \varrho\,(f, W)\,\frac{|c_i| + p_i}{|c_i|} \geq \varrho\,(f, W),$$

woraus $q(\hat{z}) \geq \varrho\,(f, W)$ und somit (3.14) folgt. ∎

Definiert man eine Abbildung $P : \mathbb{R}^m \to \mathbb{R}^m$ durch $P(z) = |Az|$, wobei $A = \tilde{A}^{-1}\,D$ ist mit $\tilde{A}$ nach (3.8) und D nach (3.9) sowie $|y| = (|y_1|, \ldots, |y_m|)^{\mathrm{T}}$, dann kann man für $q(z)$ nach (3.11) auch schreiben

$$q(z) = \min_{P(z)_i \neq 0} \frac{z_i}{P(z)_i}.\qquad(3.11')$$

Satz 3.4. *Sei die Abbildung P auf $K \cup \{\Theta_m\}$ monoton, d.h. es gelte*

$$\Theta_m \leq z \leq y \;\Rightarrow\; P(z) \leq P(y).$$

Dann folgt für $y = P(z)$, $z \in K$:

$$q(z) \leq q(y).\qquad(3.15)$$

Beweis. Nach (3.11') ist

$$\Theta_m \leq q(z)\,y \leq z$$

und somit

$$q(z)\,P(y) = P\,(q(z)\,y) \leq P(z) = y,$$

woraus

$$q\,(z) \leq \min_{P(y)_i \neq 0} \frac{y_i}{P(y)_i} = q(y)$$

folgt. ∎

Ist also P auf $K \cup \{\Theta_m\}$ monoton, so liefert Satz 3.4 eine bequeme Möglichkeit, die unteren Schranken $q(z)$ für $\varrho\,(f, W)$ iterativ zu verbessern: Ausgehend von $z^0 \in K$, berechnet man eine Folge $\{z^n\}$ in K durch $z^{n+1} = P(z^n)$.

Für die Größen

$$q_{n+1} = \min_{z_i^{n+1} \neq 0} \frac{z_i^n}{z_i^{n+1}}, \quad n = 0, 1, 2, \ldots\qquad(3.16)$$

gilt sodann nach (3.11'), (3.11) und Satz 3.4

$$q_1 \leq \dots \leq q_n \leq \varrho\,(f, W).\tag{3.17}$$

Die Abbildung P erweist sich als auf $K \cup \{\Theta_m\}$ monoton, wenn für alle $z \in K$ gilt

$$|Az| = |A|\,z,\tag{3.18}$$

wobei $|A| = (|a_{ik}|)$ ist, d.h. wenn in jeder Zeile von A die von Null verschiedenen Elemente das gleiche Vorzeichen haben.

Wir erhalten dann nämlich für $\Theta_m \leq z \leq y$

$$P(z) - P(y) = |Az| - |Ay| = |A|\,(z-y) \leq \Theta_m.$$

Die Bedingung (3.18) für alle $z \in K$ ist aber auch notwendig dafür, daß P auf $K \cup \{\Theta_m\}$ monoton ist (zum Beweis vgl. Krabs [68]).

Numerisches Beispiel. Wir wollen die Verhältnisse noch an dem einfachen Beispiel erläutern, das wir in II.2.B bereits behandelt haben:

$$m = 3, \quad B = \{(0, 0), (0, 1), (1, 1)\}, \quad r = 0, \quad s = 1,$$

$$u_0\,(t_1, t_2) \equiv 1, \quad v_0\,(t_1, t_2) \equiv 1, \quad v_1\,(t_1, t_2) = t_1 + t_2,$$

$$f(t_1, t_2) = e^{t_1 \cdot t_2}.$$

In diesem Fall ist

$$\tilde{A} = \begin{pmatrix} 1 & 1 & 1 \\ 1 & 1 & e \\ 0 & 1 & 2e \end{pmatrix}, \quad D = \begin{pmatrix} 0 & 0 & 0 \\ 1 & 1 & 1 \\ 0 & 1 & 2 \end{pmatrix},$$

und man errechnet

$$A = \tilde{A}^{-1} D = \frac{1}{e-1} \begin{pmatrix} 2e - 1 & e & 1 \\ -2e & -(e+1) & -2 \\ 1 & 1 & 1 \end{pmatrix}.$$

Offenbar ist (3.18) erfüllt und somit die Abbildung $P(z) = |Az|$ auf $K \cup \{\Theta_3\}$ monoton. Ausgehend von $z^0 = (1, 1, 1)^T$, berechnen wir $z^{n+1} = P(z^n)$ und die Größen q_{n+1} nach (3.16). Dann ergibt sich die folgende Tabelle:

Tabelle IV. 1

n	z_1^{n+1}	z_2^{n+1}	z_3^{n+1}	q_{n+1}
0	4,74593	6,49186	1,74593	0,154039
1	23,53993	31,09615	7,55622	0,201612
2	114,3705	150,565	36,19447	0,205822
3	554,5566	729,8072	175,2506	0,206238

Zur Gewinnung einer oberen Schranke von $\varrho\,(f,\,W)$ lösen wir das Gleichungs-system

$$\frac{a_0}{b_0} - 1 = \lambda, \qquad \frac{a_0}{b_0 + b_1} - 1 = -\lambda, \qquad \frac{a_0}{b_0 + 2\,b_1} - e = \lambda \qquad (3.19)$$

für die Unbekannten $a_0,\,b_0,\,b_1,\,\lambda$ unter den Nebenbedingungen

$$b_0 > 0, \qquad b_0 + b_1 > 0, \qquad b_0 + 2\,b_1 > 0. \qquad (3.20)$$

Hat man eine Lösung gefunden, so ergibt sich für $w\,(t_1,\,t_2) = \dfrac{a_0}{b_0 + b_1\,(t_1 + t_2)}$

$$|\lambda| = \|w - f\| \geq \varrho\,(f,\,W). \qquad (3.21)$$

Als einzige Lösung von (3.19), die den Nebenbedingungen (3.20) genügt, erhält man

$$\lambda = - \frac{3e + 1}{8} + \sqrt{\frac{(3e + 1)^2}{8} - \frac{e - 1}{4}} = -\,0{,}206284,$$

$$a_0 = \lambda + 1 = 0{,}793716, \quad b_0 = 1, \quad b_1 = \frac{2\lambda}{1 - \lambda} = -\,0{,}342016. \quad (3.22)$$

Aus (3.17) und (3.21) ergibt sich somit die Abschätzung

$$0{,}206238 \leq \varrho\,(f,\,W) \leq 0{,}206284 = \|w - f\|, \qquad (3.23)$$

wobei $\qquad w\,(t_1,\,t_2) = \dfrac{0{,}793716}{1 - 0{,}342016\,(t_1 + t_2)}$

ist. Man kann sich davon überzeugen, daß

$$\max_{0 \leq t_1 \leq t_2 \leq 1} |w\,(t_1,\,t_2) - e^{t_1 \cdot t_2}| \leq 0{,}206284$$

ist, so daß die Abschätzung (3.23) auch für das „kontinuierliche" T-Problem mit $B = \{(t_1,\,t_2)\,|\,0 \leq t_1 \leq t_2 \leq 1\}$ anstelle von $B = \{(0,\,0),\,(0,\,1),\,(1,\,1)\}$ gilt (vgl. dazu auch II.2.B).

D. Der Fall der linearen Approximation. In diesem Fall ist $s = 0$ und $v_0 \equiv 1$. Das T-Problem ist nach II Satz 3.3 stets lösbar, und das duale Problem (nach IV.3.A) lautet:

Unter den Nebenbedingungen

$$c = (c_1, \ldots, c_m) \neq \Theta_m, \qquad (3.1')$$

ist $\qquad \displaystyle\sum_{i=1}^{m} c_i\,u_j(x_i) = 0, \qquad j = 0, \ldots, r, \qquad (3.2')$

$$\lambda = \lambda_c = \frac{\displaystyle\sum_{i=1}^{m} c_i\,f(x_i)}{\displaystyle\sum_{i=1}^{m} |c_i|} \qquad (3.3')$$

zum Maximum zu machen.

Sei $\varrho\,(f,\,W) > 0$. Aus Satz 3.1 ergeben sich die folgenden Aussagen:

a) *Für jede Lösung $c \in \mathbb{R}^m$ von (3.1'), (3.2') gilt $\lambda_c \leq \varrho\,(f,\,W)$.*

b) *Es gibt eine Lösung $\hat{c} \in \mathbb{R}^m$ von (3.1'), (3.2') mit $\lambda_c = \varrho\,(f,\,W)$.*

c) *Ist $\hat{c} \in \mathbb{R}^m$ eine solche und $\hat{u} = \sum\limits_{j=0}^{r} \hat{a}_j\, u_j$ eine Lösung des T-Problems, so folgt*

$$f(x_i) - \hat{u}(x_i) = \varrho\,(f,\,W)\,\operatorname{sgn}\hat{c}_i \qquad \text{für } \hat{c}_i \neq 0.$$

Auf der Basis dieser Aussagen hat Stiefel in [59] (vgl. auch [60]) unter der Annahme, daß $\{u_0,\ldots,u_r\}$ ein Haarsches System auf B ist (vgl. II.6.A), einen sog. Austausch-Algorithmus entwickelt, der die unteren Schranken λ_c schrittweise vergrößert und nach endlich vielen Schritten zu einer Lösung des T-Problems führt (vgl. dazu auch Collatz [64]). Später wurde dieser Algorithmus von Bittner [61] und Descloux [61] auf den Fall ausgedehnt, daß $\{u_0,\ldots,u_r\}$ nicht notwendig ein Haarsches System auf B ist (vgl. dazu auch Krabs [63], Goldstein/Cheney [58], Zuhovickii [51] und Barrodale/ Young [66]).

Wir wollen in IV.5 ein Verfahren auf der Basis des Kolmogoroff-Kriteriums (vgl. II.5.A) entwickeln.

Hierfür spielt der Fall $m = r + 2$ eine besondere Rolle, den wir abschließend behandeln wollen: Wir nehmen an, daß die Funktionen $u_0,\ldots,u_r$ auf B linear unabhängig sind, d.h., daß die Matrix

$$\begin{pmatrix} u_0(x_1) \ldots u_0(x_m) \\ \ldots\ldots\ldots\ldots\ldots\ldots \\ u_r(x_1) \ldots u_r(x_m) \end{pmatrix}_{(m=r+2)}$$

den Rang $r + 1$ hat. Unter dieser Voraussetzung hat das homogene lineare Gleichungssystem (3.2') bis auf einen reellen Faktor vom Betrage 1 genau eine Lösung $c \in \mathbb{R}^m$ mit

$$\sum_{i=1}^{m} |c_i| = 1. \tag{3.24}$$

Fallunterscheidung: a) Es ist $\lambda_c = \sum\limits_{i=1}^{m} c_i\, f(x_i) = 0$; dann folgt

$$f = \sum_{j=0}^{r} a_j\, u_j \in U, \quad \text{d.h. } \varrho\,(f,\,W) = 0.$$

b) Es ist o.B.d.A. $\lambda_c = \sum\limits_{i=1}^{m} c_i\, f(x_i) > 0$. Dann ist auf Grund der obigen Aussagen $\lambda_c = \varrho\,(f,\,W)$.

Wir definieren

$$\operatorname{sgn} c_i = \begin{cases} 1, & \text{falls } c_i \geq 0 \text{ ist,} \\ -1, & \text{falls } c_i < 0 \text{ ist,} \end{cases}$$

und betrachten das lineare Gleichungssystem

$$\sum_{j=0}^{r} u_j(x_i)\, a_j - (\operatorname{sgn} c_i)\, \eta = f(x_i), \qquad i = 1,\ldots,m, \tag{3.25}$$

für die Unbekannten $a_0,\ldots,a_r,\eta$.

Die zugehörige Matrix ist nichtsingulär; denn, wie oben bemerkt, gibt es bis auf einen reellen Faktor genau einen Vektor $y = (y_1,\ldots,y_m)^{T} \neq \Theta_m$ mit

$$\sum_{i=1}^{m} u_j(x_i)\, y_i = 0 \qquad \text{für } j = 0,\ldots,r,$$

nämlich $y = \alpha \cdot c$ mit $\alpha \in \mathbb{R}$, $\alpha \neq 0$. Für diesen ist aber

$$\sum_{i=1}^{m} (-\operatorname{sgn} c_i)\, y_i = -\alpha \sum_{i=1}^{m} |c_i| \neq 0.$$

Es gibt also keine nichttriviale Linearkombination der Zeilenvektoren der Matrix des Systems (3.25), die den Nullvektor aus $\mathbb{R}^m$ liefert.

Damit besitzt (3.25) genau eine Lösung $(a_0,\ldots,a_r,\eta)$, für die wegen (3.2') und (3.24) gilt $\eta = -\lambda_c$. Für

$$u = \sum_{j=0}^{r} a_j\, u_j$$

erhält man somit $\|u - f\| = |\eta| = \varrho\,(f, W)$.

4. Ein Verfahren zur Lösung des diskreten rationalen Approximationsproblems

Wie in IV.3 legen wir wieder das diskrete T-Problem zugrunde, bei dem B aus $m\,(\geq r + s + 2)$ Punkten $x_1,\ldots,x_m$ besteht. Zur Lösung des Problems soll in diesem Abschnitt ein Iterationsverfahren angegeben werden, das fortlaufend untere und obere Schranken für die Minimalabweichung liefert, die gegen diese konvergieren.

A. Theoretische Grundlagen des Verfahrens (vgl. Krabs [66b]). Den Ausgangspunkt der Betrachtungen bildet das

Problem (P). *Unter den Nebenbedingungen*

$$\sum_{j=0}^{r} u_j(x_i)\, a_j + \sum_{k=0}^{s} (\lambda - f(x_i))\, v_k(x_i)\, b_k + \mu \geq 0, \tag{4.1}$$

$$\sum_{j=0}^{r} -\,u_j(x_i)\, a_j + \sum_{k=0}^{s} (\lambda + f(x_i))\, v_k(x_i)\, b_k + \mu \geq 0, \tag{4.2}$$

$$\sum_{k=0}^{s} v_k(x_i)\, b_k \geq 1, \tag{4.3}$$

$$i = 1,\ldots,m,$$

ist μ zum Minimum zu machen.

Dabei ist λ eine fest vorgegebene reelle Zahl, und die Größen a_j, b_k, μ sind geeignet zu variieren.

Problem (P) ist ein Problem der linearen Optimierung (vgl. Collatz/ Wetterling [71]). Dual zu Problem (P) im Sinne der Theorie der linearen Optimierung ist das

Problem (D). *Unter den Nebenbedingungen*

$$\sum_{i=1}^{m} u_j(x_i)\, z_i - \sum_{i=1}^{m} u_j(x_i)\, z_{i+m} = 0, \quad j = 0,\ldots,r, \tag{4.4}$$

$$\sum_{i=1}^{m} (\lambda - f(x_i))\, v_k(x_i)\, z_i + \sum_{i=1}^{m} (\lambda + f(x_i))\, v_k(x_i)\, z_{i+m} +$$

$$+ \sum_{i=1}^{m} v_k(x_i)\, w_i = 0, \quad k = 0,\ldots,s, \tag{4.5}$$

$$\sum_{i=1}^{m} z_i + \sum_{i=1}^{m} z_{i+m} = 1, \tag{4.6}$$

$$z = (z_1,\ldots,z_{2m}) \geq \Theta_{2m}, \quad w = (w_1,\ldots,w_m) \geq \Theta_m, \tag{4.7}$$

ist $S(w) = \sum_{i=1}^{m} w_i$ *zum Maximum zu machen.*

Satz 4.1. *Für jedes* λ *mit* $0 \leq \lambda \leq \varrho(f, W)$ *sind die Probleme* (P) *und* (D) *lösbar, und es gilt*

$$\mu_{\min} = S_{\max},$$

d.h. die Extrema stimmen überein. Darüber hinaus gilt

$$\lambda \leq \varrho(f, W) \leq \left\| f - \frac{\hat{u}}{\hat{v}} \right\| \leq \lambda + \mu_{\min}, \tag{4.8}$$

wobei $\quad \hat{u} = \sum_{j=0}^{r} \hat{a}_j\, u_j, \quad \hat{v} = \sum_{k=0}^{s} \hat{b}_k\, v_k$

und $(\hat{a}_0,\ldots,\hat{a}_r, \hat{b}_0,\ldots,\hat{b}_s, \mu_{\min})$ *eine Lösung des Problems* (P) *ist.*

Beweis. Setzt man $u = \sum_{j=0}^{r} a_j\, u_j$ und $v = \sum_{k=0}^{s} b_k\, v_k$, so sind die Bedingungen (4.1), (4.2), (4.3) gleichbedeutend mit

$$|u(x_i) - f(x_i)\, v(x_i)| \leq \lambda\, v(x_i) + \mu, \quad v(x_i) \geq 1 \tag{4.9}$$

für $i = 1,\ldots,m$.

Die Aussage (4.8) ist sodann für $\lambda > 0$ eine Folgerung aus den Ungleichungen (4.9), die ja auch für jede Lösung des Problems (P) gelten. Da V^+ nichtleer ist, gibt es ein $v \in V^+$ mit $v(x_i) \geq 1$ für $i = 1,\ldots,m$. Wählt man $u \in U$ beliebig, so ist (4.9) und damit auch (4.1), (4.2), (4.3) für jedes reelle λ erfüllbar, wenn man nur $\mu \geq 0$ genügend groß wählt.

Nach Satz 3.1b) gibt es zu jedem $\lambda \in (0, \varrho(f, W)]$ Vektoren $c \neq \Theta_m$ und $p \geq \Theta_m$ derart, daß die Bedingungen (3.2), (3.3) erfüllt sind. Definiert man

$$z_i = \frac{y_i}{\sum\limits_{i=1}^{m} |c_i|}, \qquad i = 1,\ldots, 2m,$$

wobei $y_i = \max(0, c_i)$, $y_{i+m} = \max(0, -c_i)$ ist und $w_i = \lambda p_i \Big/ \sum\limits_{i=1}^{m} |c_i|$ für $i = 1,\ldots, m$, so sind für $z = (z_1,\ldots, z_{2m})$ und $w = (w_1,\ldots, w_m)$ die Bedingungen (4.4) bis (4.7) erfüllt.

Für $\lambda = 0$ betrachten wir das System

$$\left.\begin{aligned} \sum_{i=1}^{m} u_j(x_i)\, c_i &= 0, \qquad j = 0,\ldots, r, \\[2mm] \sum_{i=1}^{m} f(x_i)\, v_k(x_i)\, c_i &= \sum_{i=1}^{m} v_k(x_i)\, \bar{w}_i, \qquad k = 0,\ldots, s, \end{aligned}\right\} \tag{4.10}$$

mit den Unbekannten c_i und $\bar{w}_i$.

Fallunterscheidung: 1. $m > r + s + 2$: Dann setzen wir alle $\bar{w}_i = 0$ und können (4.10) als homogenes lineares Gleichungssystem mit mehr Unbekannten als Gleichungen nichttrivial auflösen.

2. $m = r + s + 2$:

α) Ist der Rang der Matrix auf der linken Seite von (4.10) gleich $r + s + 2$, so wählen wir $\bar{w} = (\bar{w}_1,\ldots, \bar{w}_m) \geq 0$ so, daß nicht alle $\sum\limits_{i=1}^{m} v_k(x_i)\, \bar{w}_i = 0$ sind für $k = 0,\ldots, s$. Das ist möglich, da für jedes k mindestens ein $v_k(x_i) \neq 0$ ist. Dann hat nach dieser Wahl von $\bar{w}$ das System (4.10) wiederum eine nichttriviale Lösung $c = (c_1,\ldots, c_m)$.

β) Ist der Rang der Matrix auf der linken Seiten von (4.10) kleiner als $r + s + 2$, so wähle man alle $\bar{w}_i = 0$ und kann wiederum (4.10) nichttrivial nach den c_i auflösen.

(4.10) hat also stets eine Lösung $c = (c_1,\ldots, c_m) \neq \Theta_m$, $w = (w_1,\ldots, w_m) \geq \Theta_m$. Setzt man

$$z_i = \frac{\max(c_i, 0)}{\sum\limits_{i=1}^{m} |c_i|}, \qquad z_{i+m} = \frac{\max(-c_i, 0)}{\sum\limits_{i=1}^{m} |c_i|}, \qquad i = 1,\ldots, m,$$

und

$$w_i = \frac{\bar{w}_i}{\sum\limits_{i=1}^{m} |c_i|}, \qquad i = 1,\ldots, m,$$

so sind für $z \in \mathbb{R}^{2m}$ und $w \in \mathbb{R}^m$ die Bedingungen (4.4) bis (4.7) für $\lambda = 0$ erfüllt. Die erste Behauptung von Satz 4.1 ergibt sich damit aus einem bekannten

Existenzsatz der linearen Optimierung (vgl. Collatz/Wetterling [71], §5, Satz 15), der besagt, daß die Probleme (P) und (D) lösbar sind und die Extrema übereinstimmen, sofern nur die zugehörigen Nebenbedingungen (4.1) bis (4.3) bzw. (4.4) bis (4.7) erfüllbar sind, was wir oben gerade nachgewiesen haben. ∎

Im Gegensatz zu Satz 4.1 gilt der folgende

Satz 4.2. *Für $\lambda > \varrho(f, W)$ ist das Problem* (P) *nicht lösbar; denn die Nebenbedingungen* (4.1) *bis* (4.3) *sind für ein negatives μ mit beliebig großem Betrag erfüllbar.*

Beweis. Wegen $\lambda > \varrho(f, W)$ gibt es ein $u \in U$ und ein $v \in V^+$ mit

$$v(x_i) \geq 1 \quad \text{und} \quad \left| \frac{u(x_i)}{v(x_i)} - f(x_i) \right| < \lambda \quad \text{für } i = 1, \ldots, m.$$

Wählt man

$$\mu = \max_{i=1,\ldots,m} \{ |u(x_i) - f(x_i)\, v(x_i)| - \lambda\, v(x_i) \},$$

so ist $\mu < 0$, und es gilt (4.9). Damit sind, wie wir oben gesehen haben, für (a_j, b_k, μ) mit

$$u = \sum_{j=0}^{r} u_j\, a_j, \qquad v = \sum_{k=0}^{s} v_k\, b_k$$

die Bedingungen (4.1) bis (4.3) erfüllt. Dasselbe gilt dann aber auch für $(\alpha\, a_j, \alpha\, b_k, \alpha\, \mu)$ mit einem beliebigen $\alpha \geq 1$. ∎

Zur Lösung des Problems (P) steht die sog. Simplex-Methode (vgl. Collatz/Wetterling [71], §§ 3 und 4) zur Verfügung, die im Fall $0 \leq \lambda \leq \varrho(f, W)$ eine Lösung liefert und im Falle $\lambda > \varrho(f, W)$ ein konstruktives Verfahren zur Feststellung der Unlösbarkeit von Problem (P) darstellt. Das gibt Anlaß zu dem folgenden Iterationsverfahren.

B. Durchführung des Verfahrens. Zu Beginn setzen wir $\lambda = 0$ und $\mu_0 = \infty$.

Fallunterscheidung beim n-ten Schritt ($n = 1, 2, 3, \ldots$). $a_1)$ $\lambda \leq \varrho(f, W)$, d.h. Problem (P) ist lösbar. Sei $(u^{(n)}, v^{(n)})$ eine Lösung. Setze $\lambda_n = \lambda$. Weitere Fallunterscheidung:

$$\alpha_1) \qquad \left\| f - \frac{u^{(n)}}{v^{(n)}} \right\| \leq \mu_{n-1}; \quad \text{setze} \quad \mu_n = \left\| f - \frac{u^{(n)}}{v^{(n)}} \right\|;$$

$$\beta_1) \qquad \left\| f - \frac{u^{(n)}}{v^{(n)}} \right\| > \mu_{n-1}; \quad \text{setze} \quad \mu_n = \mu_{n-1}.$$

In beiden Fällen setze man $\lambda = (\lambda_n + \mu_n)/2$.

$b_1)$ $\lambda > \varrho(f, W)$, d.h. Problem (P) ist nicht lösbar. Dann setze man $\lambda_n = \lambda_{n-1}$, $\mu_n = \lambda$ und $\lambda = (\lambda_n + \mu_n)/2$.

Nach diesem Verfahren erhält man eine fortlaufende Einschließung

$$\lambda_n \leq \lambda_{n+1} \leq \cdots \leq \varrho(f, W) \leq \cdots \leq \mu_{n+1} \leq \mu_n. \tag{4.11}$$

Fallunterscheidung. a_2) Nach endlich vielen Schritten gilt $\lambda_n = \mu_n$.
Dann folgt

$$\left\| f - \frac{u^{(n)}}{v^{(n)}} \right\| = \varrho\,(f, W),$$

d.h. $u^{(n)}/v^{(n)}$ ist eine Lösung des T-Problems.

b_2) Für alle n gilt $\lambda_n < \mu_n$. Für festes n ergibt sich sodann mit $\lambda = (\lambda_n + \mu_n)/2$:

$$\lambda_{n+1} = \frac{1}{2}\,(\lambda_n + \mu_n),\ \mu_{n+1} \leq \mu_n, \qquad \text{falls } \lambda \leq \varrho\,(f, W) \text{ ist,}$$

$$\lambda_{n+1} = \lambda_n,\ \mu_{n+1} = \frac{1}{2}\,(\lambda_n + \mu_n), \qquad \text{falls } \lambda > \varrho\,(f, W) \text{ ist,}$$

woraus $\quad \mu_{n+1} - \lambda_{n+1} \leq \dfrac{1}{2}\,(\mu_n - \lambda_n)$

und somit

$$\lim_{n\to\infty} \mu_n = \lim_{n\to\infty} \lambda_n = \varrho\,(f, W) \tag{4.12}$$

folgt. Weitere Fallunterscheidung:

α_2) Es gibt eine Teilfolge $\{n_i\}$ mit $\left\| f - \dfrac{u^{(n_i)}}{v^{(n_i)}} \right\| \leq \mu_{n_i - 1}$. Dann folgt aus (4.12)

$$\lim_{i\to\infty} \left\| f - \frac{u^{(n_i)}}{v^{(n_i)}} \right\| = \varrho\,(f, W), \tag{4.13}$$

und man kann sich leicht überlegen, daß eine Teilfolge von $\{u^{(n_i)}/v^{(n_i)}\}$ existiert, die gegen eine Minimallösung konvergiert.

β_2) Für alle $n \geq n_0$ treten nur noch die Fälle a_1), β_1) oder b_1) auf. Dann hat man zwar die Aussage (4.12), aber keine Folge von Näherungslösungen $u_{(n_i)}/v_{(n_i)}$ mit (4.13).
Tritt jetzt weiterhin der Fall ein, daß für alle $n \geq n_1$ ($\geq n_0$) nur noch a_1), β_1) vorliegt, so ist die Folge $\{\mu_n\}$ für alle $n \geq n_1$ konstant, und wegen (4.12) ergibt sich $\mu_n = \varrho\,(f, W)$ für alle $n \geq n_1$. Wir wollen diesen unwahrscheinlichen Fall ausschließen und denken uns das Verfahren so lange fortgesetzt, bis die Differenz $\mu_n - \lambda_n$ (die bei jedem Schritt mindestens halbiert wird) genügend klein ist und im letzten Schritt der Fall b_1) vorliegt. Mit dem aktuellen Wert λ ($> \varrho\,(f, W)$) lösen wir dann das folgende

Problem (P′). *Unter den Nebenbedingungen* (4.1), (4.2) *und*

$$\sum_{k=0}^{s} v_k(x_i)\, b_k \leq 1 \tag{4.14}$$

für $i = 1,\ldots, m$ *ist* μ *zum Minimum zu machen.*

Das ist wiederum ein Problem der linearen Optimierung, das ebenfalls mit Hilfe der Simplex-Methode gelöst werden kann. Es gilt nämlich der

Satz 4.3. *Für jedes* $\lambda > \varrho(f, W)$ *ist das Problem* (P′) *lösbar, und es gilt* $\mu_{\min} < 0$. *Ist* $(\hat{a}_j, \hat{b}_k, \mu_{\min})$ *eine Lösung und setzt man*

$$\hat{u} = \sum_{j=0}^{r} \hat{a}_j\, u_j, \qquad \hat{v} = \sum_{k=0}^{s} \hat{b}_k\, v_k,$$

so folgt $\quad \hat{v}(x_i) > 0 \quad$ *für* $i = 1, \ldots, m$

sowie $\quad \left\| f - \dfrac{\hat{u}}{\hat{v}} \right\| \leq \lambda + \mu_{\min} < \lambda.$ $\hfill (4.15)$

Beweis. Nach Voraussetzung gibt es ein

$$u^* = \sum_{j=0}^{r} a_j^*\, u_j \in U \quad \text{und ein} \quad v^* = \sum_{k=0}^{s} b_k^*\, v_k \in V^+$$

mit $\quad \left| \dfrac{u^*(x_i)}{v^*(x_i)} - f(x_i) \right| \leq \lambda^* < \lambda \quad$ für $i = 1, \ldots, m.$

Wir können o.B.d.A. annehmen, daß $v^*(x_i) \leq 1$ ist für $i = 1, \ldots, m$. Definiert man

$$\mu^* = \max_{i=1,\ldots,m} \{ |u^*(x_i) - f(x_i)\, v^*(x_i)| - \lambda v^*(x_i) \},$$

so ist $\mu^* < 0$ und

$$|u^*(x_i) - f(x_i)\, v^*(x_i)| \leq \lambda\, v^*(x_i) + \mu^*$$

für $i = 1, \ldots, m$, was mit (4.1), (4.2) für $a_j = a_j^*$, $b_k = b_k^*$, $\mu = \mu^*$ gleichbedeutend ist.

Damit sind die Nebenbedingungen (4.1), (4.2), (4.14) für $\mu < 0$ erfüllbar, und es ist daher $\mu_{\min} < 0$, falls das Problem (P) lösbar ist.

Um die Lösbarkeit zu zeigen, gehen wir von der Tatsache aus, daß wir uns auf die Lösungen (a_j, b_k, μ) beschränken können, für die $\mu \leq \mu^*$ ist. Mit

$$u = \sum_{j=0}^{r} a_j\, u_j \quad \text{und} \quad v = \sum_{k=0}^{s} b_k\, v_k$$

erhält man dann durch Addition von (4.1) und (4.2)

$$0 \leq 2\, (\mu + \lambda\, v(x_i)) \quad \text{für } i = 1, \ldots, m,$$

was $0 < -\mu/\lambda \leq v(x_i)$ impliziert. Das Problem (P′) ist damit gleichbedeutend mit der Aufgabe, das Funktional

$$\mu = g(u,v) = \max_{i=1,\ldots,m} \{ |u(x_i) - f(x_i)\, v(x_i)| - \lambda\, v(x_i) \}$$

für $u \in U$, $v \in V$ und $0 \leq v(x_i) \leq 1$, $i = 1, \ldots, m$, zum Minimum zu machen. Dabei können wir, wie oben bemerkt, annehmen, daß

$$g(u,v) \leq \mu^*$$

ist. Daraus folgt

$$|u(x_i)| - |f(x_i)|\, v(x_i) \le |u(x_i) - f(x_i)\, v(x_i)| \le \mu^* + \lambda$$

für $i = 1, \dots, m$ und somit

$$\|u\| \le \mu^* + \lambda + \|f\|.$$

Es genügt daher, das Funktional $g\,(u,v)$ auf der kompakten Menge

$$\{(u,v) \mid \|u\| \le \mu^* + \lambda + \|f\|, \quad 0 \le v(x_i) \le 1, \quad i = 1, \dots, m\} \subseteq U \times V$$

zum Minimum zu machen. Dieses wird wegen der Stetigkeit von g auch angenommen (vgl. VII Satz 1.7), etwa für

$$u = \hat{u} = \sum_{j=0}^{r} \hat{a}_j\, u_j, \quad v = \hat{v} = \sum_{k=0}^{s} \hat{b}_k\, v_k.$$

Eine Lösung von Problem (P′) ist dann $(\hat{a}_j, \hat{b}_k, \mu_{\min})$ und mithin $\mu_{\min} < 0$.
Wäre $\hat{v}(x_{i_0}) = 0$, so wäre nach (4.1), (4.2) $\mu_{\min} \ge 0$. Daher gilt

$$\hat{v}(x_i) > 0 \quad \text{für} \quad i = 1, \dots, m.$$

Schließlich ist

$$\left|\frac{\hat{u}(x_i)}{\hat{v}(x_i)} - f(x_i)\right| \le \lambda + \frac{\mu_{\min}}{\hat{v}(x_i)} \le \lambda + \mu_{\min} < \lambda$$

für alle i. ∎

Liegt also, wie oben angenommen, beim letzten (etwa n-ten) Schritt des Verfahrens der Fall b_1) vor, so lösen wir mit dem aktuellen Wert $\lambda\,(> \varrho\,(f, W))$ das
Problem (P′).

Ist $(\hat{a}_j, \hat{b}_k, \mu_{\min})$ eine Lösung, so folgt für

$$\hat{u} = \sum_{j=0}^{r} \hat{a}_j\, u_j \quad \text{und} \quad \hat{v} = \sum_{k=0}^{s} \hat{b}_k\, \hat{v}_k$$

nach Satz 4.3

$$\lambda_n \le \left\|f - \frac{\hat{u}}{\hat{v}}\right\| \le \mu_n + \mu_{\min} < \mu_n.$$

Bemerkungen: 1. Der Satz 4.3 gilt auch für den Fall, daß B ein kompakter
metrischer Raum ist (und nicht notwendig eine endliche Menge), wie sich aus
dem Beweis unmittelbar ergibt.

2. Man kann auch auf der Basis des Problems (P′) ein Iterationsverfahren zur
Lösung des T-Problems entwickeln, das eine monoton fallend gegen $\varrho\,(f, W)$
konvergierende Folge von oberen Schranken mit zugehörigen Näherungslösungen
liefert. Zur Gewinnung einer ersten oberen Schranke könnte man das Problem (P)
für $\lambda = 0$ lösen. Auf weitere Einzelheiten soll hier verzichtet werden, da dieser
Algorithmus bei Cheney [66] mit einem Konvergenzbeweis dargestellt ist.

Beispiel. Zu approximieren ist die Eulersche Betafunktion

$$f(s, t) = \frac{\Gamma(s) \cdot \Gamma(t)}{\Gamma(s+t)}$$

auf der Menge

$$B = \{(1 + 0{,}1\nu,\ 1 + 0{,}1\,\sigma) \mid 0 \le \sigma \le \nu \le 10,\quad \nu,\ \sigma \text{ ganzzahlig}\}$$

durch rationale Funktionen der Gestalt

$$w(s, t) = \frac{a_0 + a_1(s+t) + a_2\, s \cdot t + a_3(s^2 + t^2)}{b_0 + b_1(s+t) + b_2(s+t)^2}.$$

Dabei ergibt sich die folgende Tabelle:

Tabelle IV. 2

n	λ	$\left\|\dfrac{u^{(n)}}{v^{(n)}} - f\right\|$	λ_n	μ_n
0	0	—	—	∞
1	0,0060948	0,0121896	0	0,0121896
2	0,0030474	—	0	0,0060948
3	0,0044807	0,0059140	0,0030474	0,0059140
4	0,0037641	—	0,0030474	0,0044807
5	0,0039610	0,0041579	0,0037641	0,0041579
6	0,0038626	—	0,0037641	0,0039610
7	0,0038998	0,0039370	0,0038626	0,0039370
8	0,0038812	—	0,0038626	0,0038998
9	0,0038859	0,0038906	0,0038812	0,0038906
10	0,0038835	—	0,0038812	0,0038859
11		0,0038858	0,0038835	0,0038859

Am Ende des 11. Schrittes ergibt sich damit die Abschätzung

$$0{,}0038835 \le \varrho(f, W) \le 0{,}0038859,$$

und die Koeffizienten von u^{11}, v^{11} lauten:

$$a_0 = -2{,}75498, \quad a_1 = 2{,}61132, \quad a_2 = -1{,}70414, \quad a_3 = 1{,}16307,$$

$$b_0 = 2{,}93205, \quad b_1 = -3{,}96982, \quad b_2 = 1{,}50190.$$

Abschlußbemerkung. Es gibt noch weitere Algorithmen zur Lösung des diskreten rationalen Approximationsproblems, die von Cheney/Loeb in [62] (vgl. auch Cheney [66]), von Goldstein in [65] und von Loeb in [60] entwickelt wurden (vgl. auch Cheney/Southard [63]). Eine Standardmethode hat sich bisher noch nicht herausgeschält.

5. Ein Verfahren zur Lösung des diskreten linearen Approximationsproblems

Sei B wie in IV.3 eine endliche Teilmenge eines metrischen Raumes, die aus m verschiedenen Punkten bestehe. $C(B)$ sei der Vektorraum der reellwertigen Funktionen auf B, versehen mit der Maximum-Norm (1.1). $u_1, \ldots, u_n \in C(B)$ seien linear unabhängig auf B, und U sei der von den u_j aufgespannte n-dimensionale Teilraum von $C(B)$. Sei schließlich $m \geq n + 1$. Zu vorgegebenem $f \in C(B)$ gibt es nach II Satz 3.3 ein $\hat{u} \in U$ mit

$$\|\hat{u} - f\| = \varrho\,(f, U) = \inf_{u \in U} \|u - f\|.$$

Jede solche Minimallösung $\hat{u}$ bzgl. f in U ist gekennzeichnet durch die Kolmogoroff-Bedingung (vgl. II.5.A)

$$\min_{x \in E_{\hat{u}}} [\hat{u}(x) - f(x)]\, u(x) \leq 0 \tag{5.1}$$

für alle $u \in U$.

Dabei ist die Menge E_u für $u \in U$ gegeben durch

$$E_u = \{x \in B \mid |u(x) - f(x)| = \|u - f\|\}. \tag{5.2}$$

A. Grundlagen des Verfahrens (vgl. Krabs [69c]). Ist für ein vorgegebenes $\hat{u} \in U$ die Bedingung (5.1) nicht für alle $u \in U$ erfüllt, so ist $\hat{u}$ keine Minimallösung bzgl. f in U und kann verbessert werden. Zu dem Zweck gehen wir etwas allgemeiner vor: Sei E eine Obermenge von $E_{\hat{u}}$ in B, und es gebe ein $\bar{u} \in U$ mit

$$[\hat{u}(x) - f(x)]\, \bar{u}(x) > 0 \quad \text{für alle } x \in E. \tag{5.3}$$

Wir setzen $\hat{R} = \|\hat{u} - f\|$ und

$$\varepsilon = \min_{x \in E} |\bar{u}(x)|. \tag{5.4}$$

Gesucht ist eine Zahl $\lambda > 0$ derart, daß gilt

$$|\hat{u}(x) - \lambda\,\bar{u}(x) - f(x)| \leq \hat{R} - \lambda\varepsilon, \tag{5.5}$$

d.h.
$$\left.\begin{array}{l} \lambda\,[\varepsilon - \bar{u}(x)] \leq \hat{R} - [\hat{u}(x) - f(x)], \\ \lambda\,[\varepsilon + \bar{u}(x)] \leq \hat{R} + [\hat{u}(x) - f(x)] \end{array}\right\} \tag{5.6}$$

für alle $x \in B$.

Die Bedingungen (5.6) sind genau dann für alle $x \in B$ erfüllt, wenn gilt

$$\lambda \leq \lambda^* = \min \left\{ \begin{array}{c} \displaystyle\min_{\varepsilon - \bar{u}(x) > 0} \frac{\hat{R} - [\hat{u}(x) - f(x)]}{\varepsilon - \bar{u}(x)} \\[2ex] \displaystyle\min_{\varepsilon + \bar{u}(x) > 0} \frac{\hat{R} + [\hat{u}(x) - f(x)]}{\varepsilon + \bar{u}(x)} \end{array} \right\}. \tag{5.7}$$

Ist $\hat{u}(x) - f(x) = \hat{R}$ für ein $x \in B$, dann ist $x \in E_{\hat{u}} \subseteq E$ und somit $\bar{u}(x) > 0$ wegen (5.3), woraus nach (5.4) $\varepsilon - \bar{u}(x) \leq 0$ folgt. Analog zeigt man die Implikation

$$\hat{u}(x) - f(x) = -\hat{R} \quad \Rightarrow \quad \varepsilon + \bar{u}(x) \leq 0.$$

Daraus ergibt sich aber $\lambda^* > 0$. Definiert man daher

$$u^* = \hat{u} - \lambda^* \, \bar{u}, \tag{5.8}$$

so folgt aus (5.5) wegen $\varepsilon > 0$

$$\|u^* - f\| \le \hat{R} - \lambda^* \, \varepsilon < \hat{R} = \|\hat{u} - f\|. \tag{5.9}$$

Damit haben wir zugleich die Notwendigkeit der Kolmogoroff-Bedingung (5.1) erneut bewiesen.

Zu vorgegebenem $\bar{u} \in U$ mit (5.3) sind also λ^* durch (5.7) und u^* durch (5.8) in eindeutiger Weise derart bestimmt, daß (5.9) gilt.

Um ein $\bar{u} \in U$ mit (5.3) zu ermitteln, betrachten wir das folgende Problem: Unter den Nebenbedingungen

$$\sum_{j=1}^{n} [\hat{u}(x) - f(x)]\, u_j(x)\, a_j - \mu \ge 0 \quad \text{für alle } x \in E, \tag{5.10}$$

$$|a_j| \le 1, \quad j = 1,\dots,n, \tag{5.11}$$

ist die Zahl μ zum Maximum zu machen.

Das ist eine Aufgabe der linearen Optimierung. Offenbar sind für $a_1 = \dots = a_n = \mu = 0$ die Nebenbedingungen (5.10), (5.11) erfüllt. Ferner gilt für jedes diese Nebenbedingungen erfüllende $(n+1)$-Tupel $(a_1,\dots,a_n,\mu)$:

$$\mu \le \hat{R} \sum_{j=1}^{n} \|u_j\|.$$

Nach Collatz-Wetterling [71], § 5, Satz 16, ist daher das Problem lösbar. Sei $(\bar{a}_1,\dots,\bar{a}_n,\mu_{\max})$ eine Lösung und $\bar{u} = \sum_{j=1}^{n} \bar{a}_j\, u_j$. Dann ist $\mu_{\max} \ge 0$ und $\mu_{\max} > 0$ genau dann, wenn (5.3) für $\bar{u}$ gilt.

Fallunterscheidung. a) $\mu_{\max} = 0$. Dann gibt es kein $\bar{u} \in U$ mit (5.3). Im Falle $E = E_0$ wäre $\hat{u}$ nach der Kolmogoroff-Bedingung (5.1) eine Minimallösung bzgl. f in U. Ist E_0 eine echte Teilmenge von E, so kann man keine Aussage machen.

b) $\mu_{\max} > 0$. Dann ist (5.3) für $\bar{u}$ erfüllt.

Diese Betrachtungen führen direkt zu einem Iterationsverfahren, das im nächsten Abschnitt beschrieben wird.

B. Theoretische Beschreibung des Verfahrens. Der k-te Schritt $(k = 0, 1, \dots)$ des Verfahrens verläuft folgendermaßen:

$u^k \in U$ ist vorgegeben. Setze

$$R_k = \|u^k - f\|. \tag{5.12}$$

Ist $R_k = 0$, so gilt $\|u^k - f\| = \varrho\,(f, U) = 0$, und das Verfahren bricht ab.

Ist $R_k > 0$, so werde ein δ_k mit

$$0 < \delta_k \leq \frac{1}{2} R_k \tag{5.13}$$

gewählt und damit die Menge

$$E(\delta_k) = \{x \in B \mid |u^k(x) - f(x)| \geq R_k - \delta_k\} \tag{5.14}$$

definiert, wobei R_k nach (5.12) gegeben ist.

Offenbar gilt $E_{u^k} \subseteq E(\delta_k)$ mit E_{u^k} nach (5.2).

Für $\hat{u} = u^k$ und $E = E(\delta_k)$ lösen wir sodann das lineare Optimierungsproblem (5.10), (5.11). Sei $(\bar{a}_1^k, \ldots, \bar{a}_n^k, \mu_k)$ eine Lösung und $\bar{u}^k = \sum_{j=1}^{n} \bar{a}_j^k u_j$. Es ist $\mu_k \geq 0$.

Fallunterscheidung. a) $\mu_k = 0$.

α) $E(\delta_k) = E_{u^k}$; dann ist für u^k die Kolmogoroff-Bedingung (5.1) erfüllt und u^k eine Minimallösung bezüglich f in U.

β) E_{u^k} ist echt in $E(\delta_k)$ enthalten; dann setze man $u^{k+1} = u^k$ und wähle δ_{k+1} mit $0 < \delta_{k+1} \leq 1/2 \, \delta_k$ so klein, daß gilt $E_{u^{k+1}} = E(\delta_{k+1})$.

b) $0 < \mu_k \leq \delta_k$; dann setze man $\mathring{\delta}_{k+1} = \delta_k/2$.

c) $\delta_k < \mu_k$; dann setze man $\mathring{\delta}_{k+1} = \delta_k$.

In den Fällen b) und c) definieren wir weiterhin

$$\varepsilon_k = \min_{x \in E(\delta_k)} |\bar{u}^k(x)| \tag{5.15}$$

sowie $\quad \lambda_k = \min \left\{ \begin{array}{c} \displaystyle\min_{\varepsilon_k - \bar{u}^k(x) > 0} \dfrac{R_k - [u^k(x) - f(x)]}{\varepsilon_k - \bar{u}^k(x)} \\[2em] \displaystyle\min_{\varepsilon_k + \bar{u}^k(x) > 0} \dfrac{R_k + [u^k(x) - f(x)]}{\varepsilon_k + \bar{u}^k(x)} \end{array} \right\}. \tag{5.16}$

Dann ist

$$\varepsilon_k \geq \frac{\mu_k}{R_k} > 0. \tag{5.17}$$

Definiert man

$$K = \sum_{j=1}^{n} \|u_j\|,$$

so ergibt sich weiterhin

$$\varepsilon_k \leq \|\bar{u}^k\| \leq K \quad \text{für alle } k. \tag{5.18}$$

Gilt für ein $x \in B$

$$u^k(x) - f(x) \geq R_k - \delta_k,$$

so ist wegen (5.13) $u^k(x) - f(x) > 0$ und mithin $\bar{u}^k(x) > 0$, was nach (5.15) $\varepsilon_k - \bar{u}^k(x) \leq 0$ impliziert. Daraus folgt

$$\{x \in B \mid \varepsilon_k - \bar{u}^k(x) > 0\} \subseteq \{x \in B \mid u^k(x) - f(x) < R_k - \delta_k\}.$$

Analog zeigt man

$$\{x \in B \mid \varepsilon_k + \bar{u}^k(x) > 0\} \subseteq \{x \in B \mid -[u^k(x) - f(x)] < R_k - \delta_k\}.$$

Unter Berücksichtigung von (5.18) ergibt sich damit aus (5.16)

$$\lambda_k \geq \frac{\delta_k}{2K} > 0. \tag{5.19}$$

Definiert man

$$u^{k+1} = u^k - \lambda_k \, \bar{u}^k, \tag{5.20}$$

so ergibt sich aus (5.9)

$$R_{k+1} = \|u^{k+1} - f\| \leq R_k - \lambda_k \, \varepsilon_k < R_k. \tag{5.21}$$

Ist $R_{k+1} > 0$, so setzen wir abschließend

$$\delta_{k+1} = \min\left(\frac{1}{2} R_{k+1}, \hat{\delta}_{k+1}\right), \tag{5.22}$$

wobei $\hat{\delta}_{k+1}$ nach Fall b) oder c) definiert ist.

Damit ist der k-te Schritt des Verfahrens vollständig beschrieben.

C. Konvergenz. Ausgehend von einem $u^0 \in U$ denken wir uns das Verfahren in 5.B durchgeführt. Wir nehmen an, daß es nicht bereits nach endlich vielen Schritten abbricht. Das wäre nur möglich, wenn für ein k bei der Lösung des linearen Optimierungsproblems (5.10), (5.11) für $\hat{u} = u^k$ und $E = E(\delta_k)$ der Fall $\mu_k = 0$ und $E(\delta_k) = E_{u^k}$ vorläge oder $\|u^k - f\| = 0$ wäre. In beiden Fällen wäre u^k eine Lösung des T-Problems.

Bei einem nicht abbrechenden Verfahren ist dann nach (5.21) sichergestellt, daß für alle k gilt

$$R_k > R_{k+1} > \varrho(f, U). \tag{5.23}$$

Insbesondere ist $R_0 = \|u^0 - f\| > 0$, und wir wählen etwa $\delta_0 = R_0/2$. Für die Folge $\{\delta_k\}$ gilt weiterhin nach Konstruktion

$$0 < \delta_{k+1} \leq \delta_k \leq \frac{1}{2} R_k \tag{5.24}$$

(vgl. dazu (5.13) und (5.22)).

Aus (5.23) folgt die Existenz von

$$\hat{R} = \lim_{k \to \infty} R_k \geq \varrho(f, U). \tag{5.25}$$

Wegen $\{u^k\} \subseteq U_0 = \{u \in U \mid \|u\| \leq R_0 + \|f\|\}$ und der Kompaktheit von U_0 (vgl. VII Satz 1.10) gibt es eine konvergente Teilfolge $\{u^{k_i}\}$ und ein $\hat{u} \in U_0$ mit

$$\lim_{i \to \infty} \|u^{k_i} - \hat{u}\| = 0,$$

was $\qquad \hat{R} = \lim_{i \to \infty} \|u^{k_i} - f\| = \|\hat{u} - f\|$ $\qquad\qquad$ (5.26)

impliziert.

Behauptung. $\hat{R} = \varrho\,(f, U)$, *d.h. $\hat{u}$ ist eine Minimallösung bezüglich f in U.*

Beweis. Aus (5.24) folgt die Existenz von

$$\hat{\delta} = \lim_{k \to \infty} \delta_k \geq 0. \qquad\qquad (5.27)$$

Annahme: $\hat{\delta} > 0$.

Dann ist auf Grund der Fallunterscheidung zum linearen Optimierungsproblem (5.10), (5.11) für genügend großes k nur noch der Fall c) möglich, da es sonst eine Teilfolge $\{\delta_{k_i}\}$ gäbe mit $\lim_{i \to \infty} \delta_{k_i} = 0$ im Widerspruch zu $\hat{\delta} > 0$.

Aus (5.17) folgt daher für genügend großes k

$$\varepsilon_k \geq \frac{\mu_k}{R_k} > \frac{\delta_k}{R_0} \geq \frac{\hat{\delta}}{R_0} > 0.$$

Weiterhin folgt aus (5.19) für genügend großes k

$$\lambda_k \geq \frac{\hat{\delta}}{2\,K} > 0,$$

insgesamt also

$$\lambda_k \cdot \varepsilon_k \geq \frac{\hat{\delta}^2}{2\,R_0\,K} > 0.$$

Das ist aber ein Widerspruch gegen $\lim_{k \to \infty} \lambda_k \cdot \varepsilon_k = 0$, was sich aus (5.21), (5.25) ergibt. Damit ist also die Annahme $\hat{\delta} > 0$ falsch und $\hat{\delta} = 0$.

Als nächstes machen wir die Annahme: $\hat{R} > \varrho\,(f, U)$. Da das T-Problem nach II Satz 3.3 lösbar ist, gibt es ein $u^* \in U$ mit $\|u^* - f\| = \varrho\,(f, U)$.

Nun sei $\{u^{k_i}\}$ eine Teilfolge von $\{u^k\}$ mit (5.26). Wegen $\hat{\delta} = 0$ gilt $\lim_{i \to \infty} \delta_{k_i} = 0$, und für genügend großes i können wir annehmen, daß

$$\delta_{k_i} \leq \frac{1}{2}\,[\hat{R} - \varrho\,(f, U)] \qquad\qquad (5.28)$$

ist. Für alle k_i mit (5.28) ergibt sich daher

$$|u^{k_i}(x) - u^*(x)| \geq |u^{k_i}(x) - f(x)| - |u^*(x) - f(x)|$$

$$\geq R_{k_i} - \delta_{k_i} - \varrho\,(f, U) \qquad\qquad (5.29)$$

$$\geq \hat{R} - \varrho\,(f, U) - \delta_{k_i} \geq \frac{1}{2}\,[\hat{R} - \varrho\,(f, U)] > 0$$

für alle $x \in E(\delta_{k_i})$, woraus

$$\min_{x \in E(\delta_{k_i})} [u^{k_i}(x) - f(x)] [u^{k_i}(x) - u^*(x)] > 0 \tag{5.30}$$

folgt. Setzt man

$$u^{k_i} = \sum_{j=1}^{n} a_j^{k_i} u_j \quad \text{und} \quad u^* = \sum_{j=1}^{n} a_j^* u_j,$$

so kann man wegen der Konvergenz der $a_j^{k_i}$ annehmen, daß es ein $C > 0$ gibt mit

$$\max_{j=1,\ldots,n} |a_j^{k_i} - a_j^*| \leq C \quad \text{für alle } k_i.$$

Aus (5.29) und (5.30) sowie der Definition von μ_{k_i} folgt sodann

$$\mu_{k_i} \geq [R_{k_i} - \delta_{k_i}] \cdot \frac{1}{2C} [\hat{R} - \varrho(f, U)]. \tag{5.31}$$

Wegen $\hat{\delta} = 0$ ergibt sich aus der Fallunterscheidung zum linearen Optimierungs-problem (5.10), (5.11) die Existenz einer Teilfolge $\{\mu_{k_i}\}$ von $\{\mu_k\}$ mit $\lim_{i \to \infty} \mu_{k_i} = 0$, von der wir überdies annehmen können, daß für sie auch (5.31) gilt.

Für $k_i \to \infty$ ergibt sich damit aus (5.31), (5.25) und $\lim_{i \to \infty} \delta_{k_i} = 0$

$$0 \geq \hat{R} \cdot \frac{1}{2C} [\hat{R} - \varrho(f, U)] > 0,$$

ein Widerspruch. Damit ist die Annahme $\hat{R} > \varrho(f, U)$ falsch und alles bewiesen. ∎
Die Konvergenz des in IV.5.B beschriebenen Verfahrens ist also sichergestellt.

D. Praktische Durchführung des Verfahrens. Einen günstigen Start für das in IV.5.B beschriebene Verfahren bildet die Lösung $u^0 \in U$ des Fehlerquadrat-Problems mit

$$\sum_{x \in B} [u^0(x) - f(x)]^2 \leq \sum_{x \in B} [u(x) - f(x)]^2$$

für alle $u \in U$. Man kann u^0 numerisch bequem ermitteln. Um von einem $u^k \in U$ zu u^{k+1} zu gelangen, hat man zweierlei zu tun:

a) Es ist ein $\bar{u}^k \in U$ zu finden mit

$$\min_{x \in E(\delta_k)} [u^k(x) - f(x)] \, \bar{u}^k(x) > 0, \tag{5.32}$$

wobei $E(\delta_k)$ durch (5.14) gegeben ist.

b) Es ist λ_k nach (5.16) zu berechnen und $u^{k+1} = u^k - \lambda_k \bar{u}^k$ zu setzen.

Zur Gewinnung eines $\bar{u}^k$ mit (5.32) empfiehlt es sich, abweichend von der theo-retischen Beschreibung, nicht die Optimierungsaufgabe (5.10), (5.11) für $\hat{u} = u^k$ und $E = E(\delta_k)$ zu lösen, sondern, wenn möglich, folgendermaßen vorzugehen:

Besteht $E_{u^k} = \{x \in B \mid |u^k(x) - f(x)| = \|u^k - f\|\}$ aus höchstens $n + 1$ Punkten, so ergänze man nötigenfalls E_{u^k} zu einer $(n+1)$-punktigen Teilmenge E_k von B. E_k sei ferner so gewählt, daß die Ansatzfunktionen $u_1, \ldots, u_n$ auf E_k linear unabhängig sind. Nach IV.3.D ist es dann leicht möglich, das T-Problem in bezug auf E_k (anstatt B) zu lösen. Sei $\varrho_k\,(f, U)$ die zugehörige Minimalabweichung und $\hat{u}^k$ eine Minimallösung. Offenbar gilt

$$\varrho_k\,(f, U) \leq \varrho\,(f, U) \leq \|u^k - f\|.$$

Fallunterscheidung.   1. $\|u^k - f\| = \varrho_k\,(f, U)$. Dann ist u^k eine Minimallösung in U bezüglich f.

2. $\|u^k - f\| > \varrho_k\,(f, U)$. Dann folgt für alle $x \in E_{u^k}$

$$u^k(x) - \hat{u}^k(x) = [u^k(x) - f(x)] - [\hat{u}^k(x) - f(x)] \neq 0$$

und $\qquad$ sgn $[u^k(x) - \hat{u}^k(x)] =$ sgn $[u^k(x) - f(x)]$.

Damit gilt für $\bar{u}^k = u^k - \hat{u}^k$:

$$[u^k(x) - f(x)]\,\bar{u}^k(x) > 0 \quad \text{für alle} \quad x \in E_{u^k}.$$

Definiert man dann $\lambda_k = \lambda^*$ nach (5.7) mit $\hat{u} = u^k$, $\bar{u} = \bar{u}^k$, $E = E_{u^k}$ und setzt $u^{k+1} = u^k - \lambda_k\,\bar{u}^k$, so folgt nach (5.9)

$$\|u^{k+1} - f\| \leq \|u^k - f\| - \lambda_k\,\varepsilon_k < \|u^k - f\|,$$

wobei $\qquad \varepsilon_k = \min_{x \in E_{u^k}} |\bar{u}^k(x)|$.

Nur, wenn diese Art vorzugehen nicht möglich ist (weil etwa E_{u^k} aus mehr als $n + 1$ Punkten besteht), sollte man so vorgehen, wie in IV.5.B beschrieben.

Abschließend soll die Methode an einem Beispiel demonstriert werden: Approximiert werde das unvollständige elliptische Integral

$$f(\mu, \psi) = \int\limits_0^{\psi} \frac{\mathrm{d}\chi}{(1 - \mu^2 \sin^2 \chi)^{1/2}}$$

auf der Menge

$$B = \left\{ (\mu, \psi) \mid \mu = 0{,}05,\, 0{,}10, \ldots,\, 0{,}50;\; \psi = 0,\, \frac{\pi}{20},\, \ldots,\, \frac{\pi}{2} \right\}$$

durch Linearkombinationen der Gestalt

$$\begin{aligned} u\,(\mu, \psi) = {} & a_1 \psi + a_2\,(2\psi + \sin 2\psi)\,\mu^2 \\ & + a_3\,(12\psi + 8 \sin 2\psi + \sin 4\psi)\,\mu^4. \end{aligned}$$

Wir denken uns B durchnumeriert in der Form

$$i = 10\,(s - 1) + t, \quad t = 1, \ldots, 10, \quad s = 1, \ldots, 11.$$

Wir starten die Rechnung mit der Lösung u^0 des Fehlerquadrat-Problems und erhalten die Tabelle:

Tabelle IV. 3

k	$\varrho_k(f, U)$	$\|u^k - f\|$	i mit $x_i = (\mu_t, \psi_s) \in E_{u^k}$
0	–	$6{,}0609 \cdot 10^{-2}$	110
1	$1{,}0177 \cdot 10^{-4}$	$4{,}3826 \cdot 10^{-2}$	110, 11
2	$8{,}7311 \cdot 10^{-3}$	$3{,}8281 \cdot 10^{-2}$	110, 104, 11
3	$2{,}0787 \cdot 10^{-2}$	$3{,}4371 \cdot 10^{-2}$	110, 94, 11
4	$3{,}4049 \cdot 10^{-2}$	$3{,}4049 \cdot 10^{-2}$	110, 105, 94, 11

Als Koeffizienten ergeben sich nach dem 4. Schritt

$$a_1 = 1{,}02187, \quad a_2 = 0{,}0862931, \quad a_3 = -0{,}0180173.$$

V. Nichtlineare Exponentialapproximation

1. Existenz von Minimallösungen

A. Problemstellung. In Kapitel II haben wir an verschiedenen Stellen die gewöhnliche nichtlineare Exponentialapproximation behandelt. Es sind dabei aber noch einige Fragen offengeblieben, z.B. die der Existenz von Minimallösungen. Es soll daher in diesem Kapitel die Exponentialapproximation noch einmal systematisch untersucht werden, wobei einige Sätze ohne Beweis genannt werden. Wir beginnen mit der Formulierung des T-Problems für die gewöhnliche Exponentialapproximation:

Sei $B = [\alpha, \beta]$, $a < \beta$, ein abgeschlossenes reelles Intervall und $C(B)$ der Vektorraum der stetigen reellwertigen Funktionen auf B, versehen mit der Maximum-Norm

$$\|g\| = \max_{\alpha \leq x \leq \beta} |g(x)|, \quad g \in C(B). \tag{1.1}$$

$W_r \subseteq C(B)$ sei die Familie aller Exponentialsummen

$$w(x) = \sum_{j=1}^{r} a_j \, e^{b_j x}, \quad x \in B, \tag{1.2}$$

wobei $r \geq 1$ eine feste natürliche Zahl ist und $a_j, b_j \in \mathbb{R}$ variable Koeffizienten. Wir nehmen weiterhin o.B.d.A. an, daß gilt

$$b_1 < b_2 < \ldots < b_r. \tag{1.3}$$

Zu vorgegebenem $f \in C(B)$ wird ein $\hat{w} \in W_r$ gesucht mit

$$\|\hat{w} - f\| = \varrho\,(f, W_r) = \inf_{w \in W_r} \|w - f\|. \tag{1.4}$$

Die Existenz solcher Minimallösungen $\hat{w}$ für beliebiges $f \in C(B)$ ist im allgemeinen nicht gesichert. Nach II Satz 3.2 müßte nämlich dann W_r in $C(B)$ abgeschlossen sein, d.h. es müßte gelten

$$w_k \in W_r, \qquad g \in C(B), \qquad \lim_{k \to \infty} \|w_k - g\| = 0 \ \Rightarrow\ g \in W_r.$$

Das ist aber im allgemeinen nicht wahr, wie das folgende Beispiel zeigt (vgl. Meinardus [64]): $r = 2$. Sei

$$w_k(x) = -k\,e^x + k\,\exp\left(1 + \frac{1}{k}\right) x, \qquad g(x) = x\,e^x.$$

Dann gilt

$$\lim_{k \to \infty} \|w_k - g\| = 0, \qquad w_k \in W_2, \qquad \text{aber } g \notin W_2.$$

Um die Existenz von Minimallösungen sicherzustellen, betrachten wir eine geeignete Obermenge von W_r, und zwar die Familie W_r^* der sog. allgemeinen Exponentialsummen der Gestalt

$$w(x) = \sum_{j=1}^{s} P_j(x)\,e^{b_j x}, \qquad x \in B. \tag{1.5}$$

Dabei sind die b_j reelle Konstanten mit (1.3) (und s anstelle von r) und $P_j(x)$ Polynome vom Grade m_j (mit Grad $P_j = -1$ für $P_j \equiv 0$) derart, daß gilt

$$\sum_{j=1}^{s} (m_j + 1) \le r.$$

Es stellt sich dann heraus, daß zu jedem $f \in C(B)$ ein $\hat{w} \in W_r^*$ existiert mit (vgl. Satz 1.5)

$$\|\hat{w} - f\| = \varrho\,(f, W_r^*) = \inf_{w \in W_r^*} \|w - f\|. \tag{1.6}$$

B. Ein allgemeiner Existenzsatz. Wir wollen zunächst einen Existenzsatz (Satz 1.2) aufstellen, der für eine beliebige Teilmenge W von $C(B)$ mit gewissen Eigenschaften (vgl. Voraussetzungen (A) und (B) unten) gilt, und diesen dann auf die Exponentialapproximation anwenden. Eine entscheidende Rolle spielt dabei der

Satz 1.1. (vgl. R i c e [60]). *Sei $\{\Phi_k\}$ eine gleichmäßig beschränkte Folge von Funktionen $\Phi_k \in C(B)$, d.h. es gebe eine Konstante $M > 0$ mit*

$$\|\Phi_k\| \le M \quad \text{für alle } k.$$

Weiterhin gebe es eine Zahl n mit der folgenden Eigenschaft: Gilt $\Phi_{k_1} \not\equiv \Phi_{k_2}$, so hat $\Phi_{k_1} - \Phi_{k_2}$ auf B höchstens $n - 1$ Nullstellen.

Dann gibt es eine Teilfolge $\{\Phi_{k_i}\}$ derart, daß für jedes $x \in B$ der Limes

$$h(x) = \lim_{i \to \infty} \Phi_{k_i}(x)$$

existiert (h braucht dabei keine stetige Funktion auf B zu sein!).

Beweis. Sei o.B.d.A. $B = [0,1]$. Zunächst bemerken wir, daß der Satz für jede Teilmenge von B wahr ist, wenn er für B gilt. Weiterhin bemerken wir, daß man wegen der gleichmäßigen Beschränktheit von $\{\Phi_k\}$ für jedes $x \in B$ eine monoton nicht wachsend oder fallend konvergierende Teilfolge in $\{\Phi_k(x)\}$ auswählen kann. Der jetzt folgende Hauptteil des Beweises wird nur in seinen wesentlichsen Gedanken skizziert.

Wir zeigen den Satz zunächst für $n = 1$ und $n = 2$.

Sei $n = 1$. Dann wählen wir $\hat{x} \in B$ beliebig und eine Teilfolge $\{\Phi_{k_j}\}$ derart, daß $\{\Phi_{k_j}(\hat{x})\}$ monoton nicht wachsend oder fallend konvergiert. Wegen $n = 1$ ist dann aber $\{\Phi_{k_j}(x)\}$ für alle $x \in B$ monoton nicht wachsend oder fallend und somit konvergent.

Sei $n = 2$. Dann wählen wir eine Teilfolge F_0 von $F = \{\Phi_k\}$ derart aus, daß F_0 in den Punkten 0 und 1 monoton konvergiert. Liegt in beiden Punkten monotone Konvergenz von F_0 in derselben Richtung vor, so ist F_0 wegen $n = 2$ notwendig in allen Punkten von B monoton in dieser Richtung und damit konvergent.

Andernfalls wählen wir eine Teilfolge F_1 von F_0 aus, die im Punkte $1/2$ monoton konvergiert. Die Monotonierichtung stimmt dann mit der in 0 oder 1 überein, so daß F_1 notwendig monoton ist in allen Punkten eines Intervalles der Länge $1/2$. Sodann wählen wir eine Teilfolge F_2 von F_1 aus, die im Mittelpunkt des verbleibenden Intervalles monoton konvergiert. Nach dem gleichen Schluß konvergiert dann F_2 außerhalb eines Intervalles der Länge $1/4$. Auf diese Weise läßt sich also eine Folge $\{F_i\}$ von ineinander enthaltenen Teilfolgen von F konstruieren derart, daß jedes F_i außerhalb eines Intervalles der Länge $1/2^i$ punktweise konvergiert. Die zugehörige Diagonalfolge konvergiert sodann in allen Punkten von B mit eventueller Ausnahme desjenigen Punktes, auf den sich die „Nicht-Konvergenzintervalle" zusammenziehen. Dann läßt sich aber aus der Diagonalfolge eine weitere Teilfolge auswählen, die auch in diesem Punkte konvergiert.

Als nächstes betrachten wir den Fall, daß es zwei Punkte $x_1 < x_2$ in B und eine Teilfolge F_0 von F gibt, die in diesen Punkten monoton entgegengesetzt konvergiert. Wir führen den Beweis durch Induktion nach n.

Im Fall $n = 1$ ist, wie oben gesehen, die Behauptung auch ohne diese Annahme wahr.

Induktionsannahme: Der Satz sei wahr bis n.

Die Voraussetzung treffe zu für $n + 1$. Da die Differenz je zweier Elemente von F_0 im Intervall $[x_1, x_2]$ mindestens eine Nullstelle hat, folgt aus der Induktionsannahme die Existenz einer Teilfolge F_1, die außerhalb von (x_1, x_2) punktweise konvergiert. Sodann wählen wir eine Teilfolge G_1 von F_1, die im Mittelpunkt von $[x_1, x_2]$ monoton konvergiert. Da die Monotonierichtung von G_1 in diesem Mittelpunkt zu einer der beiden Monotonierichtungen in x_1 oder x_2 entgegengesetzt ist, hat die Differenz je zweier Elemente von G_1 in einem Intervall der Länge $(x_2 - x_1)/2$ mindestens eine Nullstelle. Nach Induktionsannahme existiert daher eine Teilfolge F_2 von G_1, die außerhalb eines Intervalles der Länge $(x_2 - x_1)/2$ punktweise konvergiert. Auf diese Weise läßt sich also eine Folge $F_1, F_2 \ldots$ von Teilfolgen von F derart konstruieren, daß F_i außerhalb eines Intervalles der Länge $(x_2 - x_1)/2^{i-1}$ punktweise konvergiert. Die Behauptung folgt dann mit Hilfe der Diagonalfolge auf die gleiche Weise wie oben im Falle $n = 2$.

Es verbleibt jetzt noch der Beweis des Satzes unter der folgenden Annahme: In jedem Punkt $x \in B$ ist jede monotone Teilfolge von F notwendig monoton in derselben Richtung. Es genügt offenbar der Beweis für die Richtung „monoton nicht wachsend". Wir führen ihn wiederum durch Induktion, und zwar durch Schluß von n auf $n + 2$. Die Fälle $n = 1$ und $n = 2$ wurden bereits behandelt.

Induktionsannahme: Der Satz sei wahr für n.

Die Voraussetzung treffe zu für $n + 2$.

Die Elemente einer Teilfolge F_i von $F = \{\Phi_k\}$ werden im folgendem mit Φ_{ki} bezeichnet. Zunächst wählen wir eine Teilfolge F_0 von F aus, die in den Punkten $x = 0, 1/2, 1$ monoton (und damit monoton nicht wachsend) konvergiert. Wir zeigen in einem ersten Schritt, daß F_0 eine Teilfolge enthält, die in $[0, 1/2]$ oder $[1/2, 1]$ punktweise konvergiert.

Zu dem Zweck nehmen wir etwa an, F_0 enthalte keine Teilfolge, die in $[1/2, 1]$ konvergiert. Den Limes einer Teilfolge F_i von F in einem Punkt x bezeichnen wir im folgenden stets mit $F_i(x)$ (sofern existent). Nach Annahme gibt es ein $x_1 \in (1/2, 1)$ derart, daß $F_0(x_1)$ nicht existiert. Daher lassen sich zwei in x_1 monoton konvergente Teilfolgen F_1 und G_1 in F_0 auswählen mit $F_1(x_1) < G_1(x_1)$. Es ist also ein Index k_1 wählbar derart, daß gilt $\Phi_{k_1 1}(x_1) < G_1(x_1)$. Daraus folgt die Existenz einer Teilfolge H_1 von G_1 derart, daß jedes Element aus H_1 sich mit $\Phi_{k_1 1}$ in mindestens einem Punkt von $[1/2, x_1)$ und $(x_1, 1]$ schneidet. H_1 konvergiert nach Annahme nicht in $(1/2, 1)$. Daher gibt es ein x_2, etwa aus $(x_1, 1)$ derart, daß $H_1(x_2)$ nicht existiert. Wiederum können wir zwei in x_2 monoton konvergente Teilfolgen F_2 und G_2 in H_1 auswählen mit $F_2(x_2) < G_2(x_2)$. Weiterhin gibt es einen Index k_2 mit $\Phi_{k_2 2}(x_2) < G_2(x_2)$, und G_2 enthält eine Teilfolge H_2, von der jedes Element die Funktion $\Phi_{k_2 2}$ in mindestens einem Punkt von $[x_1, x_2)$ und $(x_2, 1]$ schneidet. Da $\Phi_{k_2 2}$ zu F_2 und damit zu H_1 gehört, hat die Differenz $\Phi_{k_1 1} - \Phi_{k_2 2}$ in $[1/2, 1]$ mindestens zwei Nullstellen.

In dieser Weise fortfahrend, können wir eine Teilfolge $F_0^* = \{\Phi_{k_i i} \mid i = 1, 2, \ldots \, \Phi_{k_i i} \in F_i\}$ konstruieren derart, daß die Differenz je zweier Elemente von F_0^* in $[1/2, 1]$ mindestens zwei Nullstellen hat. Nach Induktionsannahme gibt es eine Teilfolge G_0^* von F_0^* und damit von F_0, die in $[0, 1/2]$ punktweise konvergiert.

Durch Wiederholung der Konstruktion läßt sich somit eine Folge $\{G_i^*\}$ von ineinander enthaltenen Teilfolgen von F_0 konstruieren derart, daß G_i^* außerhalb eines Intervalles der Länge $1/2^{i+1}$ punktweise konvergiert. Die endgültige Behauptung folgt dann auf die gleiche Weise wie oben im Falle $n = 2$. ∎

Zur Gewinnung von Existenzaussagen sind die beiden folgenden Voraussetzungen wichtig:

Voraussetzung (A): *Konvergiert eine gleichmäßig beschränkte Folge $\{w_k\}$ von $W \subseteq C(B)$ punktweise auf B gegen eine Funktion h, so gibt es ein $w \in W$, das sich von h höchstens auf einer Teilmenge von B vom (Lebesgue-) Maß Null unterscheidet.*

Voraussetzung (B): *Zu jedem Paar $w, \hat{w} \in W$ gibt es eine Zahl $N = N(w)$ mit $N(w) \leq N_{max}$ für alle $w \in W$ derart, daß $w - \hat{w}$ entweder höchstens $N(w) - 1$ Nullstellen auf B besitzt oder identisch verschwindet.*

Nach Barrar/Loeb [70b] gilt dann der folgende

Satz 1.2. *$W \subseteq C(B)$ erfülle die Voraussetzungen (A) und (B). Dann gibt es zu jedem $f \in C(B)$ eine Minimallösung in W.*

Beweis. Nach Definition von $\varrho(f, W)$ gibt es eine Folge $\{w_k\}$ in W und eine Nullfolge $\{\varepsilon_k\}$ positiver Zahlen mit

$$\|w_k - f\| \leq \varrho(f, W) + \varepsilon_k \tag{1.7}$$

für alle k. Seien o.B.d.A. alle $\varepsilon_k \leq 1$. Dann ergibt sich

$$\|w_k\| \leq \varrho(f, W) + \|f\| + 1 \quad \text{für alle } k.$$

Nach Voraussetzung (B) ist der Satz 1.1 auf die Folge $\{w_k\}$ anwendbar und liefert die Existenz einer Teilfolge $\{w_{k_i}\}$ und einer Funktion h auf B mit

$$\lim_{i \to \infty} w_{k_i}(x) = h(x) \quad \text{für alle } x \in B.$$

Hieraus ergibt sich aber wegen (1.7)

$$\sup_{x \in B} |h(x) - f(x)| \leq \varrho(f, W).$$

Nach Voraussetzung (A) gibt es ein $w \in W$ mit

$$w(x) = h(x) \quad \text{für fast alle } x \in B,$$

d.h. $\quad |w(x) - f(x)| \leq \varrho(f, W) \quad$ für fast alle $x \in B$. $\tag{1.8}$

Wäre für ein $x_0 \in B$

$$|w(x_0) - f(x)| > \varrho(f, W),$$

so gäbe es wegen der Stetigkeit von w und f ein $\varepsilon > 0$ mit

$$|w(x) - f(x)| > \varrho(f, W) \quad \text{für alle } x \in D = [x_0 - \varepsilon, x_0 + \varepsilon] \cap B.$$

Die Menge D hat aber ein positives (Lebesgue-) Maß, ein Widerspruch gegen (1.8). Damit ist

$$\|w - f\| \leq \varrho(f, W)$$

und w mithin eine Minimallösung bezüglich f in W. ∎

C. Anwendung auf die Exponentialapproximation. Sei $w \in W_r^*$ eine allgemeine Exponentialsumme der Gestalt (1.5). Dann setzen wir

$$N(w) = \sum_{j=1}^{s} (m_j + 1).$$

Ist $\hat{w} \in W_r^*$ ein beliebiges Element, so ergibt sich aus II Lemma 6.6, daß $w - \hat{w}$ höchstens

$$N(w) + r - 1 \leq 2r - 1$$

Nullstellen auf B besitzt oder identisch verschwindet. Damit ist für $W = W_r^*$ die obige Voraussetzung (B) erfüllt. Wir wollen zeigen, daß auch die Voraussetzung (A) erfüllt ist. Dazu gehen wir von der Tatsache aus, daß jede Funktion $w \in W_r^*$ Lösung einer linearen Differentialgleichung der Gestalt

$$L(w) = \prod_{j=1}^{s} \left(\frac{\mathrm{d}}{\mathrm{d}x} - b_j \right)^{m_j + 1} w = 0 \tag{1.9}$$

ist, wenn man w in der Gestalt (1.5) annimmt[1]). Dabei seien o.B.d.A. alle b_j verschieden.

Ist

$$L(y) = a_0(x)\, y^{(n)} + a_1(x)\, y^{(n-1)} + \cdots + a_n(x)\, y$$

ein linearer Differentialoperator der Ordnung n mit

$$a_0(x) \neq 0 \qquad \text{für alle } x \in B = [\alpha, \beta]$$

und $\qquad a_k \in C^{n-k}(B) \qquad \text{für } k = 0, \ldots, n,$ $\qquad\qquad$ (1.10)

wobei $C^j(B)$ der Vektorraum der j-mal stetig differenzierbaren reellwertigen Funktionen auf B ist, dann ist der zu L formal adjungierte Differentialoperator gegeben durch

$$L^+(y) = (-1)^n\, [a_0(x)\, y]^{(n)} + (-1)^{n-1}\, [a_1(x)\, y]^{(n-1)} + \cdots + a_n(x)\, y.$$

Nun sei $C^\infty(B)$ der Vektorraum der unendlich oft stetig differenzierbaren reellwertigen Funktionen auf B und $C_0^\infty(\alpha, \beta)$ der Teilraum aller Funktionen aus $C^\infty(B)$, die außerhalb einer kompakten Teilmenge von (α, β) verschwinden. Ist dann L ein linearer Differentialoperator der Ordnung n mit (1.10) und L^+ der zu L formal adjungierte Operator, so folgt aus der Greenschen Formel[2]) die Aussage

$$\int_\alpha^\beta L(y) \cdot \Phi\, \mathrm{d}x = \int_\alpha^\beta y \cdot L^+(\Phi)\, \mathrm{d}x \tag{1.11}$$

für alle $y \in C^\infty(B)$ und alle $\Phi \in C_0^\infty(\alpha, \beta)$. Entscheidend ist nun das

---

[1]) Vgl. hierzu und auch zu den folgenden Aussagen über Differentialgleichungen Coddington/Levinson [55].

[2]) Green, George, geb. 14. 7. 1793 in Nottingham als Sohn eines Bäckers, 1833 Professor in Cambridge, war theoretischer Physiker, starb am 31. 5. 1841 in Sneinton. Grundlegende Arbeiten über partielle Differentialgleichungen, Elastizität, Schwingungslehre.

Lemma 1.3. *Seien* $a_0, \ldots, a_n \in C^\infty(B)$ *und* $a_0 \neq 0$ *auf* B, *und sei* L *ein linearer Differentialoperator der Ordnung* n *mit den* a_j *als Koeffizienten. Ist dann* $h = h(x)$ *auf* B *Lebesgue-integrierbar und gilt*

$$\int_\alpha^\beta h \cdot L^+(\Phi)\,\mathrm{d}x = 0 \quad \text{für alle} \quad \Phi \in C_0^\infty(\alpha, \beta),$$

dann gibt es ein $y \in C^\infty(B)$ *mit* $L(y) = 0$ *auf* B, *das sich von* h *nur auf einer Nullmenge von* B *unterscheidet.*

Zum Beweis verweisen wir auf Dunford/Schwartz [63], Chapter XIII, Lemma 2.9.

Lemma 1.4. *Die Familie* W_r^* *der allgemeinen Exponentialsummen* (1.5) *genügt der obigen Voraussetzung* (A).

Beweis (vgl. Barrar/Loeb [70b]). Sei $\{w_k\}$ eine gleichmäßig beschränkte Folge aus W_r^* der Gestalt

$$w_k(x) = \sum_{j=1}^s p_j^k(x)\, e b_j^{k x}, \quad x \in B,$$

die punktweise gegen eine Funktion $h = h(x)$ auf B konvergiert. Wir können o.B.d.A. annehmen, daß gilt

$$\lim_{k \to \infty} b_j^k = \begin{cases} -\infty & \text{für } j \leq \sigma, \\ b_j \ \in \mathbb{R} & \text{für } \sigma < j < \tau, \\ +\infty & \text{für } \tau \leq j. \end{cases}$$

Dabei ist $\sigma = 0$ bzw. $\tau = s + 1$ zu setzen, wenn kein b_j^k gegen $-\infty$ bzw. $+\infty$ konvergiert.

Wie oben bemerkt, genügt jedes w_k einer linearen Differentialgleichung der Gestalt (1.9), die wir unter der Annahme, daß o.B.d.A. $b_j^k \neq 0$ ist für alle $j \leq \sigma$ und alle $j \geq \tau$, auch in der Form

$$L_k(w_k) = \prod_{\substack{j \leq \sigma \\ j \geq \tau}} \left(\frac{1}{b_j^k} \frac{\mathrm{d}}{\mathrm{d}x} - 1 \right)^{m_j^k + 1} \prod_{\sigma < j < \tau} \left(\frac{\mathrm{d}}{\mathrm{d}x} - b_j^k \right)^{m_j^k + 1} w_k = 0$$

schreiben können.

Nun sei $\Phi \in C_0^\infty(\alpha, \beta)$ beliebig gewählt, dann folgt aus (1.11)

$$\int_\alpha^\beta w_k L_k^+(\Phi)\,\mathrm{d}x = 0,$$

wobei $\quad L_k^+(\Phi) = \prod_{\substack{j \leq \sigma \\ j \geq \tau}} \left(-\frac{1}{b_j^k} \frac{\mathrm{d}}{\mathrm{d}x} - 1 \right)^{m_j^k + 1} \prod_{\sigma < j < \tau} \left(-\frac{\mathrm{d}}{\mathrm{d}x} - b_j^k \right)^{m_j^k + 1} \Phi$

ist. Man macht sich leicht klar, daß die Folge $L_k^+(\Phi)$ auf B gleichmäßig beschränkt ist und daß gilt

$$\lim_{k\to\infty} L_k^+(\Phi)(x) = L^+(\Phi)(x) \quad \text{für alle } x \in B,$$

wobei
$$L^+(\Phi) = \prod_{\sigma < j < \tau} \left(-\frac{d}{dx} - b_j \right)^{m_j^k + 1} \Phi$$

und
$$L(y) = \prod_{\sigma < j < \tau} \left(\frac{d}{dx} - b_j \right)^{m_j^k + 1} y$$

ist. Aus dem Konvergenzsatz von Lebesgue[1]) folgt somit

$$0 = \lim_{k\to\infty} \int_\alpha^\beta w_k\, L_k^+(\Phi)\, dx = \int_\alpha^\beta h\, L^+(\Phi)\, dx.$$

Da diese Beziehung für alle $\Phi \in C_0^\infty(\alpha, \beta)$ gilt, gibt es nach Lemma 1.3 ein $w \in C^\infty(B)$, das sich von h nur auf einer Nullmenge von B unterscheidet, mit $L(w) = 0$ auf B. Das aber bedeutet gerade $w \in W_r^*$. ∎
Zusammenfassend erhalten wir

Satz 1.5. *Zu jedem $f \in C(B)$ gibt es eine Minimallösung in der Familie W_r^* der allgemeinen Exponentialsummen* (1.5).
Dieser Existenzsatz wurde auch von Rice in [62] und von Schmidt in [68] bewiesen. Der hier angegebene Beweis stammt von Barrar/Loeb [70b].

2. Zur Charakterisierung und Eindeutigkeit von Minimallösungen

Im folgenden bezeichne wiederum W_r die Familie der gewöhnlichen Exponentialsummen (1.2) und W_r^* die Familie der allgemeinen Exponentialsummen (1.5) auf dem abgeschlossenen reellen Intervall $B = [\alpha, \beta]$, $\alpha < \beta$.
Ist w eine allgemeine Exponentialsumme der Form (1.5), so bezeichnen wir mit

$$N(w) = \sum_{j=1}^{s} (m_j + 1), \quad m_j = \operatorname{grad} P_j\ (m_j = -1 \text{ für } P_j \equiv 0), \quad (2.1)$$

den Grad von w und mit

$$l(w) = \sum_{m_j \neq -1} 1 \qquad (2.2)$$

---

[1]) Lebesgue, Henri, geboren am 28. 6. 1875, wirkte in Paris; durch seine Maß- und Integrationstheorie einer der Begründer der modernen Funktionalanalysis; enger Kontakt mit der Approximationstheorie, insbesondere der Theorie der trigonometrischen Reihen; von ihm stammt ein besonders einfacher Beweis des Weierstraßschen Approximationssatzes; er starb am 26. 7. 1941.

die Länge von w. Ist $w \in W_r$, so stimmen offenbar Grad und Länge von w überein. Im allgemeinen gilt

$$0 \leq l(w) \leq N(w) \leq r. \tag{2.3}$$

Ist $g \in C(B)$ irgendeine Funktion, so nennen wir eine Menge $x_1, \ldots, x_m \in B$ von Punkten mit

$$\alpha \leq x_1 < x_2 < \ldots < x_m \leq \beta$$

und $\qquad g(x_i) = (-1)^i \lambda, \qquad |\lambda| = \|g\|$

eine Alternante von g und m die Länge der Alternante.

A. Notwendige und hinreichende Bedingung für Minimallösungen (vgl. Braess [67]). Sei $f \in C(B)$ beliebig vorgegeben. Dann gilt der

Satz 2.1. *Sei $\hat{w} \in W_r^*$ derart vorgegeben, daß zu $\hat{w} - f$ eine Alternante der Länge $N(\hat{w}) + r + 1$ existiert, dann ist $\hat{w}$ eine Minimallösung bezüglich f in W_r^*, d.h. es gilt (1.6).*

Beweis. Wie schon zu Beginn von V.1.C bemerkt wurde, hat nach II Lemma 6.6 jede Differenz $\hat{w} - w$, $w \in W_r^*$, höchstens $N(\hat{w}) + r - 1$ Nullstellen auf B oder verschwindet identisch. Daraus aber ergibt sich die Behauptung wortwörtlich wie im Beweis von II Satz 7.2. ∎

Der nächste Satz liefert eine notwendige Bedingung für Minimallösungen.

Satz 2.2. *Sei $\hat{w} \in W_r^*$ eine Minimallösung bezüglich f in W_r^*, dann besitzt $\hat{w} - f$ eine Alternante der Länge $l(\hat{w}) + r + 1$.*

Beweis: Hat $\hat{w}$ die Gestalt

$$\hat{w}(x) = \sum_{j=1}^{\hat{l}} \left(\sum_{k=0}^{\hat{m}_j} \hat{a}_{jk}\, x^k \right) e^{\hat{b}_j x} + \sum_{j=\hat{N}+1}^{r} \hat{a}_j\, e^{\hat{b}_j x}$$

mit $\qquad \hat{l} = l(\hat{w}), \quad \hat{N} = N(\hat{w}),$

$$\hat{a}_j = 0 \quad \text{für } j = \hat{N} + 1, \ldots, r,$$

$$\hat{b}_1 < \hat{b}_2 < \ldots < \hat{b}_{\hat{l}} < \hat{b}_{\hat{N}+1} < \ldots < \hat{b}_r,$$

so ist $\hat{w}$ offenbar auch eine Minimallösung bezüglich f in der Familie aller Exponentialsummen der Form

$$F(a, b, x) = \sum_{j=1}^{\hat{l}} \left(\sum_{k=0}^{\hat{m}_j} a_{jk}\, x^k \right) e^{b_j x} + \sum_{j=\hat{N}+1}^{r} a_j\, e^{b_j x} \tag{2.4}$$

mit $\qquad a = (a_{10}, \ldots, a_{1\hat{m}_1}, \ldots, a_{\hat{l}0}, \ldots, a_{\hat{l}\hat{m}_{\hat{l}}}, a_{\hat{N}+1}, \ldots, a_r) \in \mathbb{R}^r,$

$$b = (b_1, \ldots, b_{\hat{l}}, b_{\hat{N}+1}, \ldots, b_r) \in \mathbb{R}^{r - \hat{N} + \hat{l}}, \tag{2.5}$$

$$b_1 < b_2 < \ldots < b_{\hat{l}} < b_{\hat{N}+1} < \ldots < b_r.$$

Sei A die Menge aller Vektoren $(a, b) \in \mathbb{R}^{2r-\hat{N}+\hat{l}}$ mit (2.5). Dann ist A offen, und die durch (2.4) definierte Abbildung $F : A \to C(B)$ genügt auf A der Differenzierbarkeitsbedingung (II Definition 4.2). Insbesondere gilt

$$\frac{\partial F}{\partial a_{jk}}(\hat{a}, \hat{b}, x) = x^k\, e^{\hat{b}_j x}, \qquad\qquad k = 0,\dots, \hat{m}_j,\ j = 1,\dots, \hat{l},$$

$$\frac{\partial F}{\partial a_j}(\hat{a}, \hat{b}, x) = e^{\hat{b}_j x}, \qquad\qquad j = \hat{N} + 1,\dots, r,$$

$$\frac{\partial F}{\partial b_j}(\hat{a}, \hat{b}, x) = \left(\sum_{k=0}^{\hat{m}_j} \hat{a}_{jk}\, x^{k+1}\right) e^{\hat{b}_j x}, \qquad j = 1,\dots, \hat{l},$$

$$\frac{\partial F}{\partial b_j}(\hat{a}, \hat{b}, x) = 0, \qquad\qquad j = \hat{N} + 1,\dots, r.$$

Der von diesen partiellen Ableitungen aufgespannte lineare Teilraum V von $C(B)$ hat die Dimension $r + \hat{l}$. Jedes Element aus V ist von der Form

$$\sum_{j=1}^{\hat{l}} \left[\left(\sum_{k=0}^{\hat{m}_j} \hat{a}_{jk}\, x^{k+1}\right) \alpha_j + \sum_{k=0}^{\hat{m}_j} \alpha_{jk}\, x^k\right] e^{\hat{b}_j x} + \sum_{j=\hat{N}+1}^{r} \alpha_j\, e^{\hat{b}_j x}$$

mit $\alpha_j,\ \alpha_{jk} \in \mathbb{R}$ und hat nach II Lemma 6.6 höchstens

$$\sum_{j=1}^{\hat{l}} (\hat{m}_j + 2) + r - \hat{N} - 1 = \hat{N} + \hat{l} + r - \hat{N} - 1 = r + \hat{l} - 1$$

Nullstellen auf B, sofern es nicht identisch verschwindet. V erfüllt also die Haarsche Bedingung. Damit ergibt sich die Behauptung des Satzes aus II Satz 7.4, bei dessen Beweis nur davon Gebrauch gemacht wird, daß $V(\hat{a})$ nach (7.11) die Haarsche Bedingung erfüllt. ∎

Aus den Sätzen 2.1 und 2.2 erhält man das folgende Alternantenkriterium, das für W_r anstelle von W_r^* schon in II.7 bewiesen wurde.

Satz 2.3. $\hat{w} \in W_r$ *ist genau dann eine Minimallösung bezüglich* $f \in C(B)$ *in* W_r^*, *d.h. es gilt*

$$\|\hat{w} - f\| = \varrho\,(f, W_r^*),$$

wenn $\hat{w} - f$ *eine Alternante der Länge* $l(\hat{w}) + r + 1 = N(\hat{w}) + r + 1$ *besitzt. Dabei ist* $l(\hat{w})$ *die Anzahl der* $\hat{a}_j \neq 0$, *wenn* $\hat{w}$ *die Gestalt*

$$\hat{w}(x) = \sum_{j=1}^{r} \hat{a}_j\, e^{\hat{b}_j x}$$

hat.

Ist hingegen $l(\hat{w}) < N(\hat{w})$ (vgl. (2.1) und (2.2)), so hat man kein derartiges Alternantenkriterium.

B. Zur Eindeutigkeit von Minimallösungen. Nach II Satz 6.8 gibt es in W_r höchstens eine Minimallösung bezüglich $f \in C(B)$. Der folgende Satz (vgl. B r a e s s [67]) zeigt nun, daß die Eindeutigkeit bei der Approximation mit allgemeinen Exponentialsummen nicht gesichert ist.

Satz 2.4. *Sei* $B = [-1, 1]$ *und* $f \in C(B)$ *eine positive symmetrische Funktion* *(d.h.* $f(-x) = f(x)$, $x \in B$*), die für* $x \geq 0$ *monoton fallend ist (z.B.* $f(x) = \cos x$*). Sei* $r = 2$. *Dann gibt es mindestens zwei Minimallösungen bezüglich* f *in* W_2^*.

Beweis. Annahme: Es sei $\hat{w} \in W_2^*$ die einzige Minimallösung bezüglich f in W_2^*. Aus Satz 2.2 folgt, daß $\hat{w} \equiv 0$ nicht Minimallösung sein kann. Mithin ist $l(\hat{w}) \geq 1$ (vgl. (2.2)). Dann hat nach Satz 2.2 die Fehlerfunktion $\hat{w} - f$ eine Alternante der Länge $m \geq 4$. Wegen der Eindeutigkeit von $\hat{w}$ und der Symmetrie von f ist notwendig $\hat{w}(-x) = \hat{w}(x)$ für alle $x \in B$. $\hat{w}$ ist daher von der Form

$$\hat{w}(x) = \alpha \cosh \lambda x \qquad \text{oder} \qquad \hat{w}(x) = \alpha.$$

$\hat{w} - f$ hat aber in beiden Fällen höchstens 2 Nullstellen auf B und kann daher keine Alternante der Länge $m \geq 4$ besitzen. Damit ist die Annahme der Eindeutigkeit falsch und alles bewiesen. ∎

Es gilt jedoch der folgende

Satz 2.5. *Für* $\hat{w} \in W_r$ *und* $f \in C(B)$ *gelte*

$$\|\hat{w} - f\| = \varrho(f, W_r).$$

Dann ist $\hat{w}$ *die einzige Minimallösung bezüglich* f *in* W_r^*.

Beweis. Wegen $W_r \subseteq W_r^*$ gilt $\varrho(f, W_r) \geq \varrho(f, W_r^*)$.
Für $\varrho(f, W_r) = 0$ ist nichts zu zeigen. Sei daher $\varrho(f, W_r) > 0$.
Nach II Satz 6.7 und Satz 7.4 hat $\hat{w} - f$ eine Alternante

$$\{x_1, \ldots, x_m\} \quad \text{mit} \quad m = l(\hat{w}) + r + 1 = N(\hat{w}) + r + 1.$$

Für $w \in W_r^*$ gelte nun

$$\|w - f\| = \varrho(f, W_r^*).$$

Dann folgt für alle x_i

$$|\hat{w}(x_i) - f(x_i)| = \varrho(f, W_r) \geq \varrho(f, W_r^*) \geq |w(x_i) - f(x_i)|,$$

und die Differenz $\hat{w} - w$ hat auf B mindestens $N(\hat{w}) + r$ Nullstellen, wenn man doppelte Nullstellen doppelt zählt. Nach II Lemma 6.6 (welches auch unter Einbeziehung von Vielfachheiten der Nullstellen gilt) muß daher $\hat{w} - w \equiv 0$ sein, was den Beweis vollendet. ∎

Die Frage nach Eindeutigkeit und Existenz lokaler Minima hängt eng mit der Vorzeichenverteilung der Koeffizienten a_j in (1.2) zusammen. Der übersichtlichste Fall ist der, daß alle $a_j > 0$ sind (vgl. Braess [67], [70a, b]).

Auch Rice hat in [62] die Frage nach der Charakterisierung und Eindeutigkeit von Minimallösungen bei der allgemeinen Exponentialapproximation untersucht, vgl. hierzu Braess [67].

VI. Weitere Fragestellungen

1. Die Sätze von Stone und Weierstraß [1]

A. Problemstellung. Sei B ein kompakter metrischer Raum (vgl. VII Definition 1.3) und $C(B)$ der Vektorraum der stetigen reellwertigen Funktionen auf B, versehen mit der Maximum-Norm

$$\|g\| = \max_{x \in B} |g(x)|, \quad g \in C(B). \tag{1.1}$$

Ist A irgendeine Teilmenge von $C(B)$ und $f \in C(B)$ eine beliebige Funktion, so erhebt sich die Frage, unter welchen Voraussetzungen an A die Funktion f im Sinne der Maximum-Norm (1.1) beliebig genau durch Elemente $h \in A$ approximiert werden kann, d.h., daß es zu jedem $\varepsilon > 0$ ein $h \in A$ gibt mit $\|h - f\| \leq \varepsilon$.

Ist z.B. $B = [\alpha, \beta]$, $\alpha < \beta$, ein abgeschlossenes reelles Intervall und A die Menge aller Polynome auf $[\alpha, \beta]$, so ist diese Frage zum ersten Mal positiv beantwortet worden von Weierstraß. Eine sehr allgemeine positive Antwort gibt der Satz von Stone, der im nächsten Abschnitt bewiesen werden soll und der die Verallgemeinerung des Weierstraßschen Satzes auf Polynome und stetige Funktionen in mehreren Veränderlichen als Spezialfall enthält.

Zur Formulierung des Satzes von Stone benötigen wir einige Vorbereitungen: Eine Folge $\{g_n\}$ von $C(B)$ heißt gleichmäßig konvergent gegen $g \in C(B)$, falls gilt

$$\lim_{n \to \infty} \|g_n - g\| = 0.$$

Eine Folge $\{g_n\}$ von $C(B)$ heißt punktweise konvergent gegen $g \in C(B)$, falls für alle $x \in B$ gilt

$$\lim_{n \to \infty} |g_n(x) - g(x)| = 0.$$

Gleichmäßige Konvergenz impliziert punktweise Konvergenz. Die Umkehrung ist im allgemeinen falsch.

In $C(B)$ definieren wir eine Ordnungsrelation „$\leq$" durch

$$f \leq g \quad \Leftrightarrow \quad f(x) \leq g(x) \quad \text{für alle } x \in B$$

und $\quad g \geq f \quad \Leftrightarrow \quad f \leq g.$

---

[1] Weierstraß, Karl, geb. 31. 10. 1815 in Ostenfelde (Münsterland), studierte zunächst Jura, war 1842–1855 Oberschullehrer in Deutsch-Krone und Braunsberg (Ostpreußen). 1854 Ehrendoktor in Königsberg, 1856 Professor in Berlin, wo er bis zu seinem Tode am 19. 2. 1897 eine große Wirksamkeit entfaltete; grundlegende Arbeiten über Funktionentheorie, insbesondere elliptische Funktionen, reelle Analysis, Variationsrechnung, Approximationstheorie und zahlreiche andere Gebiete.

Eine Folge $\{g_n\}$ in $C(B)$ heißt monoton nicht fallend, falls gilt

$$g_{n+1} \geq g_n \quad \text{für alle } n.$$

Satz von Dini[1]. *Eine monoton nicht fallende Folge $\{g_n\}$ in $C(B)$, die punktweise gegen $g \in C(B)$ konvergiert, konvergiert auch gleichmäßig gegen g.*

Beweis. Sei $\varepsilon > 0$ vorgegeben. Zu jedem $x \in B$ gibt es dann ein $n(x)$ mit

$$g(x) - g_m(x) \leq \frac{\varepsilon}{3} \quad \text{für alle } m \geq n(x).$$

Da g und $g_{n(x)}$ stetig sind, gibt es eine offene Umgebung $V(x)$ von x mit

$$|g(x) - g(x')| \leq \frac{\varepsilon}{3} \quad \text{und} \quad |g_{n(x)}(x) - g_{n(x)}(x')| \leq \frac{\varepsilon}{3}$$

für alle $x' \in V(x)$. Somit haben wir

$$g(x') - g_{n(x)}(x') \leq \varepsilon \quad \text{für alle } x' \in V(x).$$

Die $V(x)$, $x \in B$, überdecken B. Nach VII Satz 1.2 gibt es bereits endlich viele $V(x_i)$, die B überdecken. Sei $n_0 = \max n(x_i)$. Jedes $x \in B$ gehört dann zu einem $V(x_i)$, und es ist für alle $n \geq n_0$

$$g(x) - g_n(x) \leq g(x) - g_{n_0}(x) \leq g(x) - g_{n(x_i)}(x) \leq \varepsilon,$$

wobei n_0 nur von ε abhängt. ∎

Nun sei A irgendeine Teilmenge von $C(B)$; dann bezeichnen wir die abgeschlossene Hülle von A mit $\bar{A}$. $\bar{A}$ besteht aus allen $g \in C(B)$ derart, daß es in A eine Folge $\{g_n\}$ gibt, die gleichmäßig gegen g konvergiert. Gleichbedeutend damit ist die Aussage, daß es zu jedem $\varepsilon > 0$ ein $h \in A$ gibt mit $\|h - g\| \leq \varepsilon$. Jedes solche g heißt Limespunkt von A. Die oben gestellte Frage lautet also: Unter welchen Voraussetzungen an $A \subseteq C(B)$ gilt $\bar{A} = C(B)$?

Ohne Beweis merken wir noch an, daß allgemein gilt

$$\bar{\bar{A}} = \bar{A},$$

d.h. $\quad g_n \in \bar{A}, \quad \lim_{n \to \infty} \|g_n - g\| = 0, \quad g \in C(B) \quad \Rightarrow \quad g \in \bar{A}.$

B. Der Satz von Stone. Ein linearer Teilraum A von $C(B)$ heißt eine Algebra (in $C(B)$), wenn gilt

$$f, g \in A \quad \Rightarrow \quad f \cdot g \in A,$$

wobei $(f \cdot g)(x) = f(x) \cdot g(x)$ bedeutet.

Ist A eine Algebra (in $C(B)$), so auch $\bar{A}$; denn, wenn $\{f_n\}$ bzw. $\{g_n\}$ gleichmäßig gegen f bzw. g konvergiert, so konvergiert $\{f_n \cdot g_n\}$ gleichmäßig gegen $f \cdot g$.

---

[1] Dini, Ulisse, geb. 14. 11. 1845, Studium in Paris, Promotion 1865, 1867 Professor in Pisa, wichtige Arbeiten über unendliche Reihen, insbesondere Fourierreihen, spezielle Funktionen, Differentialgeometrie und Geodäsie. Er starb am 28. 10. 1918.

Eine Teilmenge S von $C(B)$ heißt **punktetrennend**, wenn es zu jedem Paar verschiedener Punkte $x, y \in B$ ein $f \in S$ gibt mit $f(x) \neq f(y)$.

Ist B z.B. eine kompakte Teilmenge von $\mathbb{R}^n$ ($n \geq 1$), so ist die Algebra S aller Polynome in n Veränderlichen auf B punktetrennend (vgl. Satz 1.8). Weitere Beispiele werden wir noch später kennenlernen.

Mit diesen Definitionen gilt dann der

Satz 1.1 (von Stone). *Ist A eine punktetrennende Algebra (in $C(B)$), die die konstanten Funktionen enthält, dann ist $\bar{A} = C(B)$.*

Der Beweis (nach Dieudonné [71]) zerfällt in mehrere Schritte.

Lemma 1.2. *Sei $B = [0,1]$. Dann gibt es eine Folge $\{P_n\}$ von Polynomen, die monoton nicht fallend ist und auf B gleichmäßig gegen $+\sqrt{t}$ konvergiert.*

Beweis. Man setze $P_1 = 0$ und definiere für $n \geq 1$

$$P_{n+1}(t) = P_n(t) + \frac{1}{2}[t - P_n(t)^2]. \tag{1.2}$$

Durch Induktion zeigen wir: Für alle $n \geq 1$ gilt

$$P_{n+1} \geq P_n \quad \text{und} \quad P_n(t) \leq +\sqrt{t} \quad \text{für alle } t \in B. \tag{1.3}$$

Das ist offenbar wahr für $n = 1$. Es sei wahr bis n. Dann folgt

$$\sqrt{t} - P_{n+1}(t) = \sqrt{t} - P_n(t) - \frac{1}{2}[t - P_n(t)^2]$$

$$= \left[\sqrt{t} - P_n(t)\right]\left[1 - \frac{1}{2}\left(\sqrt{t} + P_n(t)\right)\right].$$

Nach Annahme ist $\sqrt{t} \geq P_n(t)$ für alle $t \in B$. Mithin ist

$$\frac{1}{2}\left[\sqrt{t} + P_n(t)\right] \leq \sqrt{t} \leq 1 \quad \text{und} \quad \sqrt{t} \geq P_{n+1}(t)$$

für alle $t \in B$. $P_{n+2} \geq P_{n+1}$ folgt aus (1.2). Damit ist (1.3) für alle $n \geq 1$ gezeigt, woraus sich für jedes $t \in B$ die Existenz von

$$v(t) = \lim_{n \to \infty} P_n(t) \geq 0$$

ergibt. (1.2) impliziert sodann $v(t)^2 - t = 0$ und somit $v(t) = +\sqrt{t}$. Aus dem Satz von Dini folgt daher, daß die durch (1.2) definierte Folge $\{P_n\}$ gleichmäßig gegen $+\sqrt{t}$ konvergiert. ∎

Lemma 1.3. *Ist A eine Algebra (in $C(B)$), die die konstanten Funktionen enthält, so gilt die Implikation*

$$f \in \bar{A} \;\Rightarrow\; |f| \in \bar{A}.$$

Beweis. Sei $\{P_n\}$ eine Folge von Polynomen in $C\,[0, 1]$ mit den Eigenschaften von Lemma 1.2. Dann folgt für jedes $f \in \bar{A}$ mit $f \not\equiv 0$

$$g_n = \|f\| \cdot P_n \left(\frac{f^2}{\|f\|^2} \right) \in \bar{A}, \tag{1.4}$$

da $\bar{A}$ eine Algebra ist, die die konstanten Funktionen enthält. Aus Lemma 1.2 folgt, daß die Folge $\{g_n\}$ (nach (1.4)) gleichmäßig gegen

$$\|f\| \sqrt{\frac{f^2}{\|f\|^2}} = |f| \in \bar{A}$$

konvergiert. ∎

Zu vorgegebenem $f, g \in C(B)$ definieren wir

$$\left. \begin{array}{l} \inf (f, g) (x) = \min (f(x), g(x)), \\ \sup (f, g) (x) = \max (f(x), g(x)), \end{array} \right\} \ x \in B. \tag{1.5}$$

Dann gilt

$$\inf (f, g) = \frac{1}{2} [f + g - |f - g|],$$

$$\sup (f, g) = \frac{1}{2} [f + g + |f - g|],$$

und aus Lemma 1.3 ergibt sich das

Lemma 1.4. *Ist A eine Algebra (in $C(B)$), die die konstanten Funktionen enthält, so gilt die Implikation*

$$f, g \in \bar{A} \ \Rightarrow \ \inf (f, g), \ \ \sup (f, g) \in \bar{A},$$

wobei „inf" und „sup" nach (1.5) definiert sind.

Lemma 1.5. *Sei A eine punktetrennende Algebra (in $C(B)$), die die konstanten Funktionen enthält. Seien ferner $x, y \in B$ mit $x \neq y$ und $\alpha, \beta \in \mathbb{R}$ vorgegeben. Dann gibt es ein $f \in A$ mit $f(x) = \alpha$, $f(y) = \beta$.*

Beweis. Da A punktetrennend ist, gibt es ein $g \in A$ mit $g(x) \neq g(y)$. Definiert man

$$f(z) = \alpha + (\beta - \alpha) \frac{g(z) - g(x)}{g(y) - g(x)},$$

so folgt $f \in A$, $f(x) = \alpha$ und $f(y) = \beta$. ∎

Lemma 1.6. *Unter den Voraussetzungen von* Lemma 1.5 *gibt es zu jeder Funktion $f \in C(B)$, zu jedem Punkt $x \in B$ und jedem $\varepsilon > 0$ ein $g \in \bar{A}$ mit*

$$g(x) = f(x) \quad \text{und} \quad g(y) \leq f(y) + \varepsilon \quad \text{für alle } y \in B. \tag{1.6}$$

Beweis. Sei $z \in B$ beliebig. Dann gibt es nach Lemma 1.5 ein $h_z \in A$ mit $h_z(x) = f(x)$ und $h_z(z) \leq f(z) + \varepsilon/2$. Wegen $f, h_z \in C(B)$ gibt es eine offene Umgebung $V(z)$ von z mit

$$h_z(y) \leq f(y) + \varepsilon \quad \text{für alle } y \in V(z),$$

und die $V(z)$ überdecken B. Nach VII Satz 1.2 wird B bereits von endlich vielen $V(z_i)$ überdeckt. Setzt man $g = \inf h_{z_i}$, so folgt wegen $A \subseteq \bar{A}$ und Lemma 1.4 (durch Induktion) $g \in \bar{A}$, und g erfüllt (1.6). ∎

Beweis von Satz 1.1. Sei $f \in C(B)$ beliebig vorgegeben. Zu $\varepsilon > 0$ und $x \in B$ gibt es nach Lemma 1.6 ein $g_x \in A$ mit

$$g_x(x) = f(x) \quad \text{und} \quad g_x(y) \leq f(y) + \varepsilon \quad \text{für alle } y \in B.$$

Da $f, g_x \in C(B)$ sind, gibt es eine offene Umgebung $U(x)$ von x mit

$$g_x(y) \geq f(y) - \varepsilon \quad \text{für alle } y \in U(x),$$

und die $U(x)$ überdecken B. Nach VII Satz 1.2 wird B bereits von endlich vielen $U(x_i)$ überdeckt. Setzt man $\varphi = \sup g_{x_i}$, dann folgt aus Lemma 1.4 (durch Induktion) $\varphi \in \bar{A}$, und für jedes $y \in B$ (das ja einem $U(x_i)$ angehört) gilt

$$f(y) - \varepsilon \leq \varphi(y) \leq f(y) + \varepsilon,$$

was $\qquad \|f - \varphi\| \leq \varepsilon$

impliziert.

Somit ist f ein Limespunkt von $\bar{A}$ und gehört wegen $\bar{\bar{A}} = \bar{A}$ zu $\bar{A}$. ∎

C. Anwendung des Satzes von Stone. In diesem Abschnitt bezeichne $C_{\mathbb{R}}(B)$ den Vektorraum der reellwertigen und $C_{\mathbb{C}}(B)$ den Vektorraum der komplexwertigen stetigen Funktionen auf B, versehen mit der Maximum-Norm (1.1).

Punktetrennende Algebren in $C_{\mathbb{C}}(B)$ werden genauso definiert wie in $C_{\mathbb{R}}(B)$ (vgl. VI.1.B). Der Satz von Stone ist in $C_{\mathbb{C}}(B)$ jedoch im allgemeinen falsch. Ist nämlich z. B. B eine kompakte Teilmenge der Menge $\mathbb{C}$ der komplexen Zahlen und A die Algebra aller Polynome auf $\mathbb{C}$ mit komplexen Koeffizienten, so ist A punktetrennend und enthält die konstanten Funktionen. Jede auf B gleichmäßig konvergente Folge von Polynomen auf $\mathbb{C}$ konvergiert aber bekanntlich gegen eine Funktion, die auf einer offenen Obermenge von B analytisch ist. Diese Funktionen bilden aber eine echte Teilmenge von $C_{\mathbb{C}}(B)$. Immerhin gilt der folgende

Satz 1.7. *Sei A eine punktetrennende Algebra in $C_{\mathbb{C}}(B)$ mit*

$$f \in A \quad \Rightarrow \quad f^* \in A$$

(bedeute den Übergang zum konjugiert Komplexen).*

Enthält A die konstanten Funktionen, so gilt $\bar{A} = C_{\mathbb{C}}(B)$, wobei $\bar{A}$ wieder die abgeschlossene Hülle von A bezeichnet.

Beweis. Sei A_0 die Unteralgebra der reellwertigen Funktionen aus A. A_0 ist nichtleer, da für alle $f \in C_\mathbb{C}(B)$ gilt

$$\operatorname{Re} f = \frac{1}{2}[f + f^*] \quad \text{und} \quad \operatorname{Im} f = \frac{1}{2\mathrm{i}}[f - f^*]$$

$\left(\mathrm{i} = \sqrt{-1}\right)$. Mit A ist auch A_0 punktetrennend. A_0 enthält alle reellwertigen konstanten Funktionen. Aus dem Satz von Stone folgt daher $\bar{A}_0 = C_\mathbb{R}(B)$. Wegen $A = A_0 + \mathrm{i}A_0$ und $C_\mathbb{C}(B) = C_\mathbb{R}(B) + \mathrm{i}C_\mathbb{R}(B)$ ist daher $\bar{A} = \bar{A}_0 + \mathrm{i}\bar{A}_0 = C_\mathbb{C}(B)$, was zu beweisen war. ∎

In $C_\mathbb{R}(B)$ gilt der **allgemeine Satz von Weierstraß**, nämlich der

Satz 1.8. *Sei B eine kompakte Teilmenge von $\mathbb{R}^n$. Ist A die Algebra aller Polynome in n Veränderlichen auf B, so gilt*

$$\bar{A} = C_\mathbb{R}(B).$$

Beweis. A enthält die Konstanten und ist offenbar auch punktetrennend, da zwei verschiedene Punkte x, $y \in B$ sich in mindestens einer Koordinate unterscheiden. Der Satz von Stone ergibt die Behauptung. ∎

Für $n = 1$ erhalten wir den **klassischen Satz von Weierstraß**. Im folgenden bezeichne $C_\mathbb{C}^{2\pi}$ den Vektorraum der 2π-periodischen komplexen und $C_\mathbb{R}^{2\pi}$ den Vektorraum der 2π-periodischen reellen stetigen Funktionen auf $[0, 2\pi]$.

Satz 1.9. *Sei A_0^* der Vektorraum aller trigonometrischen Summen*

$$a_0 + \sum_{k=1}^{n} a_k \cos(k \cdot t) + b_k \sin(k \cdot t), \quad n = 0, 1, 2, \ldots \tag{1.7}$$

mit a_k, $b_k \in \mathbb{R}$ auf $[0, 2\pi]$. Dann gilt $\bar{A}_0^* = C_\mathbb{R}^{2\pi}$.

Beweis. Sei B der Einheitskreisrand in $\mathbb{C}$ und A die Algebra in $C_\mathbb{C}(B)$, die von den Potenzen z^k und z^{*k}, $k = 0, 1, 2, \ldots$, erzeugt wird (* bedeutet wieder den Übergang zum konjugiert Komplexen). A ist punktetrennend und enthält die Konstanten. Ferner gilt: $f \in A \Rightarrow f^* \in A$. Aus Satz 1.7 folgt daher $\bar{A} = C_\mathbb{C}(B)$. Wir definieren eine Abbildung $\varphi \colon C_\mathbb{C}(B) \to C_\mathbb{C}^{2\pi}$ durch

$$\varphi(f)(t) = f(\mathrm{e}^{\mathrm{i}t}), \quad 0 \leq t \leq 2\pi,$$

und setzen $A^* = \varphi(A)$. φ ist eine umkehrbar eindeutige Abbildung von $C_\mathbb{C}(B)$ auf $C_\mathbb{C}^{2\pi}$, und φ ist stetig (im Sinne von VII Definition 1.6 in bezug auf $C_\mathbb{C}(B)$ und $C_\mathbb{C}^{2\pi}$ als metrische Räume mit der durch die Maximum-Norm induzierten Metrik). Daraus folgt

$$C_\mathbb{C}^{2\pi} = \varphi(C_\mathbb{C}(B)) = \varphi(\bar{A}) \subseteq \overline{\varphi(A)} = \bar{A}^* \subseteq C_\mathbb{C}^{2\pi}.$$

Mithin ist

$$\bar{A}^* = C_{\mathbb{R}}^{2\pi} + \mathrm{i}\, C_{\mathbb{R}}^{2\pi}.$$

Sei A_0^* die (nichtleere, vgl. Beweis von Satz 1.7) Teilalgebra der reellen Funktionen aus A^*. Dann folgt

$$A^* = A_0^* + \mathrm{i}\, A_0^* \quad \text{und} \quad \bar{A}_0^* = C_{\mathbb{R}}^{2\pi}.$$

A_0^* wird erzeugt von den reellen Konstanten und den Potenzprodukten von $\cos t$ und $\sin t$, die gerade die Menge aller trigonometrischen Summen (1.7) ergeben. ∎

2. Rationale Approximation und Eigenwertaufgaben

A. Einleitung. Wir betrachten das diskrete rationale Approximationsproblem in der Formulierung von IV.1 und IV.3 und nehmen an, es sei $m = r + s + 2$ (vgl. IV.3.C). Dieses Problem spielt, wie wir in II.2.B gesehen haben, bei der Berechnung unterer Schranken für die Minimalabweichung bei kontinuierlichen Problemen eine gewisse Rolle. Es tritt auch im Falle der gewöhnlichen Approximation bei der numerischen Lösung des kontinuierlichen Problems mit Hilfe des sog. Remes-Algorithmus auf (vgl. dazu H. Werner [62a], [62b], [63] und Fraser/ Hart [62] sowie Ralston [65]).

Es besteht nun ein interessanter Zusammenhang zwischen dem genannten diskreten Approximationsproblem und nichtlinearen sowie allgemeinen linearen Eigenwertaufgaben, der im folgenden dargestellt werden soll (vgl. dazu Krabs [67c] und [68]).

B. Eigenwertaufgaben bei allgemeiner rationaler Approximation. Wir übernehmen die Bezeichnungen aus IV.2 und IV.3 und setzen voraus, daß $\varrho\,(f, W) > 0$ ist. IV Satz 2.5 liefert dann den

Satz 2.1. $\hat{w} = \hat{u}/\hat{v}$, $\hat{u} \in U$, $\hat{v} \in V^+$ *ist genau dann eine Minimallösung, wenn es Zahlen* $c_1, \ldots, c_m \in \mathbb{R}$ *mit* $\sum\limits_{i=1}^{m} |c_i| > 0$ *gibt derart, daß gilt*

$$\sum_{i=1}^{m} u_j(x_i)\, c_i = 0, \quad j = 0, \ldots, r, \tag{2.1}$$

$$\sum_{i=1}^{m} v_k(x_i) f(x_i)\, c_i = \lambda \sum_{i=1}^{m} v_k(x_i)\, |c_i|, \quad k = 0, \ldots, s, \tag{2.2}$$

$$f(x_i) - \hat{w}(x_i) = \lambda \operatorname{sgn} c_i \quad \text{für } c_i \neq 0, \tag{2.3}$$

wobei $\lambda = \|f - \hat{w}\|$ *ist.*

Definiert man Matrizen

$$X = \begin{pmatrix} u_0(x_1) \ldots u_r(x_1) \\ \cdot \qquad \cdot \\ \cdot \qquad \cdot \\ \cdot \qquad \cdot \\ u_0(x_m) \ldots u_r(x_m) \end{pmatrix}, \qquad Y = \begin{pmatrix} v_0(x_1) \ldots v_s(x_1) \\ \cdot \qquad \cdot \\ \cdot \qquad \cdot \\ \cdot \qquad \cdot \\ v_0(x_m) \ldots v_s(x_m) \end{pmatrix},$$

$$F = \begin{pmatrix} f(x_1) & & 0 \\ & \cdot & \\ & & \cdot \\ 0 & & f(x_m) \end{pmatrix},$$

(2.4)

so kann man für (2.1), (2.2) auch schreiben

$$X' c = \Theta_{r+1}, \tag{2.1*}$$

$$Y' F c = \lambda \, Y' \, |c|, \tag{2.2*}$$

wobei Θ_{r+1} = Nullvektor von $\mathbb{R}^{r+1}$, $c = (c_1, \ldots, c_m)'$, $|c| = (|c_1|, \ldots, |c_m|)'$, X' bzw. Y' = transponierte Matrix von X bzw. Y ist.

Definiert man $m \times m$-Matrizen

$$\tilde{A} = \begin{pmatrix} X' \\ Y' F \end{pmatrix}, \qquad D = \begin{pmatrix} 0 \\ Y' \end{pmatrix} \tag{2.5}$$

(vgl. IV (3.8) und (3.9)), wobei $0 = (r+1) \times m$-Nullmatrix, dann kann man für (2.1*) und (2.2*) auch schreiben

$$\tilde{A} c = \lambda \, D \, |c|. \tag{2.6}$$

Für das Folgende treffen wir die Voraussetzung:

$$\tilde{A} \text{ sei nichtsingulär.} \tag{2.7}$$

Wir setzen weiterhin $A = \tilde{A}^{-1} D$. Dann gilt der

Satz 2.2. a) *Zu vorgegebenem $\lambda > 0$ sei $c \in \mathbb{R}^m$ eine nichttriviale Lösung von (2.1*), (2.2*). Dann ist $y = \lambda \, |c|$ eine nichttriviale Lösung von*

$$|A \, y| = \mu \, y \tag{2.8}$$

mit $\mu = 1/\lambda$.

b) *Zu vorgegebenem $\mu > 0$ sei $y \in \mathbb{R}^m$ eine nichttriviale Lösung von (2.8). Dann ist $c = A \, y$ eine nichttriviale Lösung von (2.1*), (2.2*) mit $\lambda = 1/\mu$.*

Beweis. a) Wegen $c \neq \Theta_m$ gilt auch $y = \lambda \, |c| \neq \Theta_m$, und es ist wegen $c = \lambda A \, |c|$

$$|A \, y| = |c| = \frac{1}{\lambda} y = \mu \, y.$$

b) Aus $y \neq \Theta_m$ folgt $D\,y \neq \Theta_m$; sonst wäre

$$\sum_{i=1}^{m} v_k(x_i)\, y_i = 0 \quad \text{für } k = 0,\ldots,s$$

und somit

$$\sum_{i=1}^{m} v(x_i)\, y_i = 0 \quad \text{für jedes } v \in V^+,$$

was $y = \Theta_m$ implizieren würde. Wegen (2.7) ist daher auch $c = A\,y \neq \Theta_m$, und es folgt aus (2.8) mit $\lambda = 1/\mu$

$$|c| = \mu\, y = \frac{1}{\lambda}\, y,$$

mithin $\lambda\, A\, |c| = A\,y = c,$

woraus sich

$$\tilde{A}\,c = \lambda\, D\, |c| \tag{2.6}$$

ergibt. ∎

(2.8) ist eine nichtlineare Eigenwertaufgabe für den positiven Operator

$$P(y) = |A\,y|, \quad y \in \mathbb{R}^m \tag{2.9}$$

(vgl. IV.3.C), und aus Satz 2.1 folgt: Ist das T-Problem lösbar, so gibt es zu $\lambda = \varrho\,(f, W)$ eine nichttriviale Lösung $c \in \mathbb{R}^m$ von (2.1*), (2.2*) und damit nach Satz 2.2 eine nichttriviale Lösung $y \in \mathbb{R}^m$ von (2.8) mit $\mu = 1/\varrho\,(f, W)$. Darüber hinaus gilt der folgende

Satz 2.3. *Es gibt ein $\mu > 0$ und ein $y \neq \Theta_m$ derart, daß (2.8) erfüllt ist, und damit (nach Satz 2.2) ein $\lambda > 0$ und ein $c \neq \Theta_m$ derart, daß (2.1*) und (2.2*) erfüllt sind.*

Beweis. Sei $K = \{y \in \mathbb{R}^m \mid y \geq \Theta_m,\, y \neq \Theta_m\}$.

Dann folgt aus dem Teil b) des Beweises von Satz 2.2 für den Operator P nach (2.9)

$$P(y) \neq \Theta_m \quad \text{für alle } y \in K.$$

Definiert man

$$S - \left\{ y \in K \mid \|y\|_1 = \sum_{i=1}^{m} y_i = 1 \right\},$$

so ist S eine konvexe und kompakte Teilmenge des $\mathbb{R}^m$ (vgl. VII.1 und VII.2) und wird durch den Operator

$$T(y) = \frac{P(y)}{\|P(y)\|_1}, \quad y \in K,$$

stetig in sich abgebildet. Nach dem Brouwerschen[1]) Fixpunktsatz gibt es daher ein $\hat{y} \in S$ mit $T(\hat{y}) = \hat{y}$, d.h.

$$P(\hat{y}) = |A\,\hat{y}| = \mu\,\hat{y}, \quad \text{wobei } \mu = \|P(\hat{y})\|_1 > 0. \quad \blacksquare$$

Bemerkung. *Nach* II Satz 2.3 *folgt für jedes* $\lambda > 0$ *derart, daß ein* $c \neq \Theta_\mathrm{m}$ *existiert mit* (2.1*), (2.1*),

$$\lambda \leq \varrho\,(f, W)$$

und somit für jedes $\mu > 0$ *derart, daß ein* $y \neq \Theta_\mathrm{m}$ *mit* (2.8) *existiert,*

$$\frac{1}{\mu} \leq \varrho\,(f, W).$$

Wir denken uns jetzt ein Paar $\lambda > 0$, $c \neq \Theta_\mathrm{m}$ mit (2.1*), (2.2*) fest vorgegeben. Jedem $b = (b_0, \ldots, b_s)'$ mit

$$Yb > \Theta_\mathrm{m}, \quad \text{d.h.} \quad (Yb)_\mathrm{i} > 0 \quad \text{für} \quad i = 1, \ldots, m,$$

ordnen wir dann eindeutig die $m \times m$-Diagonalmatrix G_b zu, für die gilt

$$c = G_\mathrm{b}\,Yb. \tag{2.10}$$

Für jede Matrix $M = (m_{\mathrm{ik}})$ definieren wir $|M| = (|m_{\mathrm{ik}}|)$. Dann folgt aus (2.1*), (2.2*)

$$X'\,G_\mathrm{b}\,Yb = \Theta_{\mathrm{r}+1}, \tag{2.11}$$

$$Y'\,F\,G_\mathrm{b}\,Yb = \lambda\,Y'\,|G_\mathrm{b}|\,Yb. \tag{2.12}$$

λ ist also ein Eigenwert der allgemeinen Eigenwertaufgabe (2.12). Nun gilt der folgende

Satz 2.4. *Sei G eine von der Nullmatrix verschiedene* $m \times m$-*Diagonalmatrix. Dann gibt es höchstens ein* $\lambda \in \mathbb{R}$ *derart, daß ein* $b \in \mathbb{R}^{\mathrm{s}+1}$ *existiert mit*

$$Yb > \Theta_\mathrm{m} \tag{2.13}$$

und $\quad Y'\,F\,G\,Yb = \lambda\,Y'\,|G|\,Yb. \tag{2.14}$

Beweis. Wir nehmen an, es sei für $\sigma = 1, 2$

$$Yb_\sigma > \Theta_\mathrm{m} \quad \text{und} \quad Y'\,F\,G\,Yb_\sigma = \lambda_\sigma\,Y'\,|G|\,Yb_\sigma$$

mit $\lambda_1 \neq \lambda_2$. Wegen der Symmetrie der Matrizen $Y'\,F\,G\,Y$ und $Y'\,|G|\,Y$ folgt sodann

$$0 = (\lambda_1 - \lambda_2)\,b_2'\,Y'\,|G|\,Yb_1 = (\lambda_1 - \lambda_2)\sum_{i=1}^{m} |G_{\mathrm{ii}}|\,v^1(x_\mathrm{i})\,v^2(x_\mathrm{i}),$$

---

[1]) Brouwer, L.E.J., geboren am 27. 2. 1881 in Overschie bei Rotterdam; sehr bekannt durch seine topologischen und algebraischen Arbeiten, insbesondere durch den nach ihm benannten topologischen Fixpunktsatz und die Brouwerschen Algebren. Er starb am 2. 12. 1966 durch einen Autounfall in Blaricum in der Nähe des Hauses, in dem er viele Jahre gelebt hatte.

wobei $v^\sigma(x_i) = (Y b_\sigma)_i$ ist, was $G_{1i} = 0$ für alle i impliziert, ein Widerspruch zur Voraussetzung. ∎

Beispiel. Wir wählen $r = 0$, $s = 1 \Rightarrow m = 3$, weiterhin $x_1 = (0, 0)$, $x_2 = (1, 0)$, $x_3 = (1, 1)$ und $u_0(\xi, \eta) = v_0(\xi, \eta) \equiv 1$, $v_1(\xi, \eta) = \xi + \eta$ sowie $f(\xi, \eta) = \xi^2 + \eta^2$.

Für $\tilde{A}$ und D nach (2.5) erhalten wir sodann

$$\tilde{A} = \begin{pmatrix} 1 & 1 & 1 \\ 0 & 1 & 2 \\ 0 & 1 & 4 \end{pmatrix} \quad \text{und} \quad D = \begin{pmatrix} 0 & 0 & 0 \\ 1 & 1 & 1 \\ 0 & 1 & 2 \end{pmatrix}.$$

Weiterhin ist

$$\tilde{A}^{-1} = \begin{pmatrix} 1 & -\dfrac{3}{2} & \dfrac{1}{2} \\ 0 & 2 & -1 \\ 0 & -\dfrac{1}{2} & \dfrac{1}{2} \end{pmatrix} \quad \text{und} \quad A = \tilde{A}^{-1} D = \begin{pmatrix} -\dfrac{3}{2} & -1 & -\dfrac{1}{2} \\ 2 & 1 & 0 \\ -\dfrac{1}{2} & 0 & \dfrac{1}{2} \end{pmatrix}.$$

Die nichtlineare Eigenwertaufgabe (2.8) lautet somit in Komponentenschreibweise mit $y = (y_1, y_2, y_3)' \geq \Theta_3$ und $\mu > 0$

$$\left. \begin{aligned} \frac{3}{2} y_1 + y_2 + \frac{1}{2} y_3 &= \mu y_1, \\ 2 y_1 + y_2 \qquad\; &= \mu y_2, \\ \frac{1}{2} |y_1 - y_3| \qquad &= \mu y_3. \end{aligned} \right\} \tag{2.8'}$$

Fallunterscheidung:

a) $\qquad |y_1 - y_3| = y_1 - y_3$.

Der einzige positive Eigenwert μ, für den (2.8') eine nichttriviale Lösung $y \geq \Theta_3$ zuläßt, ist dann gegeben durch

$$\mu = 1 + \sqrt{3},$$

und auf Grund der obigen Bemerkung im Anschluß an Satz 2.3 gilt

$$\lambda = \frac{1}{\mu} = \frac{\sqrt{3}}{2} - \frac{1}{2} \leq \varrho(f, W).$$

Als zugehörige normierte Lösung y von (2.8') mit $y_1 + y_2 + y_3 = 1$ errechnet man

$$y_1 = \frac{\sqrt{3}}{4}, \quad y_2 = \frac{1}{2}, \quad y_3 = \frac{1}{2} - \frac{\sqrt{3}}{4}.$$

Für den nach Satz 2.2b) zugehörigen Vektor $c = Ay$, der das System (2.1*), (2.2*) für $\lambda = 1/\mu$ löst, ergibt sich die Vorzeichenverteilung

$$\text{sgn } c_1 = -1, \qquad \text{sgn } c_2 = +1, \qquad \text{sgn } c_3 = -1.$$

Das System (2.3) lautet damit

$$\left. \begin{aligned} 0 - \frac{a_0}{b_0} &= -\lambda, \\[2mm] 1 - \frac{a_0}{b_0 + b_1} &= \lambda, \\[2mm] 2 - \frac{a_0}{b_0 + 2b_1} &= -\lambda, \end{aligned} \right\} \tag{2.3'}$$

und das einzige positive λ, für das (2.3') eine Lösung zuläßt, ist gegeben durch

$$\lambda = \frac{\sqrt{3}}{2} - \frac{1}{2}.$$

Normiert man $b_0 = 1$, so erhält man $a_0 = \lambda$ und $b_1 = -1/(2 + \lambda)$, was

$$b_0 + b_1 > 0 \quad \text{und} \quad b_0 + 2b_1 > 0$$

impliziert. Daraus ergibt sich sogar

$$\lambda = \frac{\sqrt{3}}{2} - \frac{1}{2} = \varrho\,(f, W),$$

und $\qquad \hat{w}\,(\xi, \eta) = \dfrac{\lambda}{1 - \dfrac{\xi + \eta}{2 + \lambda}}$

ist eine Minimallösung.

b) $\qquad |y_1 - y_3| = y_3 - y_1.$

In diesem Fall hat (2.8') zwei positive Eigenwerte, die aber keine nichttrivialen Lösungen $y \geq \Theta_3$ zulassen.

C. Gewöhnliche rationale Approximation. Sei $u_j(x) = x^j$, $v_k(x) = x^k$ und B eine $(r + s + 2)$-punktige Teilmenge $\{x_1, \ldots, x_m\}$ $(m = r + s + 2)$ eines abgeschlossenen reellen Intervalles $[\alpha, \beta]$, $\alpha < \beta$, mit

$$\alpha \leq x_1 < x_2 < \ldots < x_m \leq \beta.$$

Sei $\qquad \hat{w} = \dfrac{\hat{u}}{\hat{v}}, \qquad \hat{u} = \sum_{j=0}^{r} u_j\,\hat{a}_j, \qquad \hat{v} = \sum_{k=0}^{s} v_k\,\hat{b}_k \in V^+$

eine Lösung des T-Problems mit teilerfremden Polynomen $\hat{u}$ und $\hat{v}$ und

$$\text{grad } \hat{u} = r, \qquad \text{grad } \hat{v} = s. \tag{2.15}$$

Dann gilt der

Satz 2.5. *Unter der Annahme (2.15) gibt es bis auf einen reellen Faktor genau eine Diagonalmatrix G $\neq$ Nullmatrix mit*

$$X' G Y \hat{b} = \Theta_{r+1}, \tag{2.16}$$

$$Y' F G Y \hat{b} = \lambda Y' |G| Y \hat{b}, \tag{2.17}$$

und G ist festgelegt durch die Forderung

$$X' G Y = 0 \ (= \text{Nullmatrix}). \tag{2.18}$$

Alle Diagonalelemente von G sind ungleich Null und alternieren im Vorzeichen.

Beweis. Nach Satz 2.1 gibt es ein $c \neq \Theta_m$ mit (2.1), (2.2) und (2.3). Definiert man G durch die Forderung

$$c = G Y \hat{b} \qquad ((Y\hat{b})_i = \hat{v}(x_i)),$$

so folgt aus (2.1), (2.2), (2.3), daß (2.16), (2.17) erfüllt sind und daß gilt

$$\sum_{i=1}^{m} \hat{v}(x_i)\, u_j(x_i)\, G_{ii} = 0, \qquad j = 0,\ldots,r,$$

$$\sum_{i=1}^{m} \hat{u}(x_i)\, v_k(x_i)\, G_{ii} = 0, \qquad k = 0,\ldots,s. \tag{2.19}$$

Nach II Lemma 6.4 hat der lineare Teilraum

$$L\,(\hat{u}, \hat{v}) = U\,\hat{v} + V\,\hat{u} = \{u\,\hat{v} + v\,\hat{u} \mid u \in U, v \in V\}$$

von $C\,([\alpha, \beta])$ die Dimension $r + s + 1$. Offenbar ist $L\,(\hat{u}, \hat{v})$ enthalten in dem Raum P_{r+s} aller Polynome vom Grade $\leq r + s$. Wegen dim $P_{r+s} = r + s + 1$ folgt daher $L\,(\hat{u}, \hat{v}) = P_{r+s}$, und aus (2.19) folgt

$$\sum_{i=1}^{m} x_i^j\, G_{ii} = 0, \qquad j = 0,\ldots,r + s, \tag{2.20}$$

was mit (2.18) gleichbedeutend ist.

Da P_{r+s} der Haarschen Bedingung genügt, hat die Matrix von (2.20) den Rang $r + s + 1$ und die G_{ii} sind nach einem bekannten Satz der linearen Algebra bis auf einen reellen Faktor eindeutig bestimmt. Die letzte Aussage der Behauptung ist eine Folge von II Lemma 7.3. ∎

Aus dem Beweis von Satz 2.5 ergibt sich weiterhin, daß für jede Lösung $\hat{w} = \hat{u}/\hat{v}$ des T-Problems, für die (2.15) erfüllt ist, gilt:

$$X \hat{a} = F Y \hat{b} - \lambda\,(\text{sgn } G)\, Y \hat{b} \qquad \text{mit} \qquad \lambda = \|\hat{w} - f\| \tag{2.21}$$

und
$$\text{sgn } G = \begin{pmatrix} \text{sgn } G_{11} & & 0 \\ & \ddots & \\ 0 & & \text{sgn } G_{mm} \end{pmatrix} \qquad (G \text{ nach } (2.18))$$

sowie
$$\hat{u} = \sum_{j=0}^{r} \hat{a}_j\, u_j, \qquad \hat{v} = \sum_{k=0}^{s} \hat{b}_k\, v_k.$$

$\hat{b}$ ist dabei eine Lösung von (2.16), (2.17), und für $\hat{a}$ ergibt sich aus (2.18) und (2.21)

$$X' \, |G| \, X \hat{a} = X' \, |G| \, F \, Y \hat{b}. \tag{2.22}$$

Dieses System hat genau eine Lösung $\hat{a}$, da wegen der Voraussetzung (2.7) die Matrix X den vollen Zeilenrang $r + 1$ hat und nach Satz 2.5 alle Diagonalelemente von G ungleich Null sind.

Zur Gewinnung einer Lösung des T-Problems kann man daher folgendermaßen vorgehen: Man bestimme zunächst eine Diagonalmatrix $G \neq$ Nullmatrix mit (2.18). Das ist nach Satz 2.5 bis auf einen reellen Faktor eindeutig möglich und kann durch Auflösung von (2.20) geschehen.

Sodann bestimme man $\lambda \in \mathbb{R}$ und $\hat{b} \in \mathbb{R}^{s+1}$ mit (2.16), (2.17) und $\sum_{k=0}^{s} \hat{b}_k \, v_k(x_i) > 0$

für $i = 1, \ldots, m$. Ist das möglich, so ist nach Satz 2.4 λ eindeutig bestimmt.

Schließlich berechne man die eindeutige Lösung $\hat{a}$ von (2.22). Erfüllen dann $\hat{a}$, $\hat{b}$ und λ die Bedingung (2.21), so sind für $c = G \, Y \hat{b}$ und λ die Bedingungen (2.1), (2.2), (2.3) erfüllt mit

$$\lambda = \left\| f - \frac{\hat{u}}{\hat{v}} \right\|, \qquad \hat{u} = \sum_{j=0}^{r} \hat{a}_j \, u_j, \qquad \hat{v} = \sum_{k=0}^{s} \hat{b}_k \, v_k.$$

Aus Satz 2.1 folgt damit $\lambda = \varrho \, (f, W)$ und $\hat{u}/\hat{v}$ ist Minimallösung. Dieser Weg wurde zum ersten Mal von H. Werner [63] beschritten (vgl. auch Krabs [67 c] und [68]).

VII. Anhang

1. Metrische und normierte Räume

In den Kapiteln I bis VI werden mehrfach metrische und normierte Räume betrachtet, ohne daß auf deren Definition und deren Eigenschaften näher eingegangen wird.

In diesem Abschnitt sollen die dabei benutzten Resultate teils zusammengestellt und teils auch bewiesen werden.

Definition 1.1. *Eine nichtleere Menge X heißt* metrischer Raum, *wenn es eine Abbildung $\varrho : X \times X \to \mathbb{R}^+$ (= Menge der nichtnegativen reellen Zahlen) gibt mit den Eigenschaften*

a) $\qquad \varrho \, (x, y) = 0 \iff x = y \qquad\qquad$ *(Definitheit)*,

b) $\qquad \varrho \, (x, y) = \varrho \, (y, x) \qquad\qquad$ *(Symmetrie)*,

c) $\qquad \varrho \, (x, z) \leq \varrho \, (x, y) + \varrho \, (y, z) \qquad\qquad$ *(Dreiecksungleichung)*.

Die Funktion ϱ bezeichnet man als **Metrik des Raumes** und die Zahl $\varrho\,(x, y)$ als den **Abstand** der Punkte $x, y \in X$.

Die Eigenschaften a), b) und c) geben offenbar die fundamentalen Eigenschaften des euklidischen Abstandes im gewöhnlichen dreidimensionalen Raum wieder.

Einen wichtigen Spezialfall eines metrischen Raumes erhält man durch die folgende

Definition 1.2. *Ein (linearer) Vektorraum E über den reellen oder komplexen Zahlen heißt* normierter Vektorraum, *wenn jedem $x \in E$ eindeutig eine nichtnegative reelle Zahl $\|x\|$, die sog.* Norm von x, *zugeordnet ist mit den folgenden Eigenschaften*

$$\|x\| = 0 \quad \Rightarrow \quad x = \Theta \qquad\qquad (Definitheit),$$

($\Theta = Nullelement$ von X),

$$\|\lambda\,x\| = |\lambda|\,\|x\|, \quad \lambda \in K, \quad x \in E \qquad (Homogenität),$$

($K = Körper der reellen oder komplexen Zahlen),

$$\|x + y\| \leq \|x\| + \|y\| \qquad\qquad (Dreiecksungleichung).$$

Ist X eine nichtleere Teilmenge eines normierten Vektorraumes E, so wird X zu einem metrischen Raum, wenn man die Abbildung $\varrho : X \times X \to \mathbb{R}^+$ definiert durch $\varrho\,(x, y) = \|x - y\|$.

Beispiele für normierte Vektorräume. $E = m$-dimensionaler reeller oder komplexer Vektorraum, bestehend aus allen m-Tupeln $x = (x_1, \ldots, x_m)$ reeller oder komplexer Zahlen x_i:

$$\|x\| = \max_{i=1,\ldots,m} |x_i| \qquad\qquad (\text{Maximum-Norm}),$$

$$\|x\| = \left(\sum_{i=1}^{m} |x_i|^p \right)^{1/p}, \quad 1 \leq p < \infty, \quad (L_p\text{-Norm}).$$

Speziell für $m = 1$ ist E der Körper der reellen oder komplexen Zahlen, und alle diese Normen gehen über in $\|x\| = |x|$, d.h. in den gewöhnlichen Betrag. Im folgenden sollen $\mathbb{R} = $ Körper der reellen Zahlen oder $\mathbb{C} = $ Körper der komplexen Zahlen stets in diesem Sinne normierte (und damit metrische) Räume sein.

Sei X wieder ein beliebiger metrischer Raum. Vorgegeben sei eine Folge $\{x_n\}_{n=1,2,\ldots}$ von Elementen $x_n \in X$. Wir sagen:

Die Folge $\{x_n\}_{n=1,2,\ldots}$ konvergiert gegen $x \in X$, in Zeichen:

$$\lim_{n \to \infty} x_n = x \quad oder \quad x_n \to x,$$

wenn gilt

$$\lim_{n \to \infty} \varrho\,(x_n, x) = 0.$$

x heißt der Limes der (konvergenten) Folge $\{x_n\}_{n=1,2,\ldots}.$

Eine konvergente Folge hat genau einen Limes. Gilt nämlich

$$\lim_{n\to\infty} x_n = x \quad \text{und} \quad \lim_{n\to\infty} x_n = \bar{x},$$

so folgt aus der Dreiecksungleichung und Symmetrie

$$\varrho\,(x, \bar{x}) \leq \varrho\,(x_n, x) + \varrho\,(x_n, \bar{x})$$

für alle n, was $\varrho\,(x, \bar{x}) = 0$ impliziert, woraus wegen der Definitheit $x = \bar{x}$ folgt. Konvergiert $\{x_n\}_{n=1,2,\ldots}$ gegen x, so konvergiert jede Teilfolge $\{x_{n_k}\}_{k=1,2,\ldots}$ ebenfalls gegen x.

Definition 1.3. *Eine Teilmenge K eines metrischen Raumes X heißt* kompakt, *wenn es zu jeder Folge $\{x_n\}$ aus K eine gegen ein $x \in K$ konvergierende Teilfolge $\{x_{n_k}\}$ gibt. Ist der Raum X selber kompakt, so heißt er ein* kompakter metrischer Raum.

Definition 1.4. *Eine Teilmenge A eines metrischen Raumes X heißt* abgeschlossen, *wenn die folgende Implikation gilt:*

$$x_n \in A, \quad x_n \to x \quad \Rightarrow \quad x \in A,$$

d.h., wenn jede konvergente Folge aus A einen Limes hat, der zu A gehört.

Offenbar sind die leere Menge und X selber abgeschlossen. Weiterhin sind endliche Vereinigungen und beliebige Durchschnitte abgeschlossener Teilmengen von X abgeschlossen.

Jede kompakte Teilmenge von X ist abgeschlossen.

Umgekehrt gilt der

Satz 1.1. *Ist X ein kompakter metrischer Raum und A eine abgeschlossene Teilmenge von X, so ist A kompakt.*

Beweis. Sei $\{x_n\}$ eine Folge in A. Dann gibt es eine Teilfolge $\{x_{n_k}\}$ und ein $x \in X$ mit $x_{n_k} \to x$. Da A abgeschlossen ist, folgt $x \in A$. ∎

Definition 1.5: *Eine Teilmenge eines metrischen Raumes X heißt* offen, *wenn sie das Komplement einer abgeschlossenen Teilmenge von X ist.*

Insbesondere sind also die leere Menge und X selber offen. Weiterhin sind endliche Durchschnitte und beliebige Vereinigungen offener Mengen offen. Weiterhin gilt der

Satz 1.2. *Ist K eine kompakte Teilmenge eines metrischen Raumes X und $\{U_i\}_{i \in I}$ eine Familie offener Teilmengen von X mit $K \subseteq \bigcup_{i \in I} U_i$, so gibt es bereits eine endliche Teilfamilie $\{U_i\}_{i \in I_0}$ (I_0 endlich $\subseteq I$) mit $K \subseteq \bigcup_{i \in I_0} U_i$.*

Beweis (nach Cheney [66]). Zunächst beweisen wir, daß es ein $\varepsilon > 0$ gibt derart, daß jede Kugel

$$K(x, \varepsilon) = \{y \in X \mid \varrho(x, y) < \varepsilon\}, \qquad x \in K,$$

in einem U_i liegt.

Gibt es kein solches $\varepsilon > 0$, so kann man eine Folge von Kugeln $K(x_n, 1/n)$ finden mit $x_n \in K$ für alle n derart, daß jede solche Kugel in keinem U_i liegt. Da K kompakt ist, gibt es eine Teilfolge $\{x_{n_k}\}$ von $\{x_n\}$ mit $x_{n_k} \to x^* \in K$, und es gilt somit $x^* \in U_j$ für ein $j \in I$. Da U_j offen ist, gibt es ein $\delta > 0$ mit $K(x^*, \delta) \subseteq U_j$. Wählt man $k \geq 2/\delta$ so groß, daß $\varrho(x_{n_k}, x^*) < \delta/2$ ist, dann folgt $K(x_{n_k}, 1/k) \subseteq K(x_{n_k}, \delta/2) \subseteq K(x^*, \delta) \subseteq U_j$, ein Widerspruch.

Damit ist die Existenz von $\varepsilon > 0$ gezeigt derart, daß jede Kugel $K(x, \varepsilon)$, $x \in K$, in einem U_j liegt.

Als nächstes zeigen wir, daß K durch endlich viele solche $K(x, \varepsilon)$ überdeckt werden kann. Ist das nicht der Fall, so wählen wir $x_1 \in K$ beliebig und $x_2 \in K$ mit $x_2 \notin K(x_1, \varepsilon)$ sowie $x_3 \in K$ mit $x_3 \notin K(x_1, \varepsilon) \cup K(x_2, \varepsilon)$ usw. Die Folge $\{x_n\}$ enthält dann keine konvergente Teilfolge wegen $\varrho(x_i, x_j) \geq \varepsilon$ für $i \neq j$ im Widerspruch zur Kompaktheit von K.

Mithin gilt $K \subseteq \bigcup\limits_{i=1}^{n} K(x_i, \varepsilon)$ für passende Punkte $x_1, \ldots, x_n \in K$, und wegen $K(x_i, \varepsilon) \subseteq U_{j_i}, j_i \in I$, folgt $K \subseteq \bigcup\limits_{i=1}^{n} U_{j_i}$. ∎

Definition 1.6. *Seien X und Y zwei metrische Räume. Eine Abbildung $f : X \to Y$ heißt* stetig *in $x \in X$, wenn die folgende Implikation gilt*

$$x_n \in X, \quad x_n \to x \quad \Rightarrow \quad f(x_n) \to f(x).$$

f heißt stetig, *wenn f in allen $x \in X$ stetig ist.*

Satz 1.3. *Sei $f : X \to Y$ eine stetige Abbildung. Dann ist das Urbild einer abgeschlossenen (offenen) Menge abgeschlossen (offen).*

Beweis. Sei $B \subseteq Y$ abgeschlossen. Ist

$$A = f^{-1}(B) = \{x \in X \mid f(x) \in B\}$$

leer, so ist nichts zu zeigen. Sei daher $\{x_n\}$ eine Folge in A mit $x_n \to x$. Dann impliziert die Stetigkeit $f(x_n) \to f(x) \in B$, da B abgeschlossen ist. Mithin ist $x \in A$. Der Beweis für offene Mengen erfolgt durch Komplementbildung. ∎

Bemerkung: Es gilt auch die Umkehrung dieses Satzes.

Ist z. B. X ein metrischer Raum und $f : X \to \mathbb{R}$ eine stetige Abbildung, so sind nach Satz 1.3 für $\alpha \in \mathbb{R}$ die Mengen $\{x \in X \mid f(x) = \alpha\}$ und $\{x \in X \mid f(x) \leq \alpha\}$ abgeschlossen und die Menge $\{x \in X \mid f(x) > \alpha\}$ offen.

Satz 1.4. *Sei $f : X \to Y$ stetig und $K \subseteq X$ kompakt. Dann ist auch das Bild $f(K)$ kompakt.*

Beweis. Sei $\{y_n\}$ eine Folge in $f(K)$. Dann gilt $y_n = f(x_n)$, $x_n \in K$. Da K kompakt ist, gibt es eine Teilfolge $\{x_{n_k}\}$ mit $x_{n_k} \to x \in K$, was $y_{n_k} = f(x_{n_k}) \to f(x) \in f(K)$ impliziert. ∎

Nun sei X ein metrischer Raum und A eine beliebige nichtleere Teilmenge von X. Jedem $x \in X$ ordnen wir den Abstand

$$\varrho\,(x, A) = \inf_{y \in A} \varrho\,(x, y)$$

von A zu ($\varrho = $ Metrik von X).

Bemerkung. Ist A eine abgeschlossene Teilmenge von X, so gilt

$$\varrho\,(x, A) = 0 \quad \Leftrightarrow \quad x \in A.$$

Die Implikation „$\Leftarrow$" ist klar. Umgekehrt sei $\varrho\,(x, A) = 0$. Dann gibt es eine Folge $\{x_n\}$ aus A mit

$$\lim_{n \to \infty} \varrho\,(x, x_n) = 0, \quad \text{d.h.} \quad x_n \to x.$$

Da A abgeschlossen ist, folgt $x \in A$.

Satz 1.5. *Die Abbildung* $x \to \varrho(x, A)$ *von X in $\mathbb{R}$ ist stetig.*

Beweis: Seien eine Folge $\{x_n\}$ und ein x aus X vorgegeben mit $x_n \to x$. Zu zeigen ist $\varrho\,(x_n, A) \to \varrho\,(x, A)$.

Für jedes n und ein beliebiges $y \in A$ folgt auf Grund der Dreiecksungleichung und der Symmetrie

$$\varrho\,(x_n, y) + \varrho\,(x_n, x) \geq \varrho\,(x, y) \geq \varrho\,(x, A),$$

mithin $\varrho\,(x_n, A) + \varrho\,(x_n, x) \geq \varrho\,(x, A),$

sowie $\varrho\,(x, y) + \varrho\,(x_n, x) \geq \varrho\,(x_n, y) \geq \varrho\,(x_n, A),$

mithin $\varrho\,(x, A) + \varrho\,(x_n, x) \geq \varrho\,(x_n, A),$

insgesamt also

$$|\varrho\,(x_n, A) - \varrho\,(x, A)| \leq \varrho\,(x_n, x),$$

woraus die Behauptung folgt. ∎

Spezialfälle. $A = \{y\}$ für ein festes $y \in X$; dann ist die Abbildung $f(x) = \varrho\,(x, y)$, $x \in X$, von X in $\mathbb{R}$ stetig.

Insbesondere ist $f(x) = |x|$, $x \in \mathbb{R}$, stetig.

Sind X, Y und Z metrische Räume und $f : X \to Y$, $g : Y \to Z$ stetige Abbildungen, so ist die Produktabbildung $g \circ f : X \to Z$ ebenfalls stetig, was sich unmittelbar aus der Definition ergibt.

Ist speziell B ein metrischer Raum und $f : B \to \mathbb{R}$ oder $\mathbb{C}$ eine stetige Abbildung, so ist die Abbildung $g(x) = |f(x)|$ von B in $\mathbb{R}$ ebenfalls stetig.

Satz 1.6. *Sei X ein metrischer Raum, A eine nichtleere abgeschlossene und B eine abgeschlossene zu A punktfremde Teilmenge von X. Dann gibt es eine stetige Abbildung $f: X \to [0, 1]$ mit $f(x) = 0$ für alle $x \in B$, sofern B nichtleer ist, $f(x) = 1$ für alle $x \in A$ und $f(x) < 1$ für alle $x \notin A$.*

Beweis. Ist B nichtleer, so definieren wir

$$f(x) = \frac{\varrho\,(x, B)}{\varrho\,(x, A) + \varrho\,(x, B)}\,.$$

Ist B leer, so definieren wir

$$f(x) = \frac{1}{\varrho\,(x, A) + 1}\,.$$

In beiden Fällen hat f auf Grund der Bemerkung vor Satz 1.5 alle gewünschten Eigenschaften (die Stetigkeit folgt aus Satz 1.5). ∎

Satz 1.7. *Sei X ein metrischer Raum, K eine nichtleere kompakte Teilmenge von X und $f: K \to \mathbb{R}$ eine stetige Abbildung. Dann gibt es ein $\hat{x} \in K$ und ein $x^* \in K$ mit*

$$f(\hat{x}) = \inf_{x \in K} f(x) \quad und \quad f(x^*) = \sup_{x \in K} f(x).$$

Beweis. Sei $m = \inf\limits_{x \in K} f(x)$. m ist nach Satz 1.4 und dem Beweis von Satz 1.10 endlich. Dann gibt es eine Folge $\{x_n\}$ aus K mit $\lim\limits_{n \to \infty} f(x_n) = m$. Da K kompakt ist, gibt es eine Teilfolge $\{x_{n_k}\}$ und ein $\hat{x} \in K$ mit $\lim\limits_{k \to \infty} x_{n_k} = \hat{x}$. Die Stetigkeit von f impliziert $f(\hat{x}) = m$. Der zweite Teil der Behauptung folgt aus

$$\sup_{x \in K} f(x) = -\inf_{x \in K} (-f(x)). \quad ∎$$

Ist speziell B ein kompakter metrischer Raum und f eine stetige, reell- oder komplexwertige Funktion auf B, so ist $g(x) = |f(x)|$, $x \in B$, ebenfalls stetig, und es gibt ein $\hat{x} \in B$ mit

$$|f(\hat{x})| = \max_{x \in B} |f(x)|.$$

Satz 1.8. *Sei X ein metrischer Raum und K eine nichtleere kompakte Teilmenge von X. Zu jedem $x \in X$ gibt es dann ein $y \in K$ mit*

$$\varrho\,(x, y) = \varrho\,(x, K) = \inf_{k \in K} \varrho\,(x, k).$$

Beweis. Nach den obigen Betrachtungen ist $f(k) = \varrho\,(x, k)$ eine stetige Abbildung von K in $\mathbb{R}$. Die Behauptung folgt daher unmittelbar aus Satz 1.7. ∎

Sei E ein normierter Vektorraum über $\mathbb{R}$ oder $\mathbb{C}$.

Definition 1.7: *Eine Teilmenge B von E heißt* beschränkt, *wenn es eine Zahl $\beta > 0$ gibt mit*

$$\|b\| \leq \beta \quad \text{für alle } b \in B.$$

Satz 1.9. *Sei $E = \mathbb{R}^n$ oder $\mathbb{C}^n$, versehen mit der Maximum-Norm. Dann ist jede abgeschlossene und beschränkte Teilmenge von E kompakt.*

Zum Beweis verweisen wir auf Cheney [66], S. 10. ∎

Satz 1.10. *Sei E ein n-dimensionaler normierter Vektorraum über $\mathbb{R}$ oder $\mathbb{C}$, d.h. es existiere in E ein System linear unabhängiger Elemente $g_1, \ldots, g_n \in E$, eine sog. Basis von E, derart, daß jedes Element $f \in E$ eindeutig darstellbar ist als*

$$f = f(x) = \sum_{i=1}^{n} x_i\, g_i, \quad x_i \in \mathbb{R}.$$

Behauptung. *Eine Teilmenge von E ist genau dann kompakt, wenn sie abgeschlossen und beschränkt ist.*

Beweis. Sei B eine nichtleere Teilmenge von E (für die leere Menge ist nichts zu zeigen).

a) Ist B kompakt, so ist B auch abgeschlossen, wie bereits oben bemerkt wurde. Angenommen, B wäre nicht beschränkt. Dann gäbe es eine Folge $\{b^k\}$ in B mit $\lim_{k \to \infty} \|b^k\| = \infty$. Diese kann aber keine gegen ein Element in B konvergente Teilfolge $\{b^{k_j}\}$ enthalten, da für jede solche ebenfalls $\lim_{j \to \infty} \|b^{k_j}\| = \infty$ sein muß.

b) Sei B abgeschlossen und beschränkt. Die Abbildung $x = (x_1, \ldots, x_n) \to f(x)$ von $\mathbb{R}^n$ (oder $\mathbb{C}^n$), versehen mit der Maximum-Norm, in E ist stetig wegen

$$\left\| \sum_{i=1}^{n} x_i\, g_i - \sum_{i=1}^{n} y_i\, g_i \right\| \leq \sum_{i=1}^{n} |x_i - y_i|\, \|g_i\| \leq \left(\sum_{i=1}^{n} \|g_i\| \right) \max_i |x_i - y_i|.$$

Wir setzen

$$M = \{ x \in \mathbb{R}^n \quad (\text{oder} \in \mathbb{C}^n) \mid f(x) \in B \}.$$

Nach Satz 1.4 genügt es wegen $f(M) = B$ zu zeigen, daß M kompakt ist, und nach Satz 1.9, daß M abgeschlossen und beschränkt ist. Nun sei $\{x_k\}$ eine Folge aus M mit $x_k \to x$ (im Sinne der Maximum-Norm). Dann gilt wegen der Stetigkeit von $x \to f = f(x)$ und der Abgeschlossenheit von B

$$f(x_k) \to f(x) \in B, \quad \text{d.h. } x \in M.$$

Nach Satz 1.9 ist die Menge $S = \{ x \mid \max_{i=1,\ldots,n} |x_i| = 1 \}$ kompakt, und nach Satz 1.7 gibt es ein $\hat{x} \in S$ mit

$$\|f(\hat{x})\| = \alpha = \inf_{x \in S} \|f(x)\|.$$

Da $\{g_1, \ldots, g_n\}$ eine Basis von E ist, ist $\alpha > 0$.

Für jedes $x \neq \Theta_n$ (= Nullvektor von $\mathbb{R}^n$ oder $\mathbb{C}^n$) folgt daher

$$\|f(x)\| = \left\| f\left(\frac{x}{\|x\|} \right) \right\| \cdot \|x\| \geq \alpha \|x\|,$$

wobei $\|x\|$ die Maximum-Norm von x ist.

Die letzte Ungleichung gilt auch für $x = \Theta_n$.

Da für jedes $f(x) \in B$ folgt $\|f(x)\| \leq \beta$ für ein $\beta > 0$, gilt für jedes $x \in M : \|x\| \leq \beta/\alpha$, d.h. M ist auch beschränkt. ∎

Satz 1.11. *Jeder endlichdimensionale lineare Unterraum eines normierten Vektorraumes ist abgeschlossen.*

Beweis. Sei E ein normierter Vektorraum und V ein endlichdimensionaler Teilraum. Sei $\{v_n\}$ eine Folge in V mit $v_n \to \hat{v}$. Für alle genügend großen n gilt dann $\|v_n - \hat{v}\| \leq 1$, was $\|v_n\| \leq \|\hat{v}\| + 1$ impliziert. Für alle genügend großen n folgt daher $v_n \in S = \{v \in V \mid \|v\| \leq \|\hat{v}\| + 1\}$. S ist beschränkt und abgeschlossen in V und somit nach Satz 1.10 kompakt. Daher gibt es eine Teilfolge $\{v_{n_k}\}$ mit $v_{n_k} \to \hat{v} \in S \Rightarrow \hat{v} \in V$. ∎

Abschließend wollen wir uns noch mit **cartesischen Produkten** metrischer Räume befassen. Seien $X_1, \ldots, X_r$ vorgegebene metrische Räume mit den Metriken $\varrho_1, \ldots, \varrho_r$. Ist X das sog. cartesische Produkt $X_1 \times X_2 \times \ldots \times X_r$, bestehend aus allen geordneten r-Tupeln $x = (x_1, \ldots, x_r)$ von Elementen $x_i \in X_i$, $i = 1, \ldots, r$, so wird X zu einem metrischen Raum, wenn durch

$$\varrho(x, y) = \max_{i=1,\ldots,r} \varrho_i(x_i, y_i),$$

$x = (x_1, \ldots, x_r)$, $y = (y_1, \ldots, y_r)$ eine Metrik definiert wird.

Satz 1.12. *Seien wie oben $X_1, \ldots, X_r$ metrische Räume und $A_1, \ldots, A_r$ nichtleere kompakte Teilmengen von $X_1, \ldots, X_r$. Ist $X = X_1 \times \ldots \times X_r$ versehen mit der obigen Metrik und $A = A_1 \times \ldots \times A_r$, so ist A ebenfalls kompakt in X.*

Beweis: Wir führen den Beweis nur für $r = 2$, da der allgemeine Beweis völlig analog verläuft.

Sei $\{x^k\}$ eine Folge in A. Dann hat jedes x^k die Gestalt $x^k = (x_1^k, x_2^k)$ mit $x_i^k \in A_i$, $i = 1, 2$. Da A_1 kompakt ist, gibt es eine Teilfolge $\{x_1^{k_j}\}$ und ein $x_1 \in A_1$ mit $\lim_{j \to \infty} \varrho_1(x_1^{k_j}, x_1) = 0$. Da A_2 kompakt ist, gibt es zu der zugehörigen Teilfolge $\{x_2^{k_j}\}$ wiederum eine Teilfolge $\{x_2^{k_{j_m}}\}$ und ein Element $x_2 \in A_2$ mit $\lim_{m \to \infty} \varrho_2(x_2^{k_{j_m}}, x_2) = 0$, und sicher ist dann auch $\lim_{m \to \infty} \varrho_1(x_1^{k_{j_m}}, x_1) = 0$. Setzt man $x = (x_1, x_2)$, so ist $x \in A$, und aus der Definition von ϱ folgt

$$\lim_{l \to \infty} \varrho(x^{k_{j_m}}, x) = 0. \quad ∎$$

2. Einige Eigenschaften konvexer Mengen in linearen Vektorräumen

In den Kapiteln II bis VI werden an verschiedenen Stellen Eigenschaften konvexer Mengen benutzt, die hier zusammengestellt und bewiesen werden sollen. Die Darstellung lehnt sich eng an Cheney [66] an.

Sei E ein linearer Vektorraum über den reellen Zahlen.

Definition 2.1. *Eine Teilmenge C von E heißt* konvex, *wenn gilt*

$$f, g \in C, \quad 0 \le \lambda \le 1 \quad \Rightarrow \quad \lambda f + (1 - \lambda) g \in C.$$

Anschaulich bedeutet das, daß mit je zwei Punkten auch die ganze Verbindungsstrecke zu C gehört.

Durch vollständige Induktion beweist man, daß $C \subseteq E$ genau dann konvex ist, wenn gilt

$$f_i \in C, \quad \lambda_i \ge 0, \quad i = 1, \ldots, r, \quad \sum_{i=1}^{r} \lambda_i = 1 \quad \Rightarrow \quad \sum_{i=1}^{r} \lambda_i f_i \in C.$$

Sei A eine beliebige Teilmenge von E.

Definition 2.2. *Die kleinste konvexe Obermenge von A heißt die* konvexe Hülle *von A und wird mit $K(A)$ bezeichnet.*

Man überlegt sich leicht, daß $K(A)$ aus allen $g \in E$ besteht, die sich darstellen lassen in der Form

$$g = \sum_{i=1}^{r} \lambda_i f_i, \quad f_i \in A, \quad \lambda_i \ge 0, \quad \sum_{i=1}^{r} \lambda_i = 1. \tag{2.1}$$

Darüberhinaus gilt der

Satz von Carathéodory. *E sei ein n-dimensionaler linearer Vektorraum über den reellen Zahlen und A eine beliebige Teilmenge von E. Dann ist jedes $g \in K(A)$ darstellbar in der Form (2.1), wobei $r \le n + 1$ ist.*

Beweis. Wir brauchen nur folgendes zu zeigen: Ist $g \in K(A)$ eine Konvexkombination der Gestalt (2.1) mit $r > n + 1$, so ist g bereits darstellbar in der Form (2.1) mit $r - 1$ anstelle von r. Nach endlich vielen Schritten liefert dieser Prozeß dann eine Darstellung (2.1) von g mit $r \le n + 1$. Ist in (2.1) ein $\lambda_i = 0$, so ist nichts zu zeigen. Seien daher alle $\lambda_i > 0$. Da E n-dimensional ist, sind die Elemente $f_1 - f_r, \ldots, f_{r-1} - f_r$ wegen $r - 1 > n$ linear abhängig, d.h es gibt Zahlen $\alpha_1, \ldots, \alpha_{r-1}$ mit $\alpha_i > 0$ für mindestens ein i und

$$\sum_{i=1}^{r-1} \alpha_i (f_i - f_r) = \Theta_E \quad (\Theta_E = \text{Nullelement von } E).$$

Setzt man

$$\alpha_r = - \sum_{i=1}^{r-1} \alpha_i,$$

so folgt

$$\sum_{i=1}^{r} \alpha_i = 0 \quad \text{und} \quad \sum_{i=1}^{r} \alpha_i f_i = \Theta_E. \tag{2.2}$$

Definiert man

$$\mu_i = \lambda_i - \tau \alpha_i \quad \text{für } i = 1, \ldots, r$$

und wählt $\tau \in \mathbb{R}$ so, daß gilt

$$\frac{1}{\tau} = \max_i \frac{\alpha_i}{\lambda_i} = \frac{\alpha_k}{\lambda_k} \; (\Rightarrow \alpha_k > 0),$$

dann folgt

$$\mu_i \geq 0 \qquad \text{für alle } i \text{ und } \mu_k = 0.$$

Weiterhin ist wegen (2.2)

$$\sum_{i \neq k} \mu_i = \sum_{i=1}^{r} \mu_i = \sum_{i=1}^{r} \lambda_i - \tau \sum_{i=1}^{r} \alpha_i = 1$$

und $\qquad g = \sum_{i=1}^{r} \lambda_i f_i = \sum_{i=1}^{r} \mu_i f_i + \tau \sum_{i=1}^{r} \alpha_i f_i = \sum_{\substack{i=1 \\ i \neq k}}^{r} \mu_i f_i.$ ∎

Eine einfache Folge des Satzes von Carathéodory ist der

Satz 2.1. *Sei E ein n-dimensionaler Vektorraum über den reellen Zahlen und A eine kompakte Teilmenge von E. Dann ist die konvexe Hülle K(A) von A ebenfalls kompakt.*

Beweis. Wir setzen

$$S = \left\{ \lambda = (\lambda_1, \ldots, \lambda_{n+1}) \mid \lambda_i \geq 0, \; \sum_{i=1}^{n+1} \lambda_i = 1 \right\}.$$

Versehen wir $\mathbb{R}^{n+1}$ mit der Maximum-Norm, so ist S abgeschlossen und beschränkt in $\mathbb{R}^{n+1}$, mithin nach Satz 1.9 kompakt. Sei o.B.d.A. A eine nichtleere kompakte Teilmenge von E (sonst wäre $K(A)$ leer und kompakt). Dann ist nach Satz 1.12 das cartesische Produkt $S \times A^{n+1} = S \times \underbrace{A \times \ldots \times A}$ in $\mathbb{R}^{n+1} \times E^{n+1}$

$$(n+1)\text{-mal}$$

(versehen mit der Metrik ϱ am Ende von VII.1) kompakt. Definiert man nun eine Abbildung $\varphi : \mathbb{R}^{n+1} \times E^{n+1} \to E$ durch

$$\varphi(\lambda_1, \ldots, \lambda_{n+1}, f_1, \ldots, f_{n+1}) = \sum_{i=1}^{n+1} \lambda_i f_i,$$

$\lambda_i \in \mathbb{R}, f_i \in E, i = 1, \ldots, n + 1$, so ist offenbar nach dem Satz von Carathéodory $K(A)$ gleich dem Bild von $S \times A^{n+1}$ unter der Abbildung φ und nach Satz 1.4 kompakt, da φ stetig ist. ∎

Für das Folgende nehmen wir an, es sei $E = \mathbb{R}^n$, und bezeichnen das Skalarprodukt in $\mathbb{R}^n$ mit $(\ldots)$.

Satz 2.2. *Sei Q eine kompakte Teilmenge von E. Dann sind die beiden folgenden Aussagen äquivalent:*

a) $\qquad \Theta_n \in K(Q), \qquad \Theta_n = $ *Nullpunkt von $E\,(= \mathbb{R}^n)$.*

b) $\qquad$ *Für jedes $y \in E$ gilt $\min_{q \in Q} (y, q) \leq 0$.*

Bemerkung. Da die Abbildung $q \to (y, q)$ von Q in $\mathbb{R}$ (für festes $y \in E$) stetig ist und Q kompakt, wird nach Satz 1.7 das Minimum angenommen.

Beweis. 1. a) $\Rightarrow$ b). Sei $\Theta_n \in K(Q)$. Dann gilt

$$\Theta_n = \sum_{i=1}^{m} \lambda_i q_i, \quad \lambda_i \geq 0, \quad q_i \in Q, \quad \sum_{i=1}^{m} \lambda_i = 1,$$

was für jedes $y \in E$

$$0 = (y, \Theta_n) = \sum_{i=1}^{m} \lambda_i (y, q_i)$$

impliziert. Das ist aber nur möglich, wenn gilt

$$\min_{i=1,\ldots,m} \{(y, q_i)\} \leq 0,$$

woraus b) folgt.

2. b) $\Rightarrow$ a). Wir machen die Annahme $\Theta_n \notin K(Q)$. Da $K(Q)$ nach Satz 2.1 kompakt ist, gibt es nach Satz 1.8 ein $\hat{y} \in K(Q)$ mit

$$0 < \|\hat{y}\|_2 \leq \|y\|_2 \quad \text{für alle} \quad y \in K(Q),$$

wobei $\quad \|y\|_2 = \sqrt{(y, y)}.$

Nun sei $q \in Q$ beliebig. Dann folgt $\lambda q + (1 - \lambda) \hat{y} \in K(Q)$ für alle $\lambda \in [0, 1]$. Damit ist

$$0 \leq \|\lambda q + (1 - \lambda) \hat{y}\|_2^2 - \|\hat{y}\|_2^2 = 2\lambda (\hat{y}, q - \hat{y}) + \lambda^2 \|q - \hat{y}\|_2^2.$$

Für genügend kleines $\lambda > 0$ folgt daraus

$$(\hat{y}, q - \hat{y}) \geq 0, \quad \text{d h.} \quad (\hat{y}, q) \geq (\hat{y}, \hat{y}) > 0.$$

Für alle $q \in Q$ ist daher $(\hat{y}, q) > 0$, was auf Grund der obigen Bemerkung

$$\min_{q \in Q} (\hat{y}, q) > 0$$

impliziert. Daher kann unter der Annahme $\Theta_n \notin K(Q)$ die Aussage b) nicht wahr sein, woraus die Implikation b) $\Rightarrow$ a) durch Kontraposition folgt. ∎

3. Vergleich zwischen L_2- und T-Approximation

Bei gegebener Funktion $f(x)$ und gegebener Funktionenklasse $W = \{w(x, a)\}$ seien, soweit sie existieren, w_l die beste L_2-Approximation und w_t die beste Tschebyscheff-Approximation. Die zugehörigen Fehlerfunktionen seien

$$\varepsilon_l = w_l - f, \quad \varepsilon_t = w_t - f \tag{3.1}$$

Nun werden die Maximum-Normen der Fehler betrachtet, und dann ist natürlich $\|\varepsilon_l\| \geq \|\varepsilon_t\|$. Es interessiert, ob es bei gegebenem Bereich B und gegebener Klasse W eine Konstante K, die „Überschätzungskonstante", gibt mit

$$\|\varepsilon_l\| \leq K \|\varepsilon_t\| \tag{3.2}$$

und wie groß etwa K sein kann, wenn f den Bereich aller in B stetigen Funktionen durchläuft. Powell [67] bewies für den Fall, daß B ein endliches reelles Intervall und W die Klasse der Polynome bis zum Grade $\leq m$ ist, daß es dann Konstanten $K = K_m$ gibt, welche für $m \to \infty$ ebenfalls, aber sehr schwach, über alle Grenzen wachsen. Es ist z.B. $K_1 = 2{,}4$ und $K_{10} = 3$. Das bedeutet also: Will man $f(x)$ durch ein Polynom höchstens 10. Grades im Tschebyscheffschen Sinne approximieren, so kann man als Näherung die durch Lösung eines linearen Gleichungssystems erhältliche L_2-Approximation verwenden, und der Maximalfehler wird höchstens etwa dreimal so groß als wenn man direkt auf etwas mühsamere Weise die Tschebyscheff-Approximation berechnet.

Nun soll gezeigt werden, daß bei zwei unabhängigen Veränderlichen die Verhältnisse ganz anders liegen, daß man dann mit der L_2-Approximation im Vergleich zur T-Approximation einen beliebig großen prozentualen Fehler erhalten kann und daß schon in ganz einfachen Fällen, und zwar bei Polynomen 1. Grades, keine feste obere Schranke für die Überschätzungskonstante K angegeben werden kann: Der L_2-Operator ist in diesem Sinne ein unbeschränkter Operator. Es sei a eine kleine feste Zahl mit $0 < a < 1$. Es sei B in der x-y-Ebene die Vereinigung der beiden Rechtecke

$$\{(x,y) \mid |x| \leq 1, |y| \leq 1\},$$
$$\{(x,y) \mid |x| \leq a, |y| \leq a^{-3}\} \tag{3.3}$$

vergl. Abb. VII.3.1.

Es sei W die Funktionenklasse

$$W = \{a_1 + a_2 x + a_3 y\}, \tag{3.4}$$

und es sei die Funktion

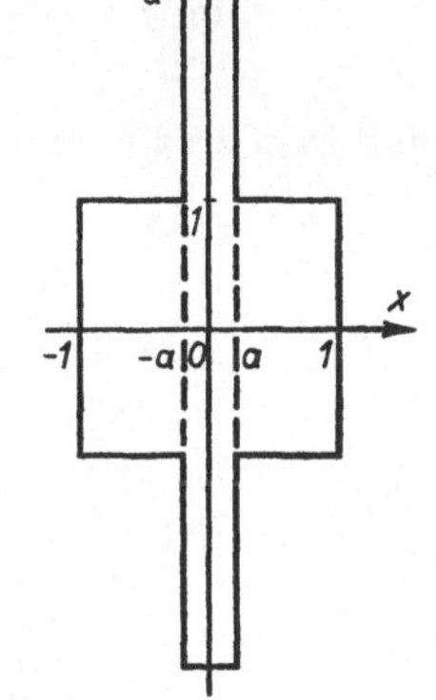

Abb. VII.3.1 Das Gebiet (3.3)

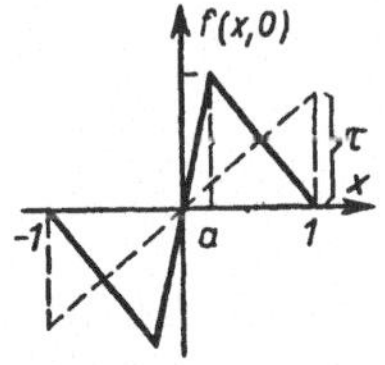

Abb. VII.3.2
Skizze der zu approximierenden Funktion

$$f(x, y) = \begin{cases} \dfrac{1}{a}x & \text{für} \quad 0 \leq x \leq a, \quad |y| \leq a^{-3}, \\[2mm] \dfrac{1-x}{1-a} & \text{für} \quad a \leq x \leq 1, \quad |y| \leq 1, \\[2mm] -f(-x,y) & \text{für alle anderen} \quad (x,y) \in B \end{cases} \tag{3.5}$$

durch Funktionen aus W zu approximieren, vgl. Abb. VII.3.2. Die beste Tschebyscheff-Approximation bekommt man unmittelbar unter Ausnutzung der Alternanteneigenschaft zu

$$w_t(x, y) = \tau x \quad \text{mit} \quad \tau = \frac{1}{1 + a}. \tag{3.6}$$

Die beste L_2-Approximation wird angesetzt in der Form

$$w_l(x, y) = \sigma x$$

Dabei ist σ zu berechnen aus der Forderung

$$J = a^{-3} \int_0^a \left(\sigma - \frac{1}{a} \right)^2 x^2 \, \mathrm{d}x + \int_a^1 \left(\sigma x - \frac{1-x}{1-a} \right)^2 \mathrm{d}x \overset{!}{=} \text{Min} \tag{3.7}$$

$$\text{oder} \quad 0 = \frac{a}{2} \frac{\partial J}{\partial \sigma} = \frac{1}{3}(a\sigma - 1) + a\sigma \frac{1-a^3}{3} - \int_a^1 \frac{a(1-x)}{1-a} \, x \, \mathrm{d}x = 0. \tag{3.8}$$

Ohne dieses Integral auszurechnen, sieht man, daß es für $a \to 0$ ebenfalls $\to 0$ geht. Daher gilt

$$\lim_{a \to 0} a\,\sigma = \frac{1}{2}, \tag{3.9}$$

und man erhält für $a \to 0$

$$\tau \to 1, \quad \sigma \to +\infty, \quad \frac{\sigma}{\tau} \to \infty. \tag{3.10}$$

Das heißt aber, es kann für K keine feste obere Schranke angegeben werden.

4. Einige weitere Beispiele für T-Systeme (vgl. Kapitel II)

Satz. *Es seien $k_1, k_2, \ldots, k_n$ gegebene, voneinander verschiedene reelle Zahlen und $p_1, \ldots, p_n$ beliebige nichtnegative ganze Zahlen. Dann bilden die Funktionen*

$$\{x^\varrho\, e^{k_\nu x}\} \quad \varrho = 0, 1, \ldots, p_\nu, \quad \nu = 1, \ldots, n, \tag{4.1}$$

also $\quad e^{k_1 x}, \; x\, e^{k_1 x}, \ldots, x^{p_1} e^{k_1 x}, \ldots, e^{k_n x}, \ldots, x^{p_n} e^{k_n x},$

auf jedem beliebigen Intervall J der reellen x-Achse ein T-System.
Nach II.6 ist zum Nachweis der Eigenschaft eines T-Systems zu zeigen, daß eine beliebige nichttriviale Linearkombination der Funktionen (4.1) auf der reellen x-Achse, die jetzt auch mit J bezeichnet werde, höchstens $N - 1$ Nullstellen hat, wenn N die Anzahl der Funktionen (4.1) ist. Das war die Aussage von

Lemma 6.6 in II. *Es seien $P_\nu(x)$ gegebene Polynome in x vom Grade p_ν mit reellen Koeffizienten und k_ν gegebene voneinander verschiedene reelle Zahlen. Dann hat die Funktion*

$$\varrho(x) = \sum_{\nu=1}^{n} P_\nu(x)\, e^{k_\nu x} \tag{4.2}$$

auf der reellen Achse $-\infty < x < +\infty$ höchstens $N - 1$ Nullstellen,

$$\text{wobei}\quad N = \left(\sum_{\nu=1}^{n} p_\nu\right) + n - 1. \tag{4.3}$$

Folgerung. Wählt man als k_ν die Zahlen $0, \pm q_1, \pm q_2, \ldots, \pm q_\nu$, so erhält man aus Linearkombinationen der Exponentialfunktionen die hyperbolischen Funktionen und den

Satz. *Es seien $q_1, \ldots, q_n$ voneinander verschiedene positive Zahlen und $p_0, \ldots, p_n$ beliebige nichtnegative Zahlen, dann bilden die Funktionen $\{x^\varrho,\ x^\varrho \cosh(q_\nu x),\ x^\varrho \sinh(q_\nu x)\}$, $\varrho = 0, 1, \ldots, p_\nu$ ($\nu = 1, \ldots, n$) auf jedem beliebigen Intervall J der reellen x-Achse ein T-System.*

Den entsprechenden Satz für die trigonometrischen Funktionen erhält man so nicht, weil man dazu die Funktionen $e^{ik_\nu x}$ (bei reellen k_ν) mit komplexen Koeffizienten linear kombinieren müßte, was in unseren Betrachtungen nicht eingeschlossen ist. Dagegen erhält man durch die Transformation $e^x = s$, $e^{k_\nu x} = s^{k_\nu}$, $x^\varrho e^{k_\nu x} = s^{k_\nu}(\log s)^\varrho$ den

Satz. *Bei beliebig gegebenen, voneinander verschiedenen reellen Zahlen k_ν und beliebig gegebenen nichtnegativen ganzen Zahlen p_ν, $\nu = 1, \ldots, n$) bilden die Funktionen*

$$\{x^{k_\nu}(\log x)^\varrho\}, \qquad \varrho = 0, 1, \ldots, p_\nu, \qquad \nu = 1, \ldots, n,$$

im offenen Intervall $(0, \infty)$ ein T-System.

5. Aufgaben mit Lösungen

1. Polynom-Approximation. Man bestimme für die Funktion $f(x) = 1/(1 + x)$ im Intervall $[0, 1]$ die beste T-Approximation

a) in der Klasse der linearen Funktionen $w = a_0 + a_1 x$,

b) in der Klasse der quadratischen Polynome $w = a_0 + a_1 x + a_2 x^2$ unter Benutzung des Ergebnisses von a).

Lösung. a) Die Gerade muß parallel zur Sekante durch die beiden Endpunkte sein, Abb. VII 5.1.a), also die Steigung $-1/2$ haben. Man bestimmt, in welchem Punkt $\bar{x}$ die Hyperbel die Steigung $-1/2$ hat $\left(\text{das ist im Punkte } \bar{x} = \sqrt{2} - 1\right)$.

Daraus folgt $w = (1/2)\sqrt{2} + 1/4 - (1/2)\,x \approx 0{,}957 - (1/2)\,x$; die Minimalabweichung beträgt $\varrho_0 = 3/4 - (1/2)\sqrt{2} \approx 0{,}043$; die zugehörige Fehlerfunktion $\varepsilon_1 = w - f$ zeigt Abbildung VII.5.1.b).

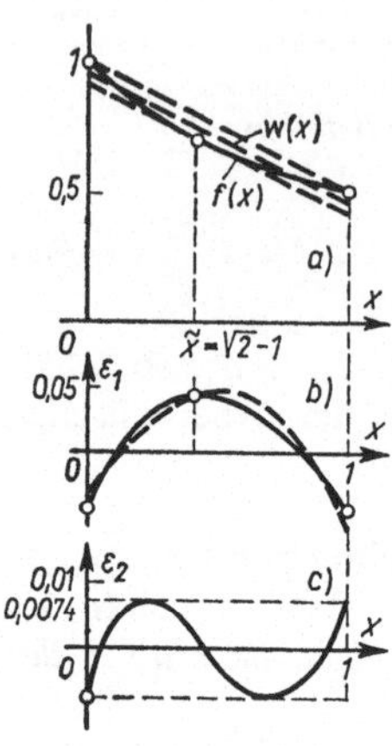

Abb. VII.5.1
Polynom-Approximation

b) Nun sucht man die Fehlerfunktion $\varepsilon(x)$ möglichst gut durch ein Polynom P_2 vom 2. Grad anzunähern, welches in Abb. VII.5.1.b) gestrichelt gezeichnet ist. Insgesamt erhält man

$$a_0 = 0{,}9927, \qquad a_1 = -0{,}8283, \qquad a_2 = 0{,}3429,$$

Minimalabweichung $\varrho_0 \approx 0{,}0074$, welche mit abwechselndem Vorzeichen in den Punkten $x_0 = 0$, $x_1 \approx 0{,}21$, $x_2 \approx 0{,}71$, $x_3 = 1$ angenommen wird, Abb. VII.5.1.c).

2. Quadratische Polynome. Man bestimme für die Funktion $f(x) = x$ im Intervall $[0, 1]$ die beste T-Approximation in den Klassen

a) $w = a_0 + a_1 x^2$ b) $w = a_0 + a_1 x^2 + a_2 x^4$.

Lösung.

a) $w = 1/8 + x^2$, $\varrho_0 = 1/8$,   Abb. VII.5.2.a),

b) $w \approx 0{,}0692 + 1{,}9312 x^2 - 1{,}0696\,x^4$,

$\varrho_0 \approx 0{,}069$; Extrema der Fehlerfunktion $\varepsilon = w - f$ an den Stellen $x = 0;\ 0{,}28;\ 0{,}78;\ 1$; Abb. VII.5.2.b).

3. Verschiedene Beispiele. Man berechne die beste T-Approximation für die Funktion f durch Funktionen w der Klasse W im Bereich B in den folgenden Beispielen und bestimme die Minimalabweichung ϱ_0 und Extremalpunkte mit positivem bzw. negativem Fehler $\varepsilon = w - f$.

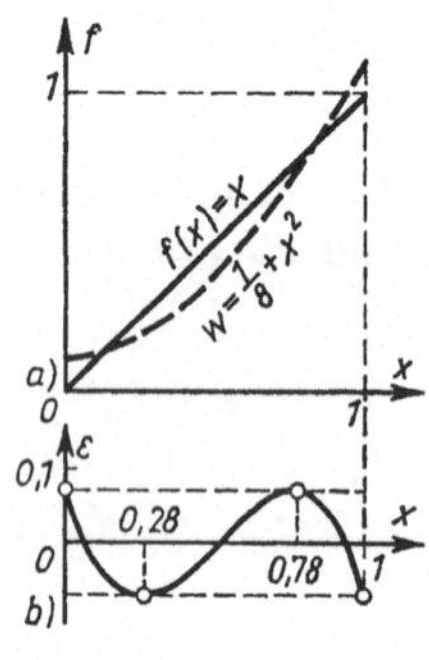

Abb. VII.5.2 Quadratische Polynome

B	f	W	$\hat{w}$	ϱ_0	$\varepsilon > 0$	$\varepsilon < 0$
$0 \leq x \leq 1$	x^3	$a_0 + a_1 x + a_2 x^2$	$\dfrac{1}{32} - \dfrac{9}{16}x + \dfrac{3}{2}x^2$	$\dfrac{1}{32}$	$x = 0,\ x = \dfrac{3}{4}$	$x = \dfrac{1}{4},\ x = 1$
$0 \leq x \leq 1$	x^2	$a_0 x$	$2 \cdot (\sqrt{2} - 1)\,x$	$\sigma^2 \approx 0{,}17$	$x = \sigma = \sqrt{2} - 1$	$x = 1$
$1 \leq x \leq 5$	$x^3 - 6x^2 + 6x + 1$	$a_0 x$	$\approx -0{,}26\,x$	$\approx 7{,}3$	$\approx 3{,}4$	≈ 5
$1 \leq x \leq 2$	x	$a_1 + a_2 x^2$	$\dfrac{17}{24} + \dfrac{1}{3}x^2$	$\dfrac{1}{24}$	$x = 1,\ x = 2$	$x = 1{,}5$

4. Einseitige Tschebyscheff-Approximation. Man vergleiche bei der Approximation der Funktion $f(x) = 1$ im Intervall $1 \leq x \leq 2$ durch Funktionen der Klasse $w = a_1 x + a_2 x^2$ die gewöhnliche Tschebyscheff-Approximation mit der einseitigen Tschebyscheff-Approximation von oben bzw. von unten.

Lösung.

	Minimallösung	Fehler $\varepsilon = w - f$
gewöhnliche T-Approximation	$w = \dfrac{8}{17} x(3 - x)$	$\|\varepsilon\| \leq \dfrac{1}{17}$
einseitige T-Approximation von oben	$w = \dfrac{1}{2} x(3 - x)$	$0 \leq \varepsilon \leq \dfrac{1}{8}$
einseitige T-Approximation von unten	$w = \dfrac{4}{9} x(3 - x)$	$-\dfrac{1}{9} \leq \varepsilon \leq 0$

5. Parabeln. Man bestimme die beste einseitige T-Approximation von unten für die Funktion $f(x) = x$ im Intervall $[1, 2]$ in der Klasse der Funktionen $w(x, a) = 1/2 + a(x^2 - 1)$ (Parabeln durch den Punkt $x = 1$; $y = 1/2$).

Lösung. $w = x^2$, Maximalabweichung 0,5 bei $x = 1$.

6. Nichtlineare Polynom-Approximation. Man bestimme die beste T-Approximation der Funktion $f(x) = x$ im Intervall $[-1, 1]$ durch ein Polynom der Form $w = (a_1 + a_2 x)^3$.

Lösung. $w = \sigma x^3$, wobei $\sigma \approx 1{,}374$ eine Wurzel der Gleichung $(\sigma - 1)(3\sigma)^{3/2} = 3\sigma - 1$ ist; Extremalstellen bei $x = \pm(3\sigma)^{-1/2}$ und bei $x = \pm 1$; Minimalabweichung $\varrho_0 = \sigma - 1 \approx 0{,}374$, Abb. VII.5.3.

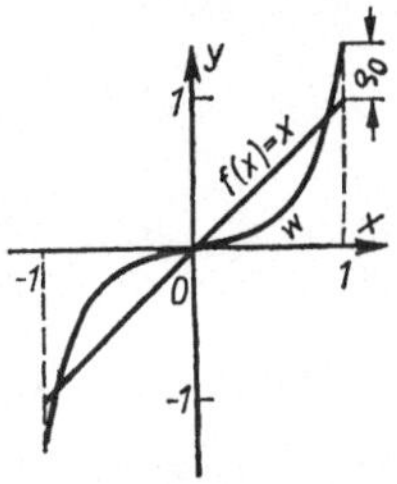

Abb. VII.5.3 Nichtlineare Polynom-Approximation

7. Nichtlineare Polynom-Approximation. Bestimme die beste T-Approximation für die Funktion $f(x) = e^x$ im Intervall $[0, 1]$ für die Klasse $w(x, a) = (1 + ax)^2$.

Lösung. $a \approx 0{,}62$, $\varrho_0 \approx 0{,}09$.

8. Lineare Approximation in 2 Variablen. Man approximiere die Funktion $f(x, y) = 1/(1 + x + y^2)$ im Quadrat $0 \leq x \leq 1$, $0 \leq y \leq 1$ im Tschebyscheffschen Sinne in der Klasse $w = a_1 + a_2 x + a_3 y$ und wende den Einschließungssatz für die Minimalabweichung an.

Lösung. Die Funktion $w = 11/12 - (x+y)/3$ hat gegenüber f in den Ecken abwechselnd die Fehler $\varepsilon = \pm 1/12$; da die 4 Ecken hier eine H-Menge bilden, ist $\varrho_0 \geq 1/12$. Die Norm des Fehlers ε ist etwas größer. Man erhält abgerundet: $1/12 \cdot [\approx 0{,}0833] \leq \varrho_0 \leq 0.1$. Man kann die Abschätzung verbessern durch eine unsymmetrische lineare Funktion mit $a_2 \neq a_3$.

9. Nichtlineare Approximation in 2 Variablen. Man bestimme die beste T-Approximation $w = a_1 + a_2 x + a_3 y + a_4 xy$ für die Funktion $f(x,y) = e^{xy}$ im Quadrat $|x| \leq 1$, $|y| \leq 1$.

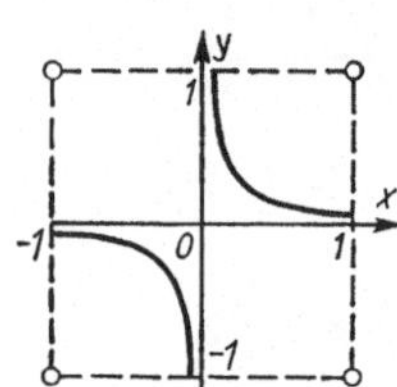

Lösung. Es wird $a_2 = a_3 = 0$; es sind a_1, a_4 die Konstanten der besten Approximation $a_1 + a_4 z$ für $\exp(z)$ im Intervall $-1 \leq z \leq 1$. Die Extremalpunkte zeigt Abb. VII.5.4., und zwar tritt mit $\varepsilon = w - f$ in den 4 Quadratecken ε_{max} und ε_{min} auf und in allen Punkten der in der Abbildung gezeichneten Hyperbeläste.

Abb. VII.5.4 Nichtlineare Approximation in zwei Variablen

10. Rationale Approximation. Man approximiere die Funktion $f(x) = e^x$ im Intervall $[0, 1]$ im Tschebyscheffschen Sinne

a) durch ein Polynom 2. Grades,

b) durch einen Quotienten zweier linearer Funktionen und zeige, daß beim Vergleich beider Möglichkeiten mit je 3 wesentlichen Parametern die rationale Approximation bessere Ergebnisse liefert (Meinardus [64] S. 158).

Lösung.

a) $\qquad |e^x - (1{,}008577 + 0{,}854740\,x + 0{,}846029\,x^2)| \leq 0{,}00878,$

b) $\qquad \left| e^x - \dfrac{0{,}995705 + 0{,}668203\,x}{1 - 0{,}388848\,x} \right| \leq 0{,}00432.$

Bei b) ist der maximale Fehler nur etwa halb so groß wie bei a).

11. T-System. Bilden die Funktionen $w_\nu(x) = \{1, x^2, x^4, \ldots, x^{2s}, x^{2s+1}\}$ im Intervall $[-1, 1]$ ein T-System?

Antwort. Nur für $s = 1$. Daß $\{1, x^2, x^3\}$ in $[-1, 1]$ kein T-System bildet, zeigt schon die Gleichung $30x^3 + 19x^2 - 1 = 0$ mit den drei Nullstellen $x = -1/2, -1/3, 1/5$ im Inneren von $[-1, 1]$; daß für $s \geq 1$ kein T-System vorliegt, folgt durch Ausrechnung der Determinante.

12. Padé-Approximation. Man approximiere $f(x) = e^x$ für kleine x durch eine rationale Funktion $w(x)$, welche Quotient zweier quadratischer Polynome ist, derart, daß die Taylorentwicklung von $w(x)$ mit der von $f(x)$ bis auf Glieder 4. Ordnung einschließlich übereinstimmt.

Lösung.

$$w(x) = \frac{1 + \dfrac{x}{2} + \dfrac{x^2}{12}}{1 - \dfrac{x}{2} + \dfrac{x^2}{12}} = \sum_{m=0}^{4} \frac{x^m}{m!} + x^5 \quad (\text{Potenzreihe in } x)$$

$$\text{für } |x| < 2\sqrt{3}.$$

13. **Fehlerintegral.** Man approximiere $f(x) = \int\limits_{x}^{\infty} e^{-s^2}\, ds$ für reelle x durch einen Ausdruck der Form

$$w(x) = e^{-x^2} \frac{\sum\limits_{j=0}^{2} a_j\, x^j}{\sum\limits_{k=0}^{3} b_k\, x^k} \qquad (\text{D. C. Handscomb [65] S. 140})$$

Lösung.

$$f(x) = e^{-x^2} \frac{1{,}69071595 + 1{,}45117156\,x + 0{,}50003230\,x^2}{1{,}90764542 + 3{,}79485940\,x + 2{,}90845448\,x^2 + x^3} \; (1 \pm 6{,}5 \cdot 10^{-5}).$$

14. **Eigenwertaufgabe.** Auf welchen Typ von Approximationsaufgaben kommt man, wenn man zur Berechnung des kleinsten Eigenwerts (mit einer das Vorzeichen nicht wechselnden Eigenfunktion) der linearen Integralgleichung

$$y(x) = \lambda \int\limits_{0}^{1} e^{xt}\, y(t)\, dt$$

den Einschließungssatz mit der Ansatzfunktion $v(x) = e^{a_1 x}$ benutzt?

Lösung. Der Quotient

$$\Phi(x) = \frac{v(x)}{\int\limits_{0}^{1} e^{xt}\, v(t)\, dt} = \frac{e^{a_1 x}(a_1 + x)}{e^{a_1 + x} - 1}$$

soll möglichst konstant im Intervall $I = [0,1]$ werden. Man hat also die Funktion $f(x) = 1$ im Intervall I durch eine Funktion der Klasse

$$w(x, a) = a_2 \frac{e^{a_1 x}(a_1 + x)}{e^{a_1 + x} - 1}$$

anzunähern. Das ist eine nichtlineare Approximation, wobei w insbesondere vom Parameter a_1 in verwickelter Weise abhängt (,,verkettete Approximation").

15. **Schwingung einer eingespannten Platte.** Eine dünne homogene am Rande eingespannte Platte bedeckt den Bereich B einer x-y-Ebene. Die Auslenkung $u(x,y,t)$ der Mittelschicht zur Zeit t genügt der Differentialgleichung

$$\Delta\Delta u = \gamma\, \frac{\partial^2 u}{\partial t^2}, \qquad x, y \in B,\ t > 0$$

13*

und den Randbedingungen $u = \partial u/\partial n = 0$ auf dem Rand Γ von B (mit n als innerer Normale), während der Anfangszustand $u(x,y,0) = f(x,y)$ und $\partial u/\partial t\,(x,y,0) = g(x,y)$ gegeben ist.

Hier sei B das Quadrat

$$0 < x, y < 1, \quad \text{ferner} \quad f(x,y) = [(x-x^2)(y-y^2)]^2 \quad \text{und} \quad g(x,y) = 0.$$

Mit $\qquad S_{\mathrm{mn}} = [1 - \cos(2\pi m x)]\,[1 - \cos(2\pi n y)]$

werde f durch

$$w = a_1\,S_{11} + a_2\,(S_{12} + S_{21}) + a_3\,S_{22} + a_4\,(S_{13} + S_{31})$$

angenähert. Dann ist

$$v = a_1\,S_{11}\cos(\lambda_1\,t) + a_2\,(S_{12} + S_{21})\cos(\lambda_2\,t) + \ldots$$

mit leicht angebbaren λ_ν Lösung der Differentialgleichung mit Anfangswerten $v = w$, $\partial v/\partial t = 0$; man berechne a_ν.

Lösung.

Rechnung mit	Werte der a_ν	$\|w - f\|$
a_1	$a_1 = 0{,}001029$	$0{,}003906$
a_1, a_2	$a_1 = 0{,}0009655; \quad a_2 = 0{,}0000690$	$0{,}000044$
a_1, a_2, a_3, a_4	$a_1 = 0{,}0009507; \quad a_2 = 0{,}0000623$ $a_3 = 0{,}0000052; \quad a_4 = 0{,}0000147$	$0{,}0000143$

Abbildung VII.5.5 zeigt die zugehörigen Verteilungen der Extremalpunkte. (Wir danken den Herren Budde und Zimmermann für die numerische Rechnung.)

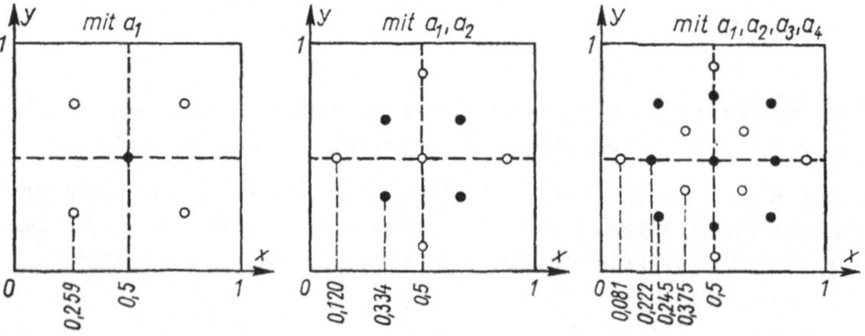

Abb. VII.5.5 Schwingungsaufgabe bei der eingespannten Platte

16. Einseitige Tschebyscheff-Approximation. Man stelle für folgende Funktionen f im Bereich B bei der Funktionenklasse W die beste einseitige Tschebyscheff-Approximation von oben und von unten auf. In der Tabelle sind die Lösungen zugleich mit der Minimalabweichung und mit einer Skizze angegeben, wobei für den Fehler $\varepsilon = w - f$ die Extremalstellen mit Max (ε) durch ausgefüllte Kreise bzw. Linien und Min (ε) durch leere Kreise bzw. Doppellinien angegeben sind.

f	B	W	Approximation von oben			Approximation von unten		
			Minimal-lösung	ρ_0	ε	Minimal-lösung	ρ_0	ε
x^2	$-1 \leq x \leq 1$	a_1x	keine			$w=0$	1	
x^3						keine		
1						$w=0$	1	
x^2	$1 \leq x \leq 2$		$2x$	1	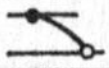	x	2	
x^3	$-1 \leq x \leq 1$	$a_1x+a_2x^2$	x^2	2		$-x^2$	2	
	$1 \leq x \leq 3$		$-3x+4x^2$	≈ 2.1		$-x\sigma^2+2x^2\sigma$ $\sigma=4-\sqrt{3}$	$6(2-\sqrt{3})$ ≈ 1.6	
x^2	Quadrat $\lvert x\rvert \leq 1$, $\lvert y\rvert \leq 1$	a_1x+a_2y	keine			$w=0$	1	
x^2+y^2							2	
x^3, xy, xy^2						keine		
x^3		$a_1x+a_2y+a_3x^2$	x^2	2		$-x^2$	2	
xy		$a_1x+a_2y+a_3x^2+a_4y^2$	$\frac{1}{2}(x^2+y^2)$	2		$-\frac{1}{2}(x^2+y^2)$	2	
x^2	Kreis $x^2+y^2 \leq 1$	a_1x+a_2y	keine			$w=0$	1	
x^2+y^2							1	
x^3, xy, xy^2						keine		
x^2	Quadrat $1 \leq x \leq 3$ $\lvert y\rvert \leq 1$		$3x$	9/4		x	6	
xy			$\frac{1}{2}(x+3y)$	3		$\frac{1}{2}(3y-x)$	3	
1		$a_1x+a_2y+a_3x^2+a_4y^2$	$\frac{1}{3}(4x-x^2)$	1/3		$\frac{1}{4}(4x-x^2)$	1/4	
x^2	$(x-2)^2+y^2 \leq 1$	a_1x+a_2y	$3x$	9/4		x	6	

6. Weitere Aufgaben

1. Wie in VII.5 Aufgabe 3 berechne man die beste T-Approximation für die Funktion f durch Funktionen w der Klasse W im Bereich B (dabei bedeutet P_n ein Polynom vom Grade n):

B	f	W
$0 \le x \le 1$	$\dfrac{x(1 + x^4)}{\sqrt{1 + x^3}}$	$P_2 = a_0 + a_1 x + a_2 x^2$
$-1 \le x \le 1$	$\dfrac{\|x\|}{\sqrt{1 + \|x\|}}$	P_4
	$\dfrac{\|x\|}{(1 + \|x\|)^2}$	$a_0 + a_1 \cos (a_2 x)$
	$(1 + \|x\|)^k$ mit $k = 1$ oder 2	$\exp (a_1 + a_2 x^2)$
$0 \le x \le 1$ $0 \le y \le 1$	$\sqrt{1 + x + y^2}$	$P_1 = a_0 + a_1 x + a_2 y$ $P_2(x, y)$
	$(1 + x + y^2)^{-1/2}$	P_1 oder P_2
$-\infty < x < \infty$ $-\infty < y < \infty$	$\dfrac{1 + x^2 + y^2}{1 + x^4 + y^4}$	$\dfrac{1}{P_2(x, y)}$

2. Man berechne die beste T-Approximation für $f(x)$ in $[0, \infty)$ mit Splines $s(x)$ mit einem freien Knoten bei $x = a$, und zwar sei $s(x)$ ein Polynom $P_n(x)$ in $0 \le x < a$ (etwa $n = 2$) und $s(x) = [Q_n(x)]^{-1}$ in $a < x < \infty$ mit einem Polynom $Q_n(x)$ vom Grade n, etwa $n = 2$. Dabei sei $f(x)$ eine der Funktionen

$$\frac{x}{1 + x^4}, \quad (1 + x^2)\,\mathrm{e}^{-x}, \quad (1 - x^2)\,\mathrm{e}^{-x}, \quad \sqrt{1 + x + x^2}\,\mathrm{e}^{-x}.$$

3. Man berechne eine Spline-Approximation (wie bei Aufgabe 2.) für $f(x) = (x + x^3)\,\mathrm{e}^{-x^2}$ in $-\infty < x < \infty$, desgleichen für die Funktion $f(x) = \mathrm{e}^{x - x^2}$ in $-\infty < x < \infty$.

Literaturverzeichnis

Die Zahlen in eckigen Klammern geben die Endziffern des Erscheinungsjahres der betreffenden Arbeit an.

Achieser, N.I. [53]: Vorlesungen über Approximationstheorie. Berlin 1953, 301 S.

Barrodale, J.; Young, A. [66]: Algorithms for best L_1 and L_∞ linear approximation on a discrete set. Num. Math. **8** (1966) 295–306

Barrar, R.B.; Loeb, H.L. [70a]: On the continuity of the nonlinear Tschebyscheff Operator. Pacific J. **32** (1970) 587–601

Barrar, R.B.; Loeb, H.J. [70b]: On the convergence in measure of non-linear Tschebyscheff approximations. Num. Math. **14** (1970) 305–312

Bittner, L. [61]: Das Austauschverfahren der linearen Tschebyscheff-Approximation bei nicht erfüllter Haarscher Bedingung. Z. Angew. Math. Mech. **41** (1961) 238–256

Boehm, B.W. [65]: Existence of best rational Tschebyscheff approximations. Pacific J. **15** (1965) 19–28

Braess, D. [67]: Approximation mit Exponentialsummen. Computing **2** (1967) 309–321

Braess, D. [70a]: Über die Vorzeichenstruktur der Exponentialsummen. J. Appr. Theory **3** (1970) 101–113

Braess, D. [70b]: Die Konstruktion der Tschebyscheff-Approximierenden bei der Anpassung mit Exponentialsummen. J. Appr. Theory **3** (1970) 261–273

Bredendiek, E. [69]: Simultanapproximation. Arch. Rat. Mech. Anal. **33** (1969) 307–330

Bredendiek, E. [70]: Charakterisierung und Eindeutigkeit bei Simultanapproximationen. Z. Angew. Math. Mech. **50** (1970) 403–410

Brosowski, B. [65a]: Über die Eindeutigkeit der rationalen Tschebyscheff-Approximationen. Num. Math. **7** (1965) 176–186

Brosowski, B. [65b]: Über Extremalsignaturen linearer Polynome in n Veränderlichen. Num. Math. **7** (1965) 396–405

Brosowski, B. [67]: Über die Eindeutigkeit der asymptotisch konvexen Tschebyscheff-Approximationen. In: Funktionalanalysis, Approximationstheorie, Numerische Mathematik. Basel-Stuttgart 1967. = Internationale Schriftenreihe zur numerischen Mathematik, Bd. 7, 9–17

Brosowski, B. [68a]: Nicht-lineare Tschebyscheff-Approximation. Mannheim 1968. = B.I.-Hochschulskripten Bd. 808/808a

Brosowski, B. [68b]: Einige Bemerkungen zum verallgemeinerten Kolmogoroffschen Kriterium. Schriften des Max-Planck-Instituts für Physik und Astrophysik München, MPI/Astro 7/68

Cheney, E.W. [65]: Approximation by generalized rational functions. In: Approximation of functions (H.L. Garabedian, Ed.) Amsterdam-London-New York 1965, 101–110

Cheney, E.W. [66]: Introduction to Approximation Theory. New York-St. Louis-San Francisco-Sydney 1966, 259 S.

Cheney, E.W.; Loeb, H.L. [62]: On rational Chebyshev approximation. Num. Math. **4** (1962) 124–127

Cheney, E.W.; Loeb, H.L. [64]: Generalized rational approximations. SIAM J. Numer. Anal. **1** (1964) 11–25

Cheney, E.W.; Loeb, H.L. [66]: On the continuity of rational approximation operators. Arch. Rat. Mech. Anal. **21** (1966) 391–401

Cheney, E.W.; Southard, T. H. [63]: A survey of methods for rational approximation with particular reference to a new method based on a formula of Darboux. SIAM Review 5 (1963) 219–231

Coddington, E.A.; Levinson, N. [55]: Theory of ordinary differential equations. New York-Toronto-London 1955, 429 S.

Cody, W. J.; Meinardus, G.; Varga, R.S. [69]: Chebychev rational approximations to e^x in $[0, \infty)$ and applications to heat-conduction problems. J. Appr. Theory 2 (1969) 50–65

Collatz, L. [52]: Aufgaben monotoner Art. Arch. Math. 3 (1952) 366–376

Collatz, L. [56]: Approximation von Funktionen bei einer und bei mehreren unabhängigen Veränderlichen. Z. Angew. Math. Mech. 36 (1956) 198–211

Collatz, L. [64]: Funktionalanalysis und Numerische Mathematik. Berlin-Göttingen-Heidelberg 1964, 371 S.

Collatz, L. [64a]: Einschließungssatz für die Minimalabweichung bei der Segmentapproximation. Proc. Simposio Internazionale sulle applicazioni dell' analisi alla fisica matematica 1964, 11–21

Collatz, L. [65]: Inclusion theorems for the minimal distance in rational Tschebyscheff approximation with several variables. In: Approximation of Functions (H.L. Garabedian, Ed.) Amsterdam-London-New York 1965, 43–56

Collatz, L. [66]: Rationale trigonometrische Tschebyscheff-Approximation in zwei Variablen. Public. Inst. Math. Beograd 20 (1966) 57–63

Collatz, L. [69]: Nichtlineare Approximationen bei Randwertaufgaben. Wiss. Z. Hochsch. Architektur u. Bauwesen Weimar, V. IKM 1969, 169–182

Collatz, L. [69a]: Zur Tschebyscheff-Approximation für Funktionen mehrerer unabhängiger Veränderlicher. Proc. Confer. on constructive theory of functions. Budapest 1969, 89–99

Collatz, L. [71]: Some applications of Functional Analysis to Analysis, particularly to Nonlinear Integral equations. Proc. Symp. Nonlin. Funct. Anal. (ed. by Rall) New York-London 1971, 1–43

Collatz, L. [72]: Approximationstheorie und Dualität bei Optimierungsaufgaben. Basel-Stuttgart 1972. = Internationale Schriftenreihe zur numerischen Mathematik, Bd. 16, 33–39

Collatz, L. [72a]: Anwendungen der Dualität der Optimierungstheorie auf nichtlineare Approximationsaufgaben. Basel-Stuttgart. = Internationale Schriftenreihe zur numerischen Mathematik (i. Vorbereitung)

Collatz, L.; Wetterling, W. [71]: Optimierungsaufgaben. 2. Aufl. Berlin-Heidelberg-New York 1971, 222 S.

Descloux, J. [61]: Dégénerescence dans les approximations de Tschebyscheff linéaires et discretes. Num. Math. 3 (1961) 180–187

Deutsch, F.R.; Maserick, P.H. [67]: Applications of the Hahn-Banach theorem in approximation theory. SIAM Review 9 (1967) 516–530

Dieudonné, J. [71]: Grundzüge der mathematischen Analysis. Braunschweig 1971, 388 S.

Dunford, N.; Schwartz, J. [63]: Linear operators. Vol. II. New York 1963, 1065 S.

Fraser, W.; Hart, J.F. [62]: On the computation of rational approximations to continuous functions. Comm. Assoc. Comp. Mach. 5 (1962) 401–403

Goldstein, A.A. [63]: On the stability of rational approximation. Num. Math. 5 (1963) 431–438

Goldstein, A.A. (zusammen mit P. Fox und G. Lastman) [65]: Rational approximation on finite point sets. In: Approximation of Functions (H. L. Garabedian, Ed.) Amsterdam-London-New York 1965

Goldstein, A.A.; Cheney, E.W. [58]: A finite algorithm for the solution of consistent linear equations and inequalities and for the Tschebycheff approximation of inconsistent linear equations. Pacific J. 8 (1958) 415–427

Haar, A. [18]: Die Minkowskische Geometrie und die Annäherung an stetige Funktionen. Math. Ann. 78 (1918) 294–311

Handscomb, D.C. [65]: Methods of Numerical Approximation. Oxford-New York-Toronto-Sydney 1965, 218 S.

Hestenes, M.R. [66]: Calculus of variations and optimal control theory. New York-London-Sydney 1966, 405 S.

Kantorowitsch, L.W.; Krylow, W.I. [56]: Näherungsmethoden der höheren Analysis. Berlin 1956, 611 S.

Keller, W. [69]: Asymptotische Aussagen und Fehlerabschätzungen bei linearen Integro-Differenzen-Differentialgleichungen als Folge von Monotonieeigenschaften. Dissertation, Hamburg 1969

Klotter, K. [51]: Technische Schwingungslehre, Bd. I. 2. Aufl. Berlin-Göttingen-Heidelberg 1951, 399 S.

Kolmogoroff, A.N. [48]: Eine Bemerkung zu den Polynomen von P.L. Tschebyscheff, die von einer gegebenen Funktion am wenigsten abweichen (russ.). Usp. Mat. Nauk 3 (1948) 216–221

Krabs, W. [63]: Einige Methoden zur Lösung des diskreten linearen Tschebyscheff-Problems. Dissertation. Hamburg 1963

Krabs, W. [66a]: Zur verallgemeinerten rationalen Approximation. Math. Z. 94 (1966) 84–97

Krabs, W. [66b]: Ein Verfahren zur Lösung der diskreten rationalen Approximationsaufgabe. Z. Angew. Math. Mech. 46 (1966) 63–66

Krabs, W. [67a]: Über differenzierbare asymptotisch konvexe Funktionenfamilien bei der nicht-linearen gleichmäßigen Approximation. Arch. Rat. Mech. Anal. 27 (1967) 275–288.

Krabs, W. [67b]: Dualität bei diskreter rationaler Approximation. In: Funktionalanalysis, Approximationstheorie, Numerische Mathematik. Basel-Stuttgart 1967. = Internationale Schriftenreihe zur numerischen Mathematik, Bd. 7, 33–41

Krabs, W. [67c]: Eine nichtlineare Eigenwertaufgabe bei rationaler Approximation. Z. Angew. Math. Mech. 47 (1967) 57–60

Krabs, W. [68]: Lower bounds for the minimal distance in rational approximation. J. Appr. Theory 1 (1968) 167–175

Krabs, W. [69a]: Duality in nonlinear approximation. J. Appr. Theory 2 (1969) 136–151

Krabs, W. [69b]: Über die Reichweite des lokalen Kolmogoroff-Kriteriums bei der nicht-linearen gleichmäßigen Approximation. J. Appr. Theory 2 (1969) 258–264

Krabs, W. [69c]: Ein Pseudo-Gradientenverfahren zur Lösung des diskreten linearen Tschebyscheff-Problems. Computing 4 (1969) 216–224

Krabs, W. [70]: Charakterisierung der Eindeutigkeit bei der nichtlinearen gleichmäßigen Approximation. Arch. Rat. Mech. Anal. 36 (1970) 239–244

Laurent, P.J. [72]: Approximation et optimization. Paris 1972, 531 S.

Lempio, F. [71]: Separation und Optimierung in linearen Räumen. Dissertation. Hamburg 1971

Lempio, F. [71a]: Lineare Optimierung in unendlich-dimensionalen Vektorräumen. Computing **8** (1971) 284–290

Lempio, F. [72]: Anwendungen der Lagrangeschen Multiplikatorenregel auf Approximations-, Variations- und Steuerungsprobleme. Basel-Stuttgart. = Internationale Schriftenreihe zur numerischen Mathematik (i. Vorbereitung)

Ljusternik, L.A.; Sobolev, W.J. [68]: Elemente der Funktionalanalysis. Berlin 1968, 375 S.

Loeb, H.L. [60]: Algorithms for Chebychev approximation using the ratio of linear forms. SIAM J. **8** (1960) 458–465

Maehly, H.J.; Witzgall, Ch. [60]: Tschebyscheff-Approximationen in kleinen Intervallen. Num. Math. **2** (1960) 142–150, 293–307

Mairhuber, J.C. [56]: On Haar's theorem concerning Chebychev approximation problems having unique solutions. Proc. Amer. Math. Soc. **7** (1956) 609–615

Marsaglia, G. [70]: One-sided approximations by linear combinations of functions. In: Approx. Theory, edited by A. Talbot. New York-London 1970, 233–242

Meinardus, G. [64]: Approximation von Funktionen und ihre numerische Behandlung. Berlin-Heidelberg-New York 1964, 180 S.

Meinardus, G.; Schwedt, D. [64]: Nicht-lineare Approximationen. Arch. Rat. Mech. Anal. **17** (1964) 297–326

Meinardus, G.; Varga, R.S. [70]: Chebychev rational approximation to certain entire functions in [0, ∞). J. Approx. Theory **3** (1970) 300–309

Moursund, D.G. [68]: Computational aspects of Chebyshew approximation using a generalized weight function. SIAM J. Numer. Anal. **5** (1968) 126–137

Natanson, J.P. [55]: Konstruktive Funktionentheorie. Berlin 1955, 514 S.

Newman, D.J.; Shapiro, H.S. [63]: Some theorems on Čebyšev approximation. Duke Mathem. J. **30** (1963) 673–682

Newman, J.; Shapiro, H.S. [64]: Approximation by generalized rational functions. In: On Approximation Theory. Basel-Stuttgart 1964. = Internationale Schriftenreihe zur numerischen Mathematik, Bd. 5, 245–251

Ortega, J.M.; Rheinboldt, W.C. [70]: Iterative solution of nonlinear equations in several variables. New York-London 572 S.

Polya, G.; Szegö, G. [60]: Aufgaben und Lehrsätze der Analysis. Berlin-Göttingen-Heidelberg 1960

Powell, M.I.D. [67]: On the maximum errors of polynomial approximations defined by interpolation and by least squares criteria. Computer J. **9** (1967) 404–407

Ralston, A. [65]: Rational Chebyshev-Approximation by Remes-Algorithms. Num. Math. **7** (1965) 322–330

Redheffer, R. [62]: An extension of certain maximum principles. Mh.e Math. **66** (1962) 32–42

Rice, J.R. [60]: The characterization of best nonlinear Tschebyscheff approximation. Transact. Amer. Math. Soc. **96** (1969), 322–340

Rice, J.R. [62]: Chebyshev approximation by exponentials. SIAM J. **10** (1962) 149–161

Rice, J.R. [64] u. [69]: The approximation of functions I (203 S.) und II (334 S.) Reading (Mass.)-Palo Alto-London 1964/69

Schmidt, E. [68]: Normalität und Stetigkeit bei der Tschebyscheff-Approximation mit Exponentialsummen. Dissertation. Münster 1968

Schönhage, A. [71]: Approximationstheorie. Berlin-New York 1971, 212 S.

Schröder, J. [56]: Das Iterationsverfahren bei allgemeinerem Abstandsbegriff. Math. Z. **66** (1956) 111–116

Schumaker, L.L.; Taylor, G.D. [69]: On approximation by polynomials having restricted ranges. SIAM J. Numer. Anal. 6 (1969) 31–36

Stiefel, E. [59]: Über diskrete und lineare Tschebyscheff-Approximationen. Num. Math. 1 (1959) 1–28

Stiefel, E. [60]: Note on Jordan elimination, linear programming and Tschebyscheff approximation. Num. Math. 2 (1960) 1–17

Talbot, A. [70]: Approximation Theory. Proceed. Symp. Lancaster, July 1969, ed. by A. Talbot. New York-London 1970, 353 S.

Taylor, G.D. [69]: Approximation by functions having restricted ranges. J. Math. Anal. Applic. 27 (1969) 241–248

Taylor, G.D. [72]: On minimal H-sets. J. Approx. Theory 5 (1972) 113

Töpfer, H.J. [71]: Einführung in die Approximationstheorie (Lineare Tschebyscheff-Approximation). Hahn-Meitner-Institut Berlin 1971, 157 S.

de la Vallée Poussin, Ch. [19]: Lecon sur l'approximation des fonctions d'une variable réelle. Collect. Monograph sur la théorie des fonctions. (Nouveau Tirage) Paris 1919, 150 S.

Walsh, J.L. [35]: Interpolation and approximation by rational functions in the complex domain. Amer. Math. Soc. Colloqu. Pub. 20 (1935)

Werner, H. [62a]: Tschebyscheff-Approximation im Bereich der rationalen Funktionen bei Vorliegen einer guten Ausgangsnäherung. Arch. Rat. Mech. Anal. 10 (1962) 205–219

Werner, H. [62b]: Die konstruktive Ermittlung der Tschebyscheff-Approximierenden im Bereich der rationalen Funktionen. Arch. Rat. Mech. Anal. 11 (1963) 368–384

Werner, H. [63]: Rationale Tschebyscheff-Approximation, Eigenwerttheorie und Differenzenrechnung. Arch. Rat. Mech. Anal. 13 (1963) 330–347

Werner, H. [64]: On the rational Tschebyscheff-operator. Math. Z. 86 (1964) 317–326.

Werner, H. [66]: Vorlesung über Approximationstheorie. Berlin-Heidelberg-New York 1966, 196 S. = Lecture Notes in Mathematics, Vol. 14

Werner, H. [67]: Die Bedeutung der Normalität bei rationaler Tschebyscheff-Approximation. Computing 2 (1967) 34–52

Werner, H.; R. Schaback [72]: Praktische Mathematik II. Berlin-Heidelberg-New York 1972, 355 S.

Young, J.W. [07]: General theory of approximation by functions involving a given number of arbitrary parameters. Transact. Amer. Math. Soc. 8 (1907) 331–344

Zuhovickii, S.I. [51]: Ein Algorithmus zur Lösung des Tschebyscheffschen Approximationsproblems im Falle eines endlichen überbestimmten linearen Gleichungssystems (russ.). Dokl. Akadem. Nauk 79 (1951), 561–564

Namen- und Sachverzeichnis

Teubner Studienbücher Fortsetzung

Mechanik

Becker: **Technische Strömungslehre**
Eine Einführung in die Grundlagen und technischen Anwendungen
der Strömungsmechanik. 2. Aufl. 142 Seiten. DM 11,80

Becker/Piltz: **Übungen zur Technischen Strömungslehre**
120 Seiten. DM 10,80

Magnus: **Schwingungen**
Eine Einführung in die theoretische Behandlung von Schwingungs-
problemen. 2. Aufl. 251 Seiten. DM 18,80 (LAMM)

Magnus/Müller: **Grundlagen der Technischen Mechanik**

Müller/Magnus: **Übungen zur Technischen Mechanik**

Physik   Elektrotechnik

Bourne/Kendall: **Vektoranalysis**
227 Seiten. DM 15,80

Heber/Weber: **Grundlagen der Quantenphysik**
Band 1: Quantenmechanik. VI, 158 Seiten. DM 12,80
Band 2: Quantenfeldtheorie. VI, 178 Seiten. DM 13,80
Vertrieb nur in der BRD und West-Berlin

Lautz: **Elektromagnetische Felder**
Ein einführendes Lehrbuch. 180 Seiten. DM 15,80

Leonhard: **Statistische Analyse linearer Regelsysteme**
266 Seiten. DM 18,80

Leonhard: **Regelung in der elektrischen Antriebstechnik**

Mayer-Kuckuk: **Physik der Atomkerne**
Eine Einführung. 288 Seiten. DM 19,80

Walcher: **Praktikum der Physik**
366 Seiten. DM 22,—

Biologie

Françon: **Physik für Biologen, Chemiker und Geologen**
Band 1: 208 Seiten. DM 16,80
Band 2: 171 Seiten. DM 14,80

Vangerow: **Grundriß der Paläontologie**
132 Seiten. DM 14,80

Preisänderungen vorbehalten